普通高等教育"十二五"规划教材

CAXA 三维实体设计教程

（第 2 版）

李景仲　张幼明　主编

国防工业出版社

·北京·

内容简介

　　CAXA 实体设计 2009 是一款优秀的三维设计软件，它在机械设计、汽车工业、航天航空、造船、化工和电力设备等领域应用较为广泛。本书是作者在多年计算机绘图和教学实践的基础上，以 CAXA 实体设计 2009 简体中文版为软件操作基础编写而成的，全面而循序渐进地介绍了 CAXA 实体设计 2009 的使用方法、基本知识与技巧、实战应用知识。全书共 15 章，主要内容包括：CAXA 实体设计 2009 概述，标准智能图素，三维球的应用，自定义智能图素的生成，特征修改、变换及直接编辑，零件设计基础，智能标注，工具标准件库，三维曲线构建与曲面设计，钣金零件设计，装配设计，二维工程图的生成，渲染设计，三维动画制作。

　　本教材文字精当，图文并茂，结构清晰，循序渐进，重点突出，实例典型，应用性强，是一本很好的从入门到精通的 CAXA 实体设计 2009 学习教程，阐述了现代三维 CAD 软件在产品创新设计中的应用思路和操作方法。可作为普通高等学校、高等职业院校教材，也可作为高等职业教育自学考试、技能培训的教学用书，亦可供有关工程技术人员参考。

图书在版编目（CIP）数据

CAXA 三维实体设计教程 / 李景仲，张幼明主编. ——
2 版. ——北京：国防工业出版社，2012.2
　　普通高等教育"十二五"规划教材
　　ISBN 978-7-118-07904-3

Ⅰ. ①C··· Ⅱ. ①李··· ②张··· Ⅲ. ①自动绘图－软件
包，CAXA－高等学校－教材 Ⅳ. ①TP391.72

中国版本图书馆 CIP 数据核字（2012）第 012952 号

※

国防工业出版社出版发行
（北京市海淀区紫竹院南路 23 号　邮政编码 100048）
涿中印刷厂印刷
新华书店经售
*
开本 787×1092　1/16　印张 23½　字数 562 千字
2012 年 2 月第 2 版第 1 次印刷　印数 1—4000 册　定价 37.00 元

（本书如有印装错误，我社负责调换）

国防书店：（010）88540777　　发行邮购：（010）88540776
发行传真：（010）88540755　　发行业务：（010）88540717

本书编委会

主　编　　李景仲　　张幼明

副主编　　李东和　　周忠旺　　于晓琳

参　编　　王秀杰　　尹玉珍　　徐建高　　赫英岐

　　　　　汤学杰　　李　杨　　彭　敢　　边　巍

前　言

随着计算机技术的发展和工程技术应用的提高，过去一直沿用的二维设计方法开始发展为三维设计的手段。三维设计不仅带来直观的设计效果，而且还为虚拟设计、数控仿真加工、创新设计等新的学科领域的发展提供了可靠的基础。

CAXA 实体设计 2009 是当今最简易、快捷的具有自主版权的国产三维造型软件，是融合了二维绘图、三维设计与装配、动画等功能的综合设计平台，不仅将造型、装配、钣金、动画和高级渲染等集成在一个易于掌握的统一操作环境下，而且由于采用拖放式的实体造型并结合智能捕捉与三维球定位技术，使得没有其他造型软件在设计效率方面与其相匹敌。三维球工具能够用鼠标拖放标准件和自定义的设计元素，这些设计元素包括三维特征、零件、装配件、自定义工具、轮廓、颜色、纹理、动画等。可以读取 SAT、IGES、STEP 格式数据，还可以读取 Pro/E、CATIA 等系统的三维实体数据并进行编辑、修改。新的应用程序接口提供对主要程序功能的直接存取，这为系统的 OEM 程序和客户化功能程序的二次开发提供了有利保证，是集创新设计、工程设计、协同设计、二维CAD 设计于一体的新一代 3D CAD 系统解决方案。

本书以 CAXA 实体设计 2009 简体中文版为软件操作基础，并以其应用特点为知识主线，结合设计经验，以注重应用为导向来介绍应用基础和操作技巧。

本书图文并茂，结构清晰，注重基础，突出重点，应用性强，附有详细的实例与图例对主要的设计工具和步骤进行描述，是一门快速学习 CAXA 实体设计 2009 的实用型书籍。

本书内容全面，每章附有对应的实例及思考练习题，能够使读者快速掌握软件功能和应用技能。

读者可从 CAXA 公司网站上下载 CAXA 实体设计 2009、CAXA 电子图版 2009 等相关软件的试用版。CAXA 公司的网址为 http://www.caxa.com/cn。

本书由李景仲、张幼明任主编，李东和、周忠旺、于晓琳任副主编。赵波教授任主审，并提出了许多宝贵的意见和建议。

参加本书编写工作的还有王秀杰、尹玉珍、徐建高、赫英岐、汤学杰、李杨、彭敢、边巍。

在本书编写过程中，得到了九江学院、江苏财经职业技术学院、沈阳农业大学水利学院、辽宁省交通高等专科学校、沈阳机械学校、沈阳理工大学等院校的大力支持，在此一并表示衷心的感谢！在编写过程中还参考了一些国内同类著作，在此特向有关作者致谢！

本书可作为普通高等学校、高等职业院校教材，亦可供有关工程技术人员参考。由于本书实用性强，特别适合作为应用型本科教材和高等职业院校教材。

由于作者水平有限，书中难免有不足之处，恳请读者提出宝贵意见。

编　者

V

目　录

第 1 章　CAXA 实体设计 2009 概述 ⋯⋯⋯⋯⋯⋯⋯⋯⋯⋯⋯⋯⋯⋯⋯⋯⋯⋯⋯⋯⋯⋯⋯ 1

1.1　CAXA 实体设计 2009 应用概述及安装 ⋯⋯⋯⋯⋯⋯⋯⋯⋯⋯⋯⋯⋯⋯⋯⋯⋯ 1

　　1.1.1　CAXA 实体设计 2009 应用概述 ⋯⋯⋯⋯⋯⋯⋯⋯⋯⋯⋯⋯⋯⋯⋯⋯⋯ 1

　　1.1.2　CAXA 实体设计 2009 的安装 ⋯⋯⋯⋯⋯⋯⋯⋯⋯⋯⋯⋯⋯⋯⋯⋯⋯⋯ 1

1.2　启动与退出 CAXA 实体设计 2009 ⋯⋯⋯⋯⋯⋯⋯⋯⋯⋯⋯⋯⋯⋯⋯⋯⋯⋯⋯ 4

　　1.2.1　启动 CAXA 实体设计 2009 ⋯⋯⋯⋯⋯⋯⋯⋯⋯⋯⋯⋯⋯⋯⋯⋯⋯⋯⋯ 4

　　1.2.2　退出 CAXA 实体设计 2009 ⋯⋯⋯⋯⋯⋯⋯⋯⋯⋯⋯⋯⋯⋯⋯⋯⋯⋯⋯ 4

1.3　CAXA 实体设计 2009 三维设计环境交互界面 ⋯⋯⋯⋯⋯⋯⋯⋯⋯⋯⋯⋯⋯ 5

　　1.3.1　标题栏和菜单浏览器 ⋯⋯⋯⋯⋯⋯⋯⋯⋯⋯⋯⋯⋯⋯⋯⋯⋯⋯⋯⋯⋯⋯ 5

　　1.3.2　快速启动工具栏和功能区 ⋯⋯⋯⋯⋯⋯⋯⋯⋯⋯⋯⋯⋯⋯⋯⋯⋯⋯⋯⋯ 5

　　1.3.3　绘图区域 ⋯⋯⋯⋯⋯⋯⋯⋯⋯⋯⋯⋯⋯⋯⋯⋯⋯⋯⋯⋯⋯⋯⋯⋯⋯⋯⋯ 6

　　1.3.4　绘图单位调整 ⋯⋯⋯⋯⋯⋯⋯⋯⋯⋯⋯⋯⋯⋯⋯⋯⋯⋯⋯⋯⋯⋯⋯⋯⋯ 6

　　1.3.5　快捷工具栏 ⋯⋯⋯⋯⋯⋯⋯⋯⋯⋯⋯⋯⋯⋯⋯⋯⋯⋯⋯⋯⋯⋯⋯⋯⋯⋯ 6

　　1.3.6　快捷菜单 ⋯⋯⋯⋯⋯⋯⋯⋯⋯⋯⋯⋯⋯⋯⋯⋯⋯⋯⋯⋯⋯⋯⋯⋯⋯⋯⋯ 8

　　1.3.7　零件设计中的设计树和属性查看栏 ⋯⋯⋯⋯⋯⋯⋯⋯⋯⋯⋯⋯⋯⋯⋯⋯ 8

　　1.3.8　设计元素库 ⋯⋯⋯⋯⋯⋯⋯⋯⋯⋯⋯⋯⋯⋯⋯⋯⋯⋯⋯⋯⋯⋯⋯⋯⋯⋯ 9

　　1.3.9　状态栏 ⋯⋯⋯⋯⋯⋯⋯⋯⋯⋯⋯⋯⋯⋯⋯⋯⋯⋯⋯⋯⋯⋯⋯⋯⋯⋯⋯⋯ 11

1.4　文件管理操作 ⋯⋯⋯⋯⋯⋯⋯⋯⋯⋯⋯⋯⋯⋯⋯⋯⋯⋯⋯⋯⋯⋯⋯⋯⋯⋯⋯⋯ 12

　　1.4.1　创建新文件 ⋯⋯⋯⋯⋯⋯⋯⋯⋯⋯⋯⋯⋯⋯⋯⋯⋯⋯⋯⋯⋯⋯⋯⋯⋯⋯ 12

　　1.4.2　打开文件 ⋯⋯⋯⋯⋯⋯⋯⋯⋯⋯⋯⋯⋯⋯⋯⋯⋯⋯⋯⋯⋯⋯⋯⋯⋯⋯⋯ 14

　　1.4.3　保存文件 ⋯⋯⋯⋯⋯⋯⋯⋯⋯⋯⋯⋯⋯⋯⋯⋯⋯⋯⋯⋯⋯⋯⋯⋯⋯⋯⋯ 15

　　1.4.4　关闭文件 ⋯⋯⋯⋯⋯⋯⋯⋯⋯⋯⋯⋯⋯⋯⋯⋯⋯⋯⋯⋯⋯⋯⋯⋯⋯⋯⋯ 15

1.5　视向 ⋯⋯⋯⋯⋯⋯⋯⋯⋯⋯⋯⋯⋯⋯⋯⋯⋯⋯⋯⋯⋯⋯⋯⋯⋯⋯⋯⋯⋯⋯⋯⋯ 15

　　1.5.1　新视向的种类 ⋯⋯⋯⋯⋯⋯⋯⋯⋯⋯⋯⋯⋯⋯⋯⋯⋯⋯⋯⋯⋯⋯⋯⋯⋯ 15

　　1.5.2　新视向的设置 ⋯⋯⋯⋯⋯⋯⋯⋯⋯⋯⋯⋯⋯⋯⋯⋯⋯⋯⋯⋯⋯⋯⋯⋯⋯ 16

　　1.5.3　透视视向的设置 ⋯⋯⋯⋯⋯⋯⋯⋯⋯⋯⋯⋯⋯⋯⋯⋯⋯⋯⋯⋯⋯⋯⋯⋯ 16

1.6　三维模型显示状态设置 ⋯⋯⋯⋯⋯⋯⋯⋯⋯⋯⋯⋯⋯⋯⋯⋯⋯⋯⋯⋯⋯⋯⋯⋯ 17

　　1.6.1　视向工具 ⋯⋯⋯⋯⋯⋯⋯⋯⋯⋯⋯⋯⋯⋯⋯⋯⋯⋯⋯⋯⋯⋯⋯⋯⋯⋯⋯ 17

　　1.6.2　高级视向工具 ⋯⋯⋯⋯⋯⋯⋯⋯⋯⋯⋯⋯⋯⋯⋯⋯⋯⋯⋯⋯⋯⋯⋯⋯⋯ 18

　　1.6.3　视向设置工具栏 ⋯⋯⋯⋯⋯⋯⋯⋯⋯⋯⋯⋯⋯⋯⋯⋯⋯⋯⋯⋯⋯⋯⋯⋯ 18

　　1.6.4　渲染器工具 ⋯⋯⋯⋯⋯⋯⋯⋯⋯⋯⋯⋯⋯⋯⋯⋯⋯⋯⋯⋯⋯⋯⋯⋯⋯⋯ 18

　　1.6.5　使用鼠标键调整视图显示 ⋯⋯⋯⋯⋯⋯⋯⋯⋯⋯⋯⋯⋯⋯⋯⋯⋯⋯⋯⋯ 20

1.7　拖放操作与智能捕捉 ⋯⋯⋯⋯⋯⋯⋯⋯⋯⋯⋯⋯⋯⋯⋯⋯⋯⋯⋯⋯⋯⋯⋯⋯⋯ 20

  1.7.1　拖放操作 ··· 20

  1.7.2　智能捕捉 ··· 20

1.8　属性表 ··· 22

1.9　坐标系 ··· 23

  1.9.1　全局坐标系统 ··· 23

  1.9.2　局部坐标系统 ··· 23

思考题 ··· 26

练习题 ··· 26

第 2 章　标准智能图素 ·· 28

2.1　标准智能图素及其定位 ·· 28

2.2　智能图素的属性 ·· 28

  2.2.1　包围盒 ··· 29

  2.2.2　定位锚 ··· 31

2.3　图素形状的编辑 ·· 32

  2.3.1　抽壳 ··· 32

  2.3.2　棱边编辑 ··· 33

  2.3.3　图素的删除 ··· 35

2.4　智能图素应用举例 ·· 35

  2.4.1　在设计环境中生成单图素零件 ··· 35

  2.4.2　新建图素缺省尺寸的设定 ··· 35

  2.4.3　智能尺寸设置 ··· 36

  2.4.4　智能图素的选定 ··· 36

  2.4.5　零件、图素和表面的编辑状态 ··· 36

  2.4.6　包围盒操作柄的使用 ··· 37

  2.4.7　图素操作柄的使用 ··· 39

  2.4.8　图素的重新定位 ··· 42

  2.4.9　将图素组合到一个新智能图素中 ······································· 43

2.5　镜像生成图素 ··· 44

  2.5.1　复制对象 ··· 44

  2.5.2　以相对宽度对称轴镜像对象 ··· 44

  2.5.3　以相对高度对称轴镜像对象 ··· 45

  2.5.4　以相对长度对称轴镜像对象 ··· 45

2.6　三维文字 ··· 46

  2.6.1　利用文字向导添加三维文字图素 ······································· 46

  2.6.2　从设计元素库中拖放三维文字 ··· 47

  2.6.3　编辑和删除三维文字图素 ··· 48

  2.6.4　利用包围盒编辑文字图素 ··· 48

  2.6.5　文字编辑状态和文字图素属性 ··· 49

思考题 ··· 49

　　　练习题 ……………………………………………………………………………… 49

第3章　三维球的应用 ……………………………………………………………… 52
　3.1　三维球概述及各操作手柄介绍 ………………………………………………… 52
　3.2　三维球的设置方法 ……………………………………………………………… 55
　3.3　三维球移动操作 ………………………………………………………………… 57
　　3.3.1　一维直线运动 ……………………………………………………………… 57
　　3.3.2　二维平面运动 ……………………………………………………………… 58
　　3.3.3　使用三维球的移动操作重定位零件示例 ………………………………… 58
　3.4　三维球旋转操作 ………………………………………………………………… 59
　3.5　三维球定位操作 ………………………………………………………………… 60
　　3.5.1　利用定向控制柄操作 ……………………………………………………… 60
　　3.5.2　利用中心控制柄操作 ……………………………………………………… 61
　　3.5.3　使用三维球的定向操作重定位零件示例 ………………………………… 61
　　3.5.4　三维球的【反转】和【镜像】定位示例 ………………………………… 63
　　3.5.5　利用三维球的中心控制柄重定位零件示例 ……………………………… 63
　　3.5.6　重定位操作对象上的三维球示例 ………………………………………… 64
　　3.5.7　利用三维球生成图素的阵列示例 ………………………………………… 65
　思考题 ………………………………………………………………………………… 66
　练习题 ………………………………………………………………………………… 67

第4章　自定义智能图素的生成 …………………………………………………… 68
　4.1　二维草图设计环境 ……………………………………………………………… 68
　　4.1.1　创建草图 …………………………………………………………………… 68
　　4.1.2　设置图形单位 ……………………………………………………………… 69
　　4.1.3　显示二维绘图栅格 ………………………………………………………… 69
　　4.1.4　生成基准面 ………………………………………………………………… 70
　　4.1.5　重定位基准面 ……………………………………………………………… 72
　　4.1.6　拓扑结构检查 ……………………………………………………………… 72
　　4.1.7　退出草图 …………………………………………………………………… 73
　　4.1.8　更改二维草图选择项参数设置 …………………………………………… 73
　　4.1.9　草图正视 …………………………………………………………………… 75
　　4.1.10　二维草图显示设置 ……………………………………………………… 76
　4.2　二维草图绘制 …………………………………………………………………… 76
　　4.2.1　二维绘图工具 ……………………………………………………………… 76
　　4.2.2　2点线 ……………………………………………………………………… 76
　　4.2.3　辅助线/构造线 …………………………………………………………… 86
　4.3　二维草图约束工具 ……………………………………………………………… 88
　4.4　二维草图修改 …………………………………………………………………… 94
　　4.4.1　选定几何图形 ……………………………………………………………… 94
　　4.4.2　二维草图修改工具 ………………………………………………………… 94

4.5　访问【轮廓】属性表 ··· 105
4.6　自定义智能图素生成与编辑 ··· 106
　　4.6.1　拉伸 ··· 106
　　4.6.2　旋转 ··· 110
　　4.6.3　扫描 ··· 113
　　4.6.4　放样 ··· 115
　　4.6.5　螺纹特征 ·· 119
　　4.6.6　加厚特征 ·· 120
4.7　利用表面重构属性生成自定义图素 ··· 120
思考题 ··· 122
练习题 ··· 123
第5章　特征修改、变换及直接编辑 ··· 125
5.1　过渡 ·· 125
　　5.1.1　圆角过渡 ·· 125
　　5.1.2　边倒角过渡 ·· 130
5.2　抽壳 ·· 131
5.3　分裂零件 ··· 132
　　5.3.1　使用缺省分割造型分裂零件 ·· 133
　　5.3.2　使用其他零件来分割选定零件 ··· 133
5.4　布尔运算 ··· 134
　　5.4.1　布尔加运算 ·· 134
　　5.4.2　布尔减运算 ·· 135
　　5.4.3　布尔交运算 ·· 136
　　5.4.4　重新设定减料零件的尺寸 ··· 136
　　5.4.5　新零件在设计元素库中的保存 ··· 137
5.5　拉伸零件/装配体 ··· 138
5.6　删除体 ··· 139
5.7　面拔模 ··· 139
　　5.7.1　中性面拔模 ·· 139
　　5.7.2　分模线拔模 ·· 141
　　5.7.3　阶梯分模线拔模 ··· 142
5.8　特征变换 ··· 142
　　5.8.1　利用【三维球】工具进行特征变换 ······································ 142
　　5.8.2　阵列特征 ·· 143
　　5.8.3　缩放体 ··· 145
　　5.8.4　拷贝体与对称移动 ·· 145
　　5.8.5　镜像特征 ·· 145
5.9　截面 ·· 146
5.10　直接编辑 ·· 148

5.10.1　表面移动 ……………………………………………… 148

5.10.2　表面匹配 ……………………………………………… 150

5.10.3　表面等距 ……………………………………………… 150

5.10.4　删除表面 ……………………………………………… 151

5.10.5　编辑表面半径 ………………………………………… 152

5.10.6　分割实体表面 ………………………………………… 152

思考题 ……………………………………………………………… 154

练习题 ……………………………………………………………… 154

第6章　零件设计基础 …………………………………………… 156

6.1　零件设计概述 ……………………………………………… 156

6.1.1　零件设计的内容 ……………………………………… 156

6.1.2　构造零件的基本方法 ………………………………… 156

6.2　图素的定位 ………………………………………………… 157

6.2.1　三维球定位 …………………………………………… 157

6.2.2　智能尺寸定位 ………………………………………… 159

6.2.3　附着点定位 …………………………………………… 161

6.2.4　智能捕捉反馈定位 …………………………………… 161

6.3　轴类零件设计 ……………………………………………… 163

6.3.1　构造主体结构 ………………………………………… 163

6.3.2　构造退刀槽 …………………………………………… 164

6.3.3　倒直角 ………………………………………………… 165

6.3.4　生成键槽 ……………………………………………… 165

6.4　盘盖类零件设计 …………………………………………… 166

6.4.1　构造主体结构 ………………………………………… 166

6.4.2　生成销孔 ……………………………………………… 167

6.4.3　构造均匀分布的阶梯孔 ……………………………… 168

6.4.4　生成砂轮越程槽 ……………………………………… 169

6.5　支架类零件设计 …………………………………………… 169

6.5.1　构造底板和圆筒 ……………………………………… 170

6.5.2　构造支撑板 …………………………………………… 170

6.5.3　构造肋板 ……………………………………………… 171

6.5.4　构造凸台 ……………………………………………… 172

6.5.5　构造铸造圆角 ………………………………………… 173

6.6　零件设计的其他技巧 ……………………………………… 174

6.6.1　组合操作 ……………………………………………… 174

6.6.2　组合图素 ……………………………………………… 175

6.6.3　隐藏设计环境中的图件 ……………………………… 175

思考题 ……………………………………………………………… 176

练习题 ……………………………………………………………… 176

第7章　智能标注 ·· 179

7.1　智能标注的概念与作用 ·· 179

7.2　各种智能尺寸的使用方法 ·· 180

7.3　智能标注的属性以及其他应用 ··· 183

7.4　对除料的圆形添加智能标注 ·· 184

7.5　智能标注定位 ··· 185

7.6　智能标注定位的编辑 ··· 185

思考题 ·· 186

练习题 ·· 186

第8章　工具标准件库 ··· 188

8.1　工具标准件库概述 ··· 188

8.2　【自定义孔】工具 ·· 189

8.2.1　生成一个孔 ·· 189

8.2.2　自定义孔 ··· 189

8.2.3　生成多个相同的孔 ·· 189

8.3　【拉伸】工具 ··· 192

8.4　【阵列】工具 ··· 194

8.5　【筋板】工具 ··· 195

8.6　【紧固件】工具 ·· 196

8.7　【齿轮】工具 ··· 197

8.8　【轴承】工具 ··· 198

8.9　【冷弯型钢】与【热轧型钢】工具 ·· 199

8.9.1　【冷弯型钢】工具 ·· 199

8.9.2　【热轧型钢】工具 ·· 200

8.10　【弹簧】工具 ·· 201

8.11　构造螺纹 ·· 202

8.11.1　构造外螺纹 ··· 202

8.11.2　构造内螺纹 ··· 202

8.12　【装配】工具 ·· 204

8.13　BOM 工具 ·· 205

思考题 ·· 206

练习题 ·· 206

第9章　三维曲线构建与曲面设计 ·· 207

9.1　三维点应用 ··· 207

9.2　三维曲线 ··· 208

9.2.1　生成三维曲线 ·· 208

9.2.2　提取曲线 ··· 212

9.2.3　生成曲面交线 ·· 213

9.2.4　生成等参数线 ·· 213

9.2.5 生成公式曲线 ·· 214

9.2.6 曲面投影线 ·· 215

9.2.7 组合投影交线 ·· 216

9.2.8 包裹曲线 ·· 217

9.3 三维曲线的编辑 ·· 218

9.3.1 裁剪/分割三维曲线 ···································· 218

9.3.2 拟合曲线 ·· 219

9.3.3 三维曲线编辑 ·· 219

9.4 创建曲面 ··· 221

9.4.1 网格面 ·· 222

9.4.2 放样面 ·· 223

9.4.3 直纹面 ·· 224

9.4.4 旋转面 ·· 225

9.4.5 导动面 ·· 226

9.4.6 提取曲面 ·· 229

9.5 曲面编辑 ··· 230

9.5.1 曲面过渡 ·· 230

9.5.2 曲面延伸 ·· 231

9.5.3 偏移曲面 ·· 231

9.5.4 裁剪曲面 ·· 231

9.5.5 还原裁剪表面 ·· 232

9.5.6 曲面补洞 ·· 233

9.5.7 曲面合并与曲面布尔运算 ································ 233

思考题 ··· 234

第10章 钣金零件设计 ····································· 235

10.1 钣金图素及其属性 ···································· 235

10.1.1 设置钣金件默认参数 ··································· 235

10.1.2 钣金设计图素 ··· 237

10.1.3 钣金设计图素的属性 ··································· 239

10.2 钣金件设计 ·· 240

10.2.1 板料图素的应用 ······································· 240

10.2.2 顶点图素的应用 ······································· 243

10.2.3 弯曲图素的应用 ······································· 244

10.2.4 成型图素应用 ··· 245

10.2.5 型孔图素应用 ··· 246

10.2.6 自定义轮廓图素应用 ··································· 247

10.3 钣金图素的编辑 ······································ 248

10.3.1 零件编辑状态的编辑手柄 ······························ 248

10.3.2 智能图素编辑状态的编辑工具 ·························· 250

10.4　钣金件切割 ·······························253

10.5　钣金件展开/复原 ························254

10.6　应用钣金封闭角工具 ····················255

10.7　添加斜接法兰 ···························256

思考题 ··257

练习题 ··258

第11章　装配设计 ·······························259

11.1　装配概述 ································259

11.1.1　生成装配体 ·······················259

11.1.2　新建零/组件 ······················260

11.1.3　插入零件/装配 ····················260

11.1.4　从文件中输入几何元素 ············261

11.1.5　解除装配 ·························261

11.2　装配基本操作 ····························261

11.3　装配中的约束与定位 ····················263

11.3.1　无约束装配工具的定位应用 ········263

11.3.2　定位约束工具的定位应用 ··········267

11.4　装配检验 ································271

11.4.1　干涉检查 ·························271

11.4.2　机构仿真 ·························272

11.4.3　创建爆炸视图 ·····················273

11.4.4　零件统计 ·························273

思考题 ··273

练习题 ··273

第12章　二维工程图的生成 ·····················275

12.1　二维工程图环境 ··························275

12.2　二维工程图的视图 ·······················278

12.2.1　生成标准视图 ·····················278

12.2.2　生成投影视图 ·····················282

12.2.3　生成向视图 ·······················283

12.2.4　生成剖视图 ·······················284

12.2.5　生成剖面图 ·······················286

12.2.6　截断视图 ·························287

12.2.7　局部放大图 ·······················289

12.2.8　局部剖视图 ·······················290

12.3　视图编辑 ································293

12.3.1　视图的移动定位 ···················294

12.3.2　隐藏图线与取消隐藏图线 ··········294

12.3.3　分解视图 ·························294

12.3.4 鼠标右键快捷菜单的【视图编辑】命令 295
12.3.5 视图属性编辑 296
12.4 工程图尺寸标注 297
12.4.1 自动生成尺寸 297
12.4.2 标注尺寸 298
12.4.3 编辑尺寸 299
12.5 明细表与零件序号 299
12.5.1 导入三维明细表 299
12.5.2 更新三维明细表 302
12.5.3 在装配图中生成零件序号 302
思考题 304
练习题 304
第13章 渲染设计 306
13.1 智能渲染元素的应用 306
13.1.1 智能渲染工具 306
13.1.2 渲染元素的种类 306
13.1.3 渲染元素的使用方法 306
13.1.4 复制与转移渲染元素属性 308
13.1.5 移动和编辑渲染图素 308
13.2 智能渲染属性 310
13.2.1 智能渲染属性表 310
13.2.2 颜色 311
13.2.3 材质 312
13.2.4 表面光泽 314
13.2.5 透明度 316
13.2.6 凸痕 316
13.2.7 反射 318
13.2.8 贴图 319
13.2.9 散射 320
13.2.10 图像的投影方法 321
13.3 智能渲染向导 322
13.4 设计环境渲染 323
13.4.1 背景 324
13.4.2 渲染 324
13.4.3 雾化 326
13.4.4 视向 327
13.4.5 曝光设置 329
13.5 光源与光照 329
13.5.1 光源 329

      13.5.2　光源设置 ⋯⋯⋯⋯⋯⋯⋯⋯⋯⋯⋯⋯⋯⋯⋯⋯⋯⋯ 330

      13.5.3　光照调整 ⋯⋯⋯⋯⋯⋯⋯⋯⋯⋯⋯⋯⋯⋯⋯⋯⋯⋯ 331

  13.6　图像处理与输出打印 ⋯⋯⋯⋯⋯⋯⋯⋯⋯⋯⋯⋯⋯⋯⋯⋯ 334

      13.6.1　输出图像文件 ⋯⋯⋯⋯⋯⋯⋯⋯⋯⋯⋯⋯⋯⋯⋯⋯ 334

      13.6.2　打印图像 ⋯⋯⋯⋯⋯⋯⋯⋯⋯⋯⋯⋯⋯⋯⋯⋯⋯⋯ 335

  思考题 ⋯⋯⋯⋯⋯⋯⋯⋯⋯⋯⋯⋯⋯⋯⋯⋯⋯⋯⋯⋯⋯⋯⋯⋯ 336

  练习题 ⋯⋯⋯⋯⋯⋯⋯⋯⋯⋯⋯⋯⋯⋯⋯⋯⋯⋯⋯⋯⋯⋯⋯⋯ 336

第 14 章　三维动画制作 ⋯⋯⋯⋯⋯⋯⋯⋯⋯⋯⋯⋯⋯⋯⋯⋯⋯⋯ 337

  14.1　智能动画的生成与播放 ⋯⋯⋯⋯⋯⋯⋯⋯⋯⋯⋯⋯⋯⋯ 337

      14.1.1　动画设计元素库与定位锚 ⋯⋯⋯⋯⋯⋯⋯⋯⋯ 337

      14.1.2　智能动画的创建与播放 ⋯⋯⋯⋯⋯⋯⋯⋯⋯⋯ 338

  14.2　智能动画的编辑 ⋯⋯⋯⋯⋯⋯⋯⋯⋯⋯⋯⋯⋯⋯⋯⋯ 340

      14.2.1　智能动画编辑器 ⋯⋯⋯⋯⋯⋯⋯⋯⋯⋯⋯⋯⋯⋯ 340

      14.2.2　修改智能动画属性 ⋯⋯⋯⋯⋯⋯⋯⋯⋯⋯⋯⋯ 343

      14.2.3　动画路径的创建 ⋯⋯⋯⋯⋯⋯⋯⋯⋯⋯⋯⋯⋯ 346

      14.2.4　动画路径的修改 ⋯⋯⋯⋯⋯⋯⋯⋯⋯⋯⋯⋯⋯ 347

      14.2.5　根据路径修改动画的方位和旋转 ⋯⋯⋯⋯⋯ 350

      14.2.6　动画路径属性 ⋯⋯⋯⋯⋯⋯⋯⋯⋯⋯⋯⋯⋯⋯ 352

      14.2.7　动画的关键帧属性 ⋯⋯⋯⋯⋯⋯⋯⋯⋯⋯⋯⋯ 354

  14.3　动画的保存和输出 ⋯⋯⋯⋯⋯⋯⋯⋯⋯⋯⋯⋯⋯⋯⋯ 357

  思考题 ⋯⋯⋯⋯⋯⋯⋯⋯⋯⋯⋯⋯⋯⋯⋯⋯⋯⋯⋯⋯⋯⋯⋯⋯ 359

  练习题 ⋯⋯⋯⋯⋯⋯⋯⋯⋯⋯⋯⋯⋯⋯⋯⋯⋯⋯⋯⋯⋯⋯⋯⋯ 359

参考文献 ⋯⋯⋯⋯⋯⋯⋯⋯⋯⋯⋯⋯⋯⋯⋯⋯⋯⋯⋯⋯⋯⋯⋯⋯ 360

第1章 CAXA实体设计2009概述

CAXA实体设计2009作为三维设计软件，具有丰富的图素功能，独特的"拖放"与"三维球"技术，专业的渲染与动画制作，强大的"双内核"结构以及可视化与精确化的设计方法，使设计工作如同搭积木一样简单而充满乐趣，它具有操作简单直观、修改灵活快捷、结果表现丰富、协同共享性好等特性。

CAXA实体设计2009的创新设计过程包括七个基本设计环节：

（1）开始一个设计项目；

（2）创建零件；

（3）创建产品；

（4）生成二维图；

（5）渲染效果；

（6）制作动画；

（7）共享结果。

1.1 CAXA实体设计2009应用概述及安装

1.1.1 CAXA实体设计2009应用概述

CAXA实体设计2009是当今最简易、快捷的具有自主版权的国产三维造型软件，它功能强大，操作简便，兼容协同，易学易用，是集创新设计、工程设计、协同设计、二维CAD设计于一体的新一代CAD系统解决方案。所谓创新设计是指将可视化的自由设计与精确化设计结合在一起，使产品设计跨越了传统参数化CAD软件的复杂性限制；工程设计是指传统三维软件普通采用的全参数化设计模式，可以在数据之间建立严格的逻辑关系，便于设计修改。

CAXA实体设计2009具有易学易用的直观交互界面、双模式设计方法、三维与二维集成、数据兼容、三维球工具、拖放式操作及智能手柄、标准件图库及系列件变型设计机制、设计重用方式、专业级三维渲染功能、强大的钣金设计功能和动画功能等应用特点。

CAXA实体设计2009系列软件在机械、汽车、电子、航空航天、船舶、装备、轻工、建筑和家居装潢等领域有着较为广泛的应用。

1.1.2 CAXA实体设计2009的安装

首先进入Windows操作系统，将安装软件光盘放入光驱中，打开"我的电脑"，找到光盘驱动器，双击进入，找到setup.exe文件，双击其图标，进入软件安装程序，如图1.1所示。

1

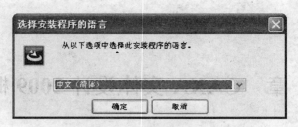

图 1.1　CAXA 实体设计 2009 安装向导 1

　　按如图 1.1 所示提示内容，选择安装程序的语言。单击【取消】按钮则退出安装；单击【确定】按钮继续安装，如图 1.2 所示。

　　在计算机上安装 CAXA 实体设计 2009 软件要件。单击【取消】按钮则退出安装；单击【安装】按钮继续安装，如图 1.3 所示。

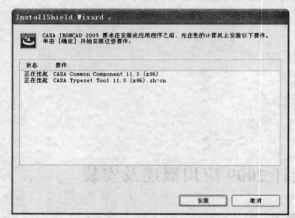

图 1.2　CAXA 实体设计 2009 安装向导 2

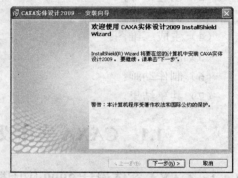

图 1.3　CAXA 实体设计 2009 安装向导 3

　　单击【下一步】按钮继续安装，如图 1.4 所示。

　　此时出现一个安装许可协议书，单击【上一步】按钮返回上一个界面；单击【下一步】按钮继续安装，如图 1.5 所示。

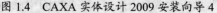

图 1.4　CAXA 实体设计 2009 安装向导 4

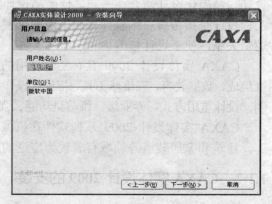

图 1.5　CAXA 实体设计 2009 安装向导 5

　　分别在相关文本框中输入用户名、公司名称和软件序列号，一般序列号在密码锁上。单击【下一步】按钮继续安装，如图 1.6 所示。

2

选定软件安装的目的地文件夹，单击【下一步】按钮，继续安装，如图 1.7 所示。

选择 CAXA 实体设计 2009 运行的默认语言，单击【下一步】按钮，继续安装，如图 1.8 所示。

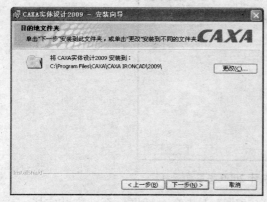

图 1.6　CAXA 实体设计 2009 安装向导 6

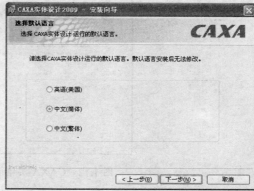

图 1.7　CAXA 实体设计 2009 安装向导 7

选择缺省几何核心，单击【下一步】按钮，继续安装，如图 1.9 所示。

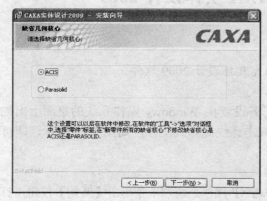

图 1.8　CAXA 实体设计 2009 安装向导 8

图 1.9　CAXA 实体设计 2009 安装向导 9

选择缺省模板，单击【下一步】按钮，继续安装，如图 1.10 所示。

一般情况下选择【完整安装】形式，单击【下一步】按钮，继续安装，如图 1.11 所示。

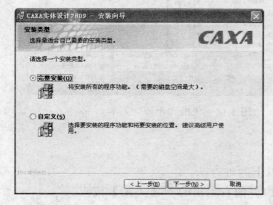

图 1.10　CAXA 实体设计 2009 安装向导 10

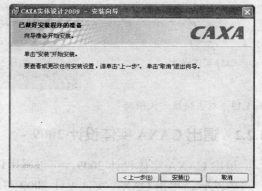

图 1.11　CAXA 实体设计 2009 安装向导 11

3

设置好安装程序，单击【安装】按钮，继续安装，显示安装进度，如图 1.12 所示。

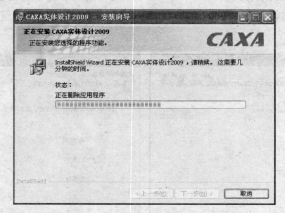

图 1.12　CAXA 实体设计 2009 安装向导 12

安装文件复制进度，安装完毕后，系统自动进入下一个对话框，至此安装完毕。

1.2　启动与退出 CAXA 实体设计 2009

1.2.1　启动 CAXA 实体设计 2009

用户可以采用以下两种方法来启动 CAXA 实体设计 2009 软件。

方法一：双击桌面快捷方式。

安装好 CAXA 实体设计 2009 软件后，若设置在 Windows 操作系统的桌面上出现 CAXA 实体设计 2009 的快捷方式图标，则双击该快捷方式图标，如图 1.13 所示，即可启动 CAXA 实体设计 2009 软件。

方法二：使用"开始"菜单方法。

以 Windows XP 操作系统为例，在 Windows XP 操作系统左下角单击【开始】按钮，打开【开始】菜单，接着从【所有程序】级联菜单中选择【CAXA】→【CAXA 实体设计 2009】→【CAXA 实体设计 2009】命令，如图 1.14 所示，即可启动 CAXA 实体设计 2009 软件。

图 1.13　双击快捷方式图标

图 1.14　使用"开始"菜单

1.2.2　退出 CAXA 实体设计 2009

退出 CAXA 实体设计 2009，可以采用以下两种方法。

方法一：单击 CAXA 实体设计 2009 窗口界面右上角的 【关闭】按钮。

方法二：单击 ⊙【菜单浏览器】按钮，然后在打开的菜单浏览器中选择 □ 级联菜单，单击【退出实体设计】按钮。

1.3　CAXA 实体设计 2009 三维设计环境交互界面

1.3.1　标题栏和菜单浏览器

标题栏位于 CAXA 实体设计 2009 新界面的顶部，其上显示了当前软件的名称。在新建或打开模型文件时，在标题栏中还将显示该文件的名称。在标题栏的右端，还提供了最小化 ─、最大化 □/向下还原 □ 和关闭 CAXA 实体设计 2009 软件 ✕ 的按钮。

单击 ⊙【菜单浏览器】按钮，可以打开如图 1.15 所示的菜单浏览器（也称默认设计环境主菜单），其中提供了各主菜单项和列出最近使用的文档。三维模型设计中所使用的大多数功能都可以通过该菜单浏览器的命令来实现。将鼠标指针移到带有"▶"符号的命令处，则可以打开该命令的子菜单（级联菜单），如图 1.16 所示。

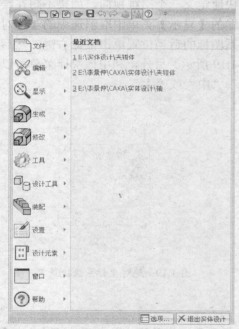

图 1.15　菜单浏览器

图 1.16　打开相应的子菜单

1.3.2　快速启动工具栏和功能区

快速启动工具栏和功能区如图 1.17 所示。快速启动工具栏集中了一些常用的功能按钮，用户也可以单击 ▼ 按钮来自定义快速启动工具栏。

功能区又称功能面板，它将实体设计的功能进行了分类，即功能区有若干个分类选项卡，每个选项卡又集中了若干个面板，这样有利于用户快速选择相应的功能按钮进行设计工作。

如果对功能区某面板中的某个工具按钮不熟悉，用户可以将鼠标移到该工具按钮处

5

停留片刻，系统将出现一个提示栏提示该按钮的功能。

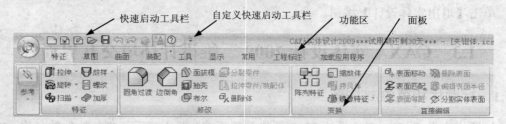

图 1.17　快速启动工具栏和功能区

1.3.3　绘图区域

绘图区域又称图形窗口，用来显示、处理三维模型和二维图形等，是设计的焦点区域，如零件建模、装配设计等工作都离不开图形窗口。

用户可以设置在绘图区域中显示绝对坐标系来辅助定向三维模型，如图 1.18 所示。在绘图区域中单击绝对坐标系的指定轴，可以快速定义一个二维视向。如果不想在绘图区域中显示绝对坐标系图标，可以在菜单浏览器的【显示】菜单中取消选中的【绝对坐标系】命令，或者直接在绘图区域对绝对坐标系图标的适当位置单击鼠标右键，然后从弹出的快捷菜单中选择【隐藏轴】命令，如图 1.19 所示。另外，利用该快捷菜单可以设置绝对坐标系图标的显示大小，如设置为"小"、"中"或"大"。

图 1.18　绘图区域中的绝对坐标系和设计图形　　　图 1.19　绝对坐标系快捷菜单

1.3.4　绘图单位调整

CAXA 实体设计 2009 提供了长度、角度、质量和密度单位，用户可以通过单击【菜单浏览器】，从中选择【设置】→【单位】级联菜单，或在功能区面板鼠标左键单击【常用】→【单位】按钮，弹出如图 1.20 所示的【单位】对话框（图中显示的为系统默认单位），从长度、角度、质量和密度单位的下拉列表中选择相应的单位。

1.3.5　快捷工具栏

在 CAXA 实体设计 2009 软件中，可以设置打开一些快捷工具栏。

方法一：单击 ⊙ 【菜单浏览器】按钮打开菜单浏览器，从中选择【工具】→【自定义】命令，打开【自定义】对话框，切换到【工具栏】选项卡，如图 1.21 所示。从【工具栏】列表框中选中相关的工具栏复选框，即可打开相应的快捷工具栏。用户也可以单击对话框中的【新建】按钮，新建自定义快捷工具栏。

图 1.20 【单位】对话框

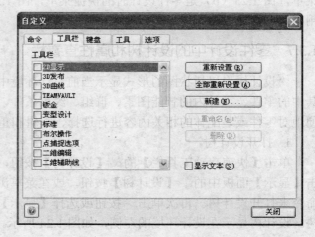

图 1.21 【自定义】对话框

方法二：单击 ⊘【菜单浏览器】按钮打开菜单浏览器，从中选择【显示】→【工具条】→【工具条】级联菜单，单击子菜单，即可打开相应的快捷工具栏，如图 1.22 所示。

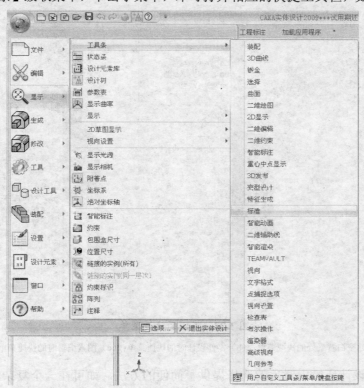

图 1.22 【工具条】子菜单

1.3.6 快捷菜单

除了功能区的主菜单外，在设计环境中单击鼠标右键会弹出快捷菜单，这些快捷菜单的内容与设计状态和编辑状态有关。例如，图1.23（a）是设计环境空白背景处的快捷菜单，图1.23（b）是零件设计时的快捷菜单，图1.23（c）是图素编辑时的快捷菜单。用好这些快捷菜单可以提高设计效率。

1.3.7 零件设计中的设计树和属性查看栏

"设计树"以树状图的形式显示当前设计环境中的所有内容，包括设计环境本身到其中的零件、零件内的智能图素、群组、约束条件、照相机和光源。利用设计树可以方便地对零件或装配体的相关内容进行选择、编辑和重命名等操作。

1. 打开设计树

单击【快速启动工具栏】的 ▨ 【设计树】按钮，或在功能区的【常用】选项卡中单击【显示】面板中的 ▨ 【设计树】按钮，或在菜单浏览器中选择【显示】→【设计树】命令来打开设计树。再次单击 ▨ 按钮或选择【显示】→【设计树】命令则可以关闭设计树。设计树显示在设计环境的左侧，如图1.24所示。

如果设计树的某个项目左边出现"＋"或"－"号，单击该符号可显示出设计环境中更多或更少的内容。

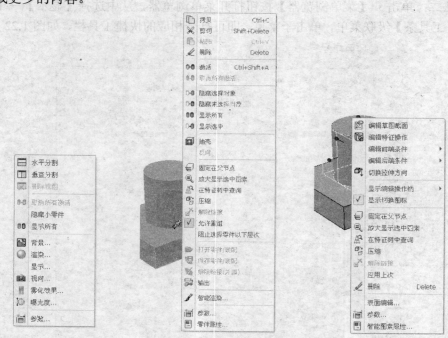

图1.23 不同的快捷菜单

（a）空白背景处的快捷菜单；（b）零件设计时的快捷菜单；（c）图素编辑时的快捷菜单。

设计树为设计环境中对象的选择提供了简便的方法，如可在一个复杂的零件中选择一个图素。

图 1.24　打开在工作区左侧的设计树

2. 通过设计树选择设计环境中的项

在设计树中单击某项的名称或图标，该项的对象则在设计环境中加亮显示。例如，在缺省设置的情况下，在设计树中单击零件的名称或图标，零件就在设计环境中呈蓝色加亮显示；而单击组成零件的图素名称或图标，图素则呈黄色加亮显示。

选择设计树中连续列出的多个项时，可以首先选择第一个项，然后按住 Shift 键并单击最后一个项，此时，被选中的两个项之间的所有项都被选中；如果要选择的项在设计树中排列顺序不连续，可按住 Ctrl 键并单击每一个项。

在设计树中只能在同一结构层次中选择多个项，不能跨越结构层次进行多项选择。例加，不能在零件内既选择零件又选择零件上的孔。

选择完成后，就可以在设计环境中或直接从设计树中编辑选中的项。

3. 利用设计树编辑设计环境中的一个项

在设计树中用鼠标右键单击某项的名称，并从随之弹出的快捷菜单中选择一个选项，如图 1.25 所示。

快捷菜单基本上与用鼠标右键单击设计环境对象时弹出的快捷菜单一样。例如，在设计树中用鼠标右键单击零件的名称，弹出的快捷菜单与在零件编辑状态下用鼠标右键单击设计环境中的零件时弹出的菜单相同；在设计树中用鼠标右键单击图素的名称所弹出的快捷菜单与在智能图素编辑状态下用鼠标右键单击图素弹出的快捷菜单相同。也可以利用设计树为设计环境中的项重命名，在设计树中单击该项的名称，选中该项后再次单击，在文本框中输入新名称后按下回车键即可。

4. 属性查看栏

如图 1.26 所示，属性查看栏（即命令操作栏）可为用户提供当前选择的常用操作和属性。用户可以从该属性查看栏的【动作】面板中单击所需的工具按钮来进行相应的设计工作。

1.3.8　设计元素库

在 CAXA 实体设计 2009 中可以利用系统提供的丰富设计元素进行设计。设计时可利用【设计元素库浏览器】快速查找到所需的设计元素，然后用拖放操作方式将其放到

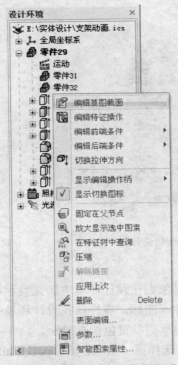

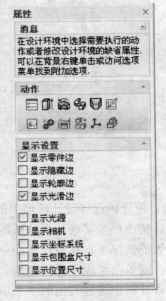

图 1.25　利用设计树编辑指定项　　　　　　　　图 1.26　属性查看栏

绘图区域中。

1. 设计元素库分类

系统提供的标准设计元素库有【图素】、【高级图素】、【颜色】、【材质】、【钣金】、【工具】等。用户也可以创建自己的设计元素库。

（1）【图素】：包括基本的三维实体智能图素（如长方体、球）、实体除去部分后形成的孔洞智能图素。

（2）【高级图素】：包含更多复杂的智能图素，如管状体、工字梁等。

（3）【颜色】：提供大量的颜色设计元素。使用该设计元素库中的颜色选项可以将颜色添加到零件造型或图素表面，还可以将颜色用于设计环境背景。

（4）【材质】：提供大量的材质设计元素。这些材质设计元素可应用于零件表面或用于设计环境背景。

（5）【钣金】：包含钣金设计中所用的智能图素，如弯曲材料、板料、凸起等。

（6）【工具】：包含自定义孔、齿轮、紧固件等项目。

（7）【动画】：提供一系列用于动画的设计元素。采用其中的设计元素可以为零件添加标准的动画效果。

（8）【凸痕】：提供凸痕设计元素。这些设计元素用于在图素或零件表面添加凸起纹理。

（9）【表面光泽】：包括反光颜色和金属涂层。

（10）【附加设计元素库】：CAXA 实体设计 2009 还在其安装光盘中提供了一些附加的设计元素库，包括【抽象图集】、【背景】、【织物】、【石头】、【文头】、【纹理】、

10

【金属】和【文本】等。采用"完全"方式安装时，它们与标准设计库一同安装在计算机硬盘上。

2. 设计元素库的浏览

设计元素库浏览器如图 1.27 所示，位于窗口右侧。设计元素库浏览器由设计元素库选项卡、导航按钮、滚动条和打开的设计元素组成。

用户可设置设计元素库处于自动隐藏状态，即设计元素库浏览器在不用的时候自动翻卷回设计环境的右侧，仅显示设计元素库标识，以便显示最优的图形窗口，如图 1.28 所示。如果要显示当前的设计元素，可以将光标移到该标识区域，待从显示的设计元素库浏览器中选择了所需的设计项目后，将光标移到设计环境的绘图区域时，设计元素库浏览器会再次返回到隐藏状态。用户也可以关闭设计元素库的自动隐藏状态，方法是在显示设计元素库浏览器时，单击 ⇧【自动隐藏】按钮。

在【设计元素库】选项卡一行处单击某个选项卡标签，则显示该【设计元素库】选项卡中的内容，若选项卡中的内容数量多于屏幕一次能够显示的数量，则需要使用滚动条来辅助查看。如果某个选项卡不可见，则可单击导航按钮来显示选项卡标签以供选择。

设计元素库的应用，使得很多项目的设计工作变得轻松和快捷。例如，可以用鼠标从指定的设计元素库中拖出一个形状元素，并将其释放到三维设计环境中。又例如，零件设计好之后，可以通过使用鼠标拖放的方式为零件添加颜色、表面光泽等。

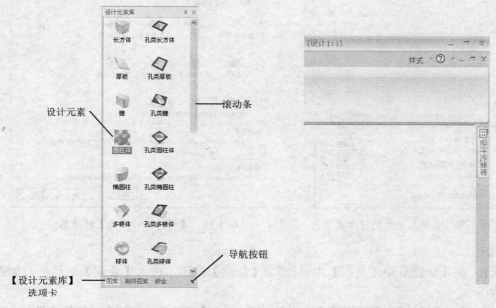

图 1.27 【设计元素库浏览器】　　图 1.28 【设计元素库】自动隐藏

1.3.9 状态栏

状态栏如图 1.29 所示，其配置的内容可包括 CAXA 网址链接、提示信息、坐标、单位、显示工具、渲染器工具、切换模式工具和选择过滤器。用户若要自己配置状态栏

11

的显示内容，可以在状态栏中单击鼠标右键，利用弹出的快捷菜单进行设置。

图 1.29 状态栏

1.4 文件管理操作

在 CAXA 实体设计 2009 中，文件的基本操作包括创建新文件、打开文件、保存文件和关闭文件等。

1.4.1 创建新文件

1. 开始新的三维设计的操作

方法一：

（1）启动 CAXA 实体设计 2009 软件，在【欢迎】对话框中，选择【创建一个新的设计文件】，如图 1.30 所示。单击【确定】按钮，进入【新的设计环境】对话框，如图 1.31 所示。

（2）在【新的设计环境】对话框中，选择【公制】选项卡，选择相应模板（如"白色"），单击【确定】按钮，进入三维设计环境，如图 1.32 所示。

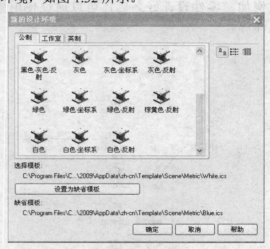

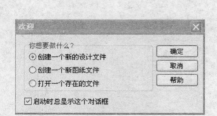

图 1.30 系统启动时的对话框   图 1.31 【新的设计环境】对话框

方法二：

（1）在【快速启动工具栏】中单击 □【新建】按钮，进入【新建】对话框，如图 1.33 所示。

（2）选择【设计】按钮，单击【确定】按钮，进入【新的设计环境】对话框（图 1.31），选择一个模板，单击【确定】按钮，进入三维设计环境。

方法三：

（1）单击【菜单浏览器】→【文件】→【新文件】菜单，进入【新建】对话框，如图 1.33 所示。

12

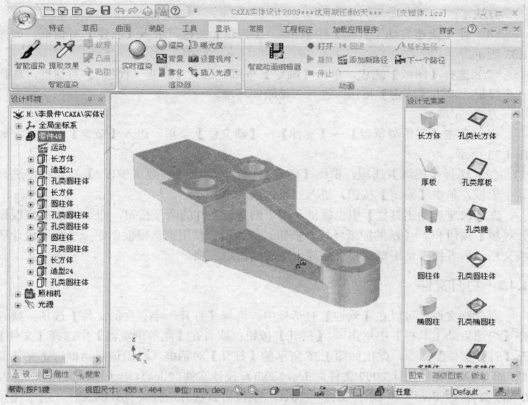

图 1.32 CAXA 实体设计 2009 三维设计环境

（2）选择【设计】选项，单击【确定】按钮，进入【新的设计环境】对话框（图 1.31），选择一个模板，单击【确定】按钮，进入三维设计环境。

2. 开始新的二维图形设计的操作

方法一：

选择图 1.30 中的【创建一个新图纸文件】选项，单击【确定】按钮，进入【新建（模板）】对话框，如图 1.34 所示。选择模板（如 GB-A0（CHS）），单击【确定】按钮，进入二维绘图环境。

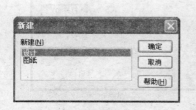

图 1.33 【新建】对话框　　　　　　图 1.34 【新建（模板）】对话框

13

方法二：

（1）在【快速启动工具栏】中单击 □【新建】按钮，进入【新建】对话框，如图1.33 所示。

（2）选择【图纸】选项，单击【确定】按钮，进入【新建（模板）】对话框，选择一个模板，单击【确定】按钮，进入二维绘图环境。

方法三：

（1）单击【菜单浏览器】→【文件】→【新文件】菜单，进入【新建】对话框，如图 1.33 所示。

（2）选择【图纸】选项，单击【确定】按钮，进入【新建（模板）】对话框，选择一个模板，单击【确定】按钮，进入二维绘图环境。

在【快速启动工具栏】中也提供了用于创建新文件的两个按钮，即 ☑【缺省模板设计环境】按钮和 ☑【新的图纸环境】按钮。前者用于使用默认模板创建一个新的设计环境文档，后者用于使用默认模板创建一个新的图纸文档。

1.4.2　打开文件

要打开文件，可以在【欢迎】对话框中，选择【打开一个存在的文件】选项；或者在【快速启动工具栏】中单击 ☞【打开】按钮；或者在【菜单浏览器】中选择【文件】→【打开文件】命令，弹出如图 1.35 所示的【打开】对话框。利用该对话框选定文件类型，如 CAXA 实体设计 2009 文件（*.ics，*.exb）、设计文件（*.ics）、电子图板文件（*.exb）、DWG 文件（*.dwg）和 DXF 文件（*.dxf）等，接着查找并选择要打开的文件，选中【预显】复选框时可以预览文件中的模型效果，然后单击【打开】按钮即可打开该文件。

图 1.35　【打开】对话框

1.4.3 保存文件

保存文件的命令有【保存】、【另存为】、【另存为零件/装配】、【保存所有为外部链接】和【只保存修改的外部链接文件】，这些命令位于【菜单浏览器】的文件菜单中。

（1）【保存】：将当前设计环境中的内容保存到文件中。该命令对应的工具按钮🖫【保存】位于【快速启动工具栏】中。

（2）【另存为】：使用新名称保存文件。

（3）【另存为零件/装配】：将所选择的零件/装配保存到文件中。

（4）【保存所有为外部链接】：将设计环境中所有的装配及零件按照设计树中的名称分别保存到外部链接文件中。

（5）【只保存修改的外部链接文件】：仅用于保存修改的零件/装配到外部链接文件中。

1.4.4 关闭文件

要关闭当前文件，可以在【菜单浏览器】中选择【文件】→【关闭】命令。如果当前文件经过修改但未保存，此时系统将弹出如图 1.36 所示的【CAXA 实体设计 2009】对话框来提示用户。若单击【是】按钮，则关闭并保存文件；若单击【否】按钮，则关闭而不保存文件；若单击【取消】按钮，则取消关闭文件的操作。

图 1.36 【CAXA 实体设计 2009】对话框

1.5 视 向

1.5.1 新视向的种类

在 CAXA 实体设计 2009 中，用户不能完全随意地设置新的视向。为方便用户，在如图 1.37 所示的设置视向的对话框中规定了七种视向，即前、后、右侧、左侧、顶部、底部和保留方向。每当选定一种视向时，对话框左侧的小房子上就会显示相应的视向标记，图中所示为【保留方向】的视向标记。

需要说明的是，用户并不需要非设置新的视向不可，事实上，系统内部已经默认设置了七种视向。当单击【菜单浏览器】→【显示】→【设计树】菜单后，窗口左侧出现设计树，展开其中的【照相机】，可以看到这些默认视向有仰视、左视、后视、轴测、右视、主视、俯视，如图 1.38 所示。

设置新的视向的目的是为了更加方便地看清该视向上的图形，否则，为了显示该视向的图形，将不得不采用各种显示操作方法，有时会显得不太方便。

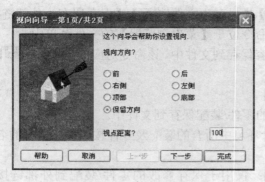

图 1.37　七种视向设置　　　　　　　　　　图 1.38　【照相机】中展开的默认视向

1.5.2　新视向的设置

假设设计工作区中有一个四棱柱，设置新视向的操作如下：

（1）单击【菜单浏览器】→【生成】→【视向设置向导】菜单；

（2）指定物体上的目标点并单击，进入【视向向导】第 1 页（图 1.37），选择视向为【保留方向】，填写【视点距离】为 100，单击【下一步】选项，在【视向向导】第 2页中（图 1.39），均选"否"，单击【完成】按钮。

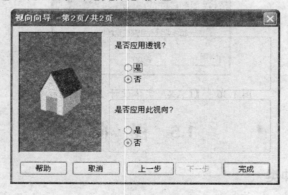

图 1.39　视向向导的第 2 页

此时可观察到棱柱体上带红色的目标点、带照相机图标的视点以及黄色的视向线。

1.5.3　透视视向的设置

设置步骤类似于上述"1.5.2 新视向的设置"的操作步骤，不同之处仅仅是在图 1.39中对【是否应用透视】选项应选择"是"。

如要改变透视视向设置的参数，可以用鼠标右键单击设计区的空白背景，弹出如图1.40 所示的快捷菜单，单击【视向】，进入【设计环境属性】对话框，选【视向】选项卡，如图 1.41 所示，改变【视角】、【位置】、【视点】、【方向朝上】中的参数设置，单击【确定】按钮结束。

16

图 1.40　设计区空白处的快捷菜单　　　　　　　图 1.41　透视视向参数的设置

1.6　三维模型显示状态设置

在设计中把握三维模型的显示状态是很重要的，用户需要掌握各种【视向】工具、【高级视向】工具、【视向设置】工具和【渲染器】工具的应用。在状态栏中可以配置常用的【显示】工具与【渲染器】工具，用户也可以通过【菜单浏览器】中的【显示】→【工具条】级联菜单来调用【视向】工具栏、【高级视向】工具栏、【视向设置】工具栏和【渲染器】工具栏。

1.6.1　视向工具

【视向】工具集中在【视向】工具栏中，如图 1.42 所示。使用这些【视向】工具可以移动实体造型的显示，调整其在三维设计环境中的观察角度。下面简单介绍这些视向工具的功能。

（1）【显示平移】：左右上下移动对象。可按功能键 F2。

（2）【动态旋转】：任意旋转三维设计对象。按功能键 F3 或鼠标中键也可实现此功能。

（3）【前后缩放】：使显示对象向前或向后移动。可按功能键 F4 实现。

（4）【任意视向】：模拟视向进入设计环境。可按功能键 Ctrl+F2 实现。

（5）【动态缩放】：拖动光标动态显示放大或缩小。可按功能键 F5 实现。

（6）【局部放大】：将设计环境的特定区域放大。可按功能键 Ctrl+F5 实现。

（7）【指定面】：将观察角度改变为直接指向零件模型的特定表面。可按功能键 F7 实现。

（8）【指定视向点】：所选择的元素变换到场景中心，即重新定位显示在零件上的基准点，以对正设计环境中相对于该点的观察点。可按功能键 Ctrl+F7 实现。

（9）【显示全部】：观察点与模型中心对齐，显示模型的全部。可按功能键 F8 实现。

（10）【保存视向】：将当前的视向保存起来，供以后使用。

（11）【恢复视向】：恢复以前保存的视向设置。

（12）【取消视向操作】：取消最后的视向操作。

（13）【恢复视向操作】：恢复最后所取消的视向操作。

（14）【透视】：模型的透视图。可按功能键 F8 实现。

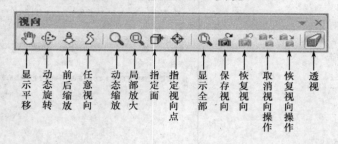

图 1.42 【视向】工具栏

1.6.2 高级视向工具

【高级视向】工具集中在如图 1.43 所示的【高级视向】工具栏中。该工具栏中的高级视向工具从左到右分别是【向上平移】、【向下平移】、【向左平移】、【向右平移】、【向上倾斜】、【向下倾斜】、【向左倾斜】、【向右倾斜】、【左卷】、【Z 向】、【右卷】、【圆周运动向上】、【圆周运动向下】、【圆周运动向左】、【圆周运动向右】、【加大视向透视宽度】和【缩小视向透视宽度】。

图 1.43 【高级视向】工具栏

1.6.3 视向设置工具栏

【视向设置】工具集中在如图 1.44 所示的【视向设置】工具栏中。使用这些视向设置工具可以快速设置实体造型在设计环境中的视向。

1.6.4 渲染器工具

在如图 1.45 所示的【渲染器】工具栏中提供了实用的【渲染器】工具，利用这些【渲染器】工具可以快速地设置三维实体的渲染风格和一些高级渲染等。

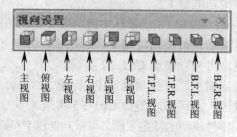

图 1.44 【视向设置】工具栏

图 1.45 【渲染器】工具栏

18

（1）【明暗渲染】：选中此工具时，真实感图不显示零件边界。

（2）【带边的明暗渲染】：选中此工具时，设置真实感图只显示零件的可见边。

（3）【带隐藏边的明暗渲染】：选中此工具时，设置真实感图以虚线显示隐藏边。

（4）【线框】：以带隐藏线的线框形式显示模型，隐藏线画为实线。

（5）【带隐藏边的线框】：以带隐藏线的线框形式显示模型，隐藏线画为虚线。

（6）【线框不显示隐藏边】：选中此工具时，线框不显示隐藏的边。

（7）【选项】：用于设置一些高级渲染选项。单击此工具，可打开如图 1.46 所示的【高级渲染属性】对话框，从中分别设置【图像】、【超采样】和【全局光照】这些高级属性。

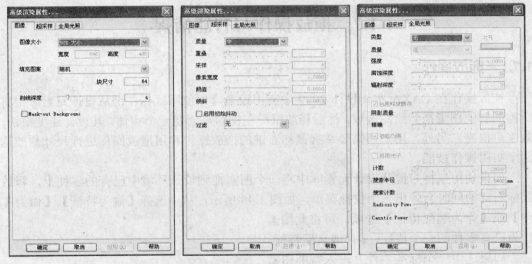

图 1.46　【高级渲染属性】对话框

（8）【开始渲染】：单击此按钮，可依据相关的渲染设置对设计环境进行渲染。例如，单击【开始渲染】工具按钮对一个设置好【视向】和【渲染属性】的零件进行渲染，渲染结果显示在弹出的渲染窗口中，如图 1.47 所示。

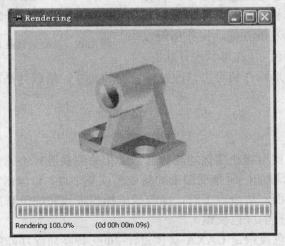

图 1.47　渲染结果

1.6.5 使用鼠标键调整视图显示

使用鼠标键快速调整视图显示的方法如表 1.1 所列。

表 1.1 使用鼠标键快速调整视图显示的方法

序 号	视图操作	操 作 说 明
1	视图平移	按住 Shift 键的同时按住鼠标中键，此时移动鼠标可快速使视图平移
2	视图缩放	将鼠标指针置于绘图区域，直接滚动鼠标中键（滚轮）可缩放显示模型视图；或者同时按住 Ctrl 键和鼠标中键，向前/向后移动也可实现视图缩放显示
3	视图翻转	将鼠标指针置于绘图区域，按住鼠标中键并移动鼠标可任意翻转视图

1.7 拖放操作与智能捕捉

1.7.1 拖放操作

拖放操作在 CAXA 实体设计 2009 中应用较多，如使用鼠标左键从设计元素库中将所需的智能图素拖到绘图区域，然后释放鼠标左键即可创建一个实体。其设计速度很快，效率也很高。另外，用户还需要掌握鼠标右键的拖放操作和用拖放操作进行尺寸修改这两个实用操作技能。

如果使用鼠标右键从设计元素库中将一个图素拖到设计环境中已有的零件上，释放鼠标右键的同时会弹出一个快捷菜单，如图 1.48 所示，从中选择【做为特征】、【做为零件】或【作为装配特征】选项，可将此图素作为已有零件的一个特征、零件或装配特征。

如果选中一个标准零件并进入智能图素编辑状态，默认时会显示黄色的包围盒和一个手柄开关。单击手柄开关可以在两个不同的智能图素编辑环境（形状设计状态和包围盒状态）之间切换。在包围盒状态下，将光标移向一个红色操作柄，出现一个手形和双箭头，此时按住鼠标左键并拖动操作柄可以近似地修改包围盒的尺寸。在形状设计状态，

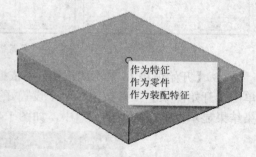

图 1.48 鼠标右键拖放时出现的快捷菜单

拾取并拖动红色三角形操作柄可以修改拉伸方向的尺寸，拾取并拖动菱形操作柄则可以修改截面的尺寸。

1.7.2 智能捕捉

在三维设计中，使用智能捕捉功能能够帮助相关图素进行快速定位。在智能图素编辑状态下，按住 Shift 键的同时拖动图素的某个面或某个点，可以激活智能捕捉功能，当鼠标拖动点落到相对面、边或点上时，绿色智能捕捉虚线和绿色智能捕捉点会自动显示出来，这就是智能捕捉的绿色反馈。

概括的描述，绿色反馈是 CAXA 实体设计 2009 智能捕捉功能的显示特征，智能捕

捉到的面、边、点均为绿色加亮的形式显示。按住 Shift 键可以激活智能捕捉反馈显示功能。智能捕捉各种点的绿色反馈显示有以下三种：

（1）大绿点表示顶点；

（2）小绿点表示一条边的中点或一个面的中心点；

（3）由无数个绿点组成的点线表示边。

可以将智能捕捉设置为默认操作柄操作，其方法是在【菜单浏览器】中选择【工具】→【选项】命令，打开【选项】对话框，切换到【交互】选项卡，在【操作柄行为】选项组中选中【捕捉作为操作柄的缺省操作（无 Shift 键）】复选框，如图 1.49 所示，然后单击【确定】按钮。设置该选项后，智能捕捉功能在所有的操作柄（手柄）上总处于激活状态，而不必再按住 Shift 键来激活。要注意的是，此时按住 Shift 键可以禁止智能捕捉操作柄行为。如果没有特别说明，本书采用的 CAXA 实体设计 2009 软件不选中【捕捉作为操作柄的缺省操作（无 Shift 键）】复选框，即需要按住 Shift 键来激活智能捕捉功能。

在实际操作过程，鼠标右键单击相应的手柄并通过弹出的快捷菜单可以设置智能捕捉范围和启用智能捕捉功能。

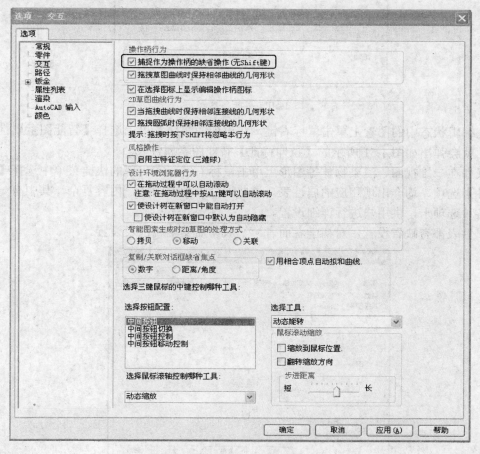

图 1.49　设置操作柄行为

利用智能捕捉功能可以很方便地将新图素可视化定位在零件上。

1.8 属 性 表

CAXA 实体设计 2009 有许多功能，如零件造型、图素生成、二维布局图生成、智能渲染等，为使用户在实现和操作这些功能时有更多的灵活性与适用性，系统提供了实现这些功能的定制手段，这种定制也可称为设置，可通过功能的属性表来实现。

如在零件图上单击鼠标右键，在出现的快捷菜单上选【零件属性】，就会弹出如图1.50 所示的【创新模式零件】零件属性表。

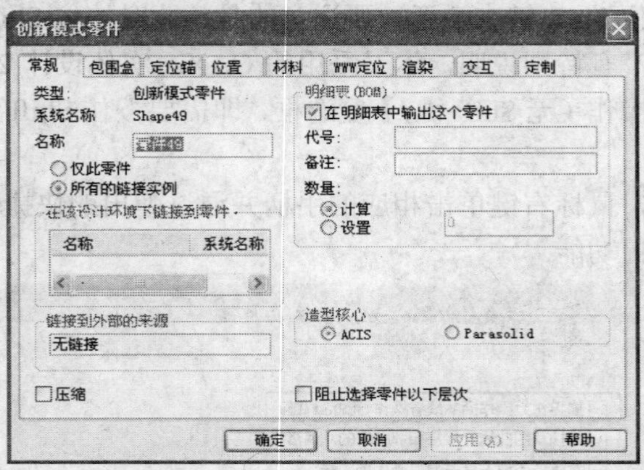

图 1.50 零件属性表

在编辑状态中的图素上单击鼠标右键，在出现的快捷菜单上选择【智能图素属性】选项，就会弹出如图 1.51 所示的【拉伸特征】智能图素属性表。

又如在二维视图、渲染物体等图形上单击鼠标右键，在出现的快捷菜单中选择【××属性】选项，均会出现相应的属性表。这些属性表种类很多，内容复杂，其中有一些具有各种选项卡，供用户进行详细设置。

属性表都有缺省设置，对初学者而言，一般无需变动属性表设置。

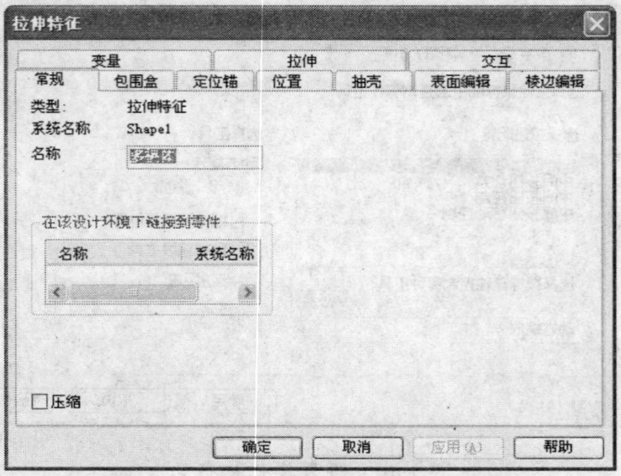

图 1.51 智能图素属性表（拉伸特征）

1.9　坐　标　系

在零件设计中，坐标系是非常重要的，不但为零件特征设计提供参照，还便于确定模型视向。

1.9.1　全局坐标系统

在设计环境中始终存在一个全局坐标系统。要在设计环境中显示全局坐标系统，需先打开【设计树】，然后在设计树上选择【全局坐标系】选项即可，如图 1.52 所示。

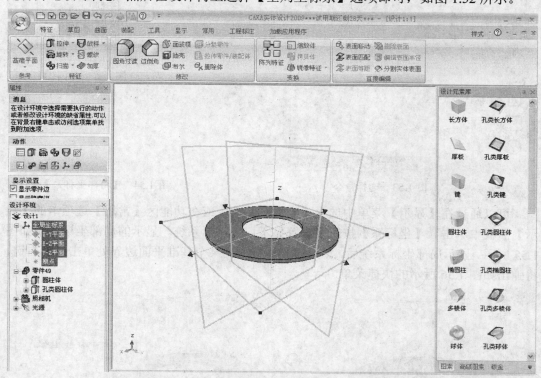

图 1.52　全局坐标系统

1.9.2　局部坐标系统

在实际设计中，还可以创建局部坐标系统来辅助定位。局部坐标系统是三个半透明的相互垂直的坐标平面，局部坐标系统的中心位置是其自身 X、Y 和 Z 轴的交点，三个轴的颜色分别是红色、绿色和蓝色。

单击【菜单浏览器】按钮，接着在菜单浏览器中选择【生成】→【参考对象】→【局部坐标系统】命令,如图 1.53 所示。打开如图 1.54 所示的【局部坐标系】管理栏，在该管理栏中，可以通过设定平面类型等来创建一个局部坐标系统。创建局部坐标系的平面类型选项包括【点】、【三点平面】、【过点与面平行】、【等距面】、【过线与已知面成夹角】、【过点与柱面相切】、【二线、圆、圆弧、椭圆确定平面】、【过曲线上一点的曲线法平面】和【点到面的等分面】。

23

图 1.53 选择命令   图 1.54 【局部坐标系】管理栏

可以通过在【显示】菜单中选中【坐标系】命令或在功能区【常用】选项卡的【显示】面板中单击 【坐标系】按钮来设置显示局部坐标系统。显示的局部坐标系统如图 1.55 所示。显示局部坐标系统后，如果将光标移动到某个基准平面边界处单击鼠标右键，将弹出如图 1.56 所示的快捷菜单。

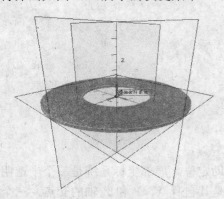

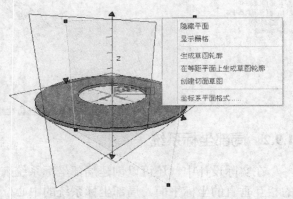

图 1.55 显示局部坐标系   图 1.56 鼠标右键快捷菜单

快捷菜单中各选项的功能含义如下。

（1）【隐藏平面】：用于隐藏所选择的基准平面。

（2）【显示栅格】：用于显示所选择的基准平面上的栅格。栅格是直线平行交叉形成的网格。

（3）【生成草图轮廓】：选择此选项，可以使用二维绘图工具在选定局部坐标系统的栅格面上绘图，绘制好二维截面轮廓时，单击 【完成】按钮。

24

（4）【在等距平面上生成草图轮廓】：选择此选项，将弹出【平面等距】对话框，如图 1.57 所示。在该对话框中分别输入关于原点的相应偏移量，单击【确定】按钮。此时也可以使用二维草图工具在该等距平面栅格上绘图，生成二维草图轮廓。

（5）【创建切面草图】：用于创建实体与所选坐标平面相交的切面草图。

（6）【坐标系平面格式】：选择此选项，将弹出如图 1.58 所示的【局部坐标系统】对话框，在该对话框中，可以为局部坐标系统设置栅格间距、基准面尺寸、调整尺寸方式等。

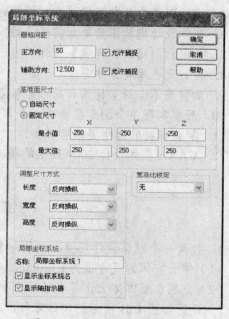

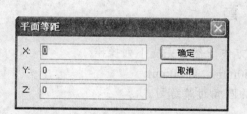

图 1.57　【平面等距】对话框　　　　　　图 1.58　【局部坐标系统】对话框

利用局部坐标系统可以准确地定位零件。例如，生成一个局部坐标系统后，使用鼠标左键从【图素】设计元素库中将圆柱体图素拖到设计环境中，当拖到局部坐标系中则能捕捉到某一个位置点，并显示出其坐标值，如图 1.59 所示。释放鼠标左键后即将该图素定位在局部坐标系统的指定位置，效果如图 1.60 所示。

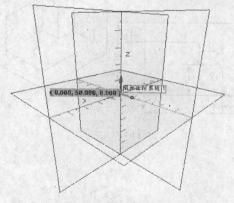

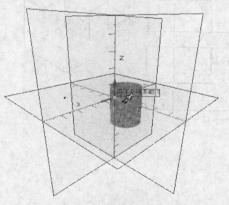

图 1.59　在局部坐标系中捕捉位置　　　　图 1.60　完成图素的定位

思 考 题

1. CAXA 实体设计 2009 的应用特点有哪些?
2. CAXA 实体设计环境主要由几部分组成?
3. 什么是设计环境? 设计环境包括哪些内容?
4. 如何启动快捷工具栏?
5. 设计对象有几种编辑状态? 如何进行操作?
6. 实体设计拖放图素是如何操作的?
7. 如何利用【设计环境】设计树为一个项命名?
8. 设计元素库有哪些分类?
9. 如何显示全局坐标系和局部坐标系?
10. 若要实现多个图素组合成一个零件,在拖放图素时应注意的问题是什么?
11. 智能捕捉的操作要领有哪些?
12. CAXA 实体设计 2009 提供的精确设计工具和操作技巧包括哪些?

练 习 题

1. 打开一个默认设计环境,拖放一个长方体,然后完成下列操作:
(1) 使长方体的尺寸值为长 80mm、宽 60mm、高 60mm;
(2) 分别在长方体上作等半径和变半径的圆角过渡练习。
2. 设计如图 1.61 所示的实体零件。

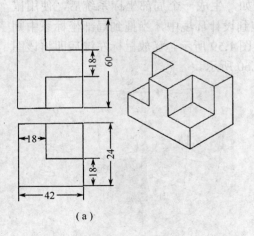

(a)

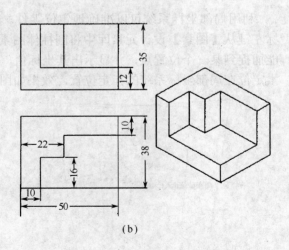

(b)

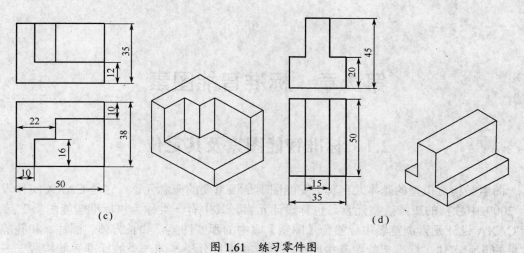

图 1.61 练习零件图

第 2 章　标准智能图素

2.1　标准智能图素及其定位

图素是构造模型的基本几何体。智能图素是很重要的概念元素，它是 CAXA 实体设计 2009 中独特的三维造型元素，也称设计元素。其中有一类称为"标准智能图素"，专指 CAXA 设计元素浏览器中标签为【图素】库中的那些图素，如长方体、圆柱、和孔等常见的几何实体。标准智能图素按照形状等方式进行分类，同一类的标准智能构成了一个设计元素库。智能图素的智能表现在它所具有的属性上，属性由【包围盒】、【定位锚】、【抽壳】、【表面重构】等选项组成，每个选项组构成一个选项卡，其中又有许多小的选项，用来定义图素的相关信息以及有关的操作方法。

从三维实体构形的角度可以将 CAXA 实体设计 2009 的图素分为增料图素和减料图素两大类。增料图素是指实体图素，如长方体、球体等图素，它们是构造实体模型的基础。减料图素是指孔、洞类图素，若把这些图素拖放到实体图素或零件上，可切掉一部分实体材料而形成孔或洞。

从形状与功能的角度还可以将图素分为三维实体类、孔类、钣金类、工具类、二维图素类、曲面图素类、文字图素类以及自定义图素类等。

（1）三维实体图素。三维实体图素为常见的一些基本几何体，也包括不是很常见、但在构建零件时十分有用的图素，如肋、槽等。

（2）孔类图素。孔类图素为与基本几何体相对应的孔类图素，如孔类长方体、孔类圆柱体等。

（3）钣金类图素。钣金类图素专门用于钣金件设计的图素，包括板类图素、弯曲板图素、折弯图素、冲压模变形图素、冲压模图素等。

（4）工具类图素。工具类图素包括紧固件、齿轮、轴承等标准件和常用件。

（5）二维图素。二维图素指构建三维实体的二维截面时所需的图素。

（6）曲面图素。根据已有图素或零件的选定面生成的曲面图素。

（7）自定义图素。如果设计元素库中的图素都不能满足设计需要，还可以生成用户自定义图素，即由一个自定义二维截面拓展成的三维几何体。

在实际设计中，用户只需要从设计元素库中将所需的标准智能图素拖放到设计环境中来使用，快捷且易用。

2.2　智能图素的属性

智能图素的属性包括该图素的名称、造型方式等基本信息，轮廓大小、放置位置等几何信息，对该图素所实施的各种操作信息等。访问这些属性的方法是，在智能图素编辑状态下用鼠标右键单击该图素，如图 2.1 所示，从弹出的快捷菜单中选择【智能图素属性】，这时弹出以实体生成方式命名的窗口，如图 2.2 所示的【拉伸特征】对话框，该对话框是智能图素的窗口，包含了图素的所有属性，分类归并在【常规】、【包围盒】、【定位锚】、【位置】、【抽壳】、【表面编辑】、【棱边编辑】、【拉伸】和【交互】选项卡中。下面具体介绍每个选项卡中所包含的图素属性和具体操作。

2.2.1 包围盒

从"设计元素浏览器"的【图素】选项卡中选择某一图素，将它拖放到设计环境中，并使其处于图素编辑状态（单击两次鼠标左键），用鼠标右键单击该图素，在弹出的快捷菜单中单击【智能图素属性】选项，在弹出的对话框中，选择【包围盒】选项卡，如图 2.2 所示。包围盒属性包括【尺寸】、【调整尺寸方式】、【显示】和【形状锁定】等选项组。

图 2.1　快捷菜单

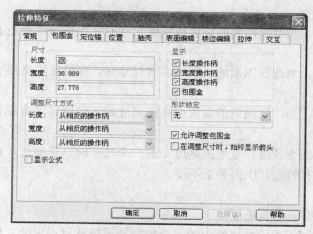

图 2.2　智能图素的包围盒属性

1.【尺寸】

拖动包围盒各方向上的操作柄可以改变包围盒的大小，但不能精确给定尺寸。【尺寸】选项组可定义包围盒的大小。当需要精确定义尺寸值时，应在【尺寸】选项组的【长度】、【宽度】、【高度】文本框中赋值。

2.【调整尺寸方式】

包围盒具有长、宽、高三个方向的操作柄，在【调整尺寸方式】选项组中【长度】、【宽度】、高度三个下拉列表中各提供了三种选择，它们决定了在拖动操作柄时包围盒变化的方式。

（1）【关于包围盒中心】。以包围盒中心点为基准，当拖动操作柄时，对称地改变包围盒的尺寸，也即对称地改变图素的尺寸。

（2）【关于定位锚】。以定位锚点为基准，当拖动操作柄时，对称地改变包围盒的尺寸，也即对称地改变图素的尺寸。

（3）【从相反的操作柄】。以对立表面为基准，当拖动操作柄时，将包围盒的一个面拖近或拖离其对立面。

3．【显示】

【显示】选项组控制智能图素包围盒的哪一部分属性被显示。选项包括以下四项。

（1）【长度操作柄】。显示选定图素上的包围盒长度方向上的操作柄。

（2）【宽度操作柄】。显示选定图素上的包围盒宽度方向上的操作柄。

（3）【高度操作柄】。显示选定图素上的包围盒高度方向上的操作柄。

（4）【包围盒】。显示选定图素上的包围盒。

4．【形状锁定】

【形状锁定】也称为尺寸锁定。【形状锁定】选项组定义在重置包围盒尺寸时各尺寸间的比例关系。例如，在修改图素的包围盒尺寸时，若选择锁定图素的长度和宽度，则当拖动这两个尺寸中的任何一个尺寸操作柄时，可同时在这两个尺寸方向上改变图素的尺寸，并将保持图素原有的长、宽比例。【形状锁定】具有以下选项。

（1）【无】。即未锁定任何尺寸比例。当拖动图素中一个尺寸操作柄改变其尺寸时，其他尺寸将保持不变。

（2）【长和宽】。当改变图素的长度或宽度尺寸时，保持该图素原有长度和宽度的比例关系不变。

（3）【长和高】。当改变图素的长度或高度尺寸时，保持该图素原有长度和高度的比例关系不变。

（4）【宽和高】。当改变图素的宽度或高度尺寸时，保持该图素原有宽度和高度的比例关系不变。

（5）【所有】。改变长度、宽度或高度中的一个尺寸时，其他尺寸将按原来的比例自动调整，即保持原有的尺寸比例关系不变。

5．其他选项

其他选项包含有三个复选框。

（1）【显示公式】。包围盒属性中的部分数据是通过计算得出的，如果想了解这些数据的计算公式，可通过选中【显示公式】复选框，查看其计算方法以及所使用的变量、常量。如果数据是通过一定公式计算出来的，选中复选框后，尺寸（长度、宽度、高度）属性区域显示的是公式，而不是具体值。

（2）【允许调整包围盒】。在重置包围盒尺寸时修改其计算公式。如要保存公式就必须清除该复选框，否则，在【设计工具】菜单中，当选择【重置包围盒】菜单项时公式会丢失。

（3）【在调整尺寸时，始终显示箭头】。选择此选项，当改变包围盒大小时，图素的定位锚点位置固定不变；否则，定位锚点位置随包围盒尺寸变化而变化。

上述后两个选项仅适用于修改包围盒的公式和定位锚的状态。

使用包围盒尺寸操作柄确定图素尺寸的方法有以下两点。

（1）通过智能图素包围盒属性确定图素尺寸。在编辑状态下，鼠标右键单击图素并从弹出的快捷菜单中选择【智能图素属性】选项，然后在弹出的对话框中选择【包围盒】选项卡，修改【尺寸】中长、宽、高的尺寸数值，这就等于以定位锚点为基准，改变图素尺寸。该方法适用于同时编辑多个尺寸数值，但不改变定位锚所在位置的情况。

（2）通过操作柄的属性确定图素尺寸。鼠标右键单击包围盒上的一个红色操作柄，随之弹出【编辑包围盒】对话框，其中列出了当前包围盒的长度、宽度和高度值。修改这些值，就等于以对立平行面上的尺寸操作柄所在位置为基准，重新调整图素的大小。

2.2.2 定位锚

定位锚是一个图素（或零件）粘贴到另一个图素（或零件）上的粘贴点。

每一个图素（或零件）都有一个定位锚，它由一个绿点和两条绿色线段组成。当一个图素被拖放到设计环境中而成为一个独立的零件时，定位锚就会显示成一个"图钉"形状。若把一个图素拖放到设计环境中已有的图素上时，被拖放图素的定位锚就落在了已有图素的表面上。

定位锚的两条绿色线段分别参照三维坐标系来表示本图素的方向。

较长的竖直绿线指示图素的上方。当把一个图素或零件第一次拖放到设计环境中时，CAXA 实体设计 2009 会根据设计环境中显示的高度轴来对齐图素或零件上、下方向。

较短的水平绿线指示图素的前方。CAXA 实体设计 2009 会根据设计环境中显示的长度轴来对齐对象的前、后方向。

高度轴和长度轴是设计环境三维坐标系的两个方向轴。如果从缺省方向观察设计环境（即未使用视向工具来旋转设计环境或未改变观察角度），高度轴指向设计环境正上方，因此，当把一个对象放入设计环境中时，它的正面是向上的。

当然，可以通过鼠标移动定位锚的位置。单击定位锚的锚点（由绿色变成黄色），再用鼠标右键单击定位锚的锚点，从快捷菜单中选择不同的选项，可以沿不同的路径移动定位锚，如图 2.3 所示。

当需要精确移动或旋转定位锚时，应通过定位锚的属性选项进行具体设置，如图 2.4 所示。

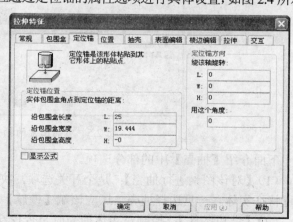

图 2.3　定位锚鼠标右键快捷菜单

图 2.4　智能图素的定位锚属性

2.3 图素形状的编辑

2.3.1 抽壳

抽壳是挖空一个图素并留下一个空壳的过程。这一功能对于制作容器、管道和其内部是空腔对象时十分有用。利用如图 2.5 所示的【抽壳】选项卡上的各个选项，可以对一个智能图素进行抽壳操作。

【抽壳】选项卡中的部分选项是针对"截面"进行的。因此，在介绍各选项之前，首先引入"截面"的概念。

截面是实体表面上的一个二维断面。CAXA 实体设计 2009 将一个三维实体的表面划分成以下三类截面。

（1）【起始截面】。这类截面是指用于生成图素的二维截面。在编辑状态下，当智能图素被选定时，这类截面用蓝色箭头标识，箭头指向生成三维实体时的运动方向。

（2）【终止截面】。这类截面是指图素经过拉伸、旋转、扫描或放样操作结束时的截面。

（3）【侧面截面】。这类截面用于连接图素的起始截面和终止截面。

要想获得三维实体的起始截面，可在编辑状态下选定该图素，蓝色箭头或定位锚（仅限于未对定位锚重新定位的图素）都能指示图素的起始截面。

对于对称的抽壳操作，起始截面和终止截面要么都是封闭的，要么都是开口的，没有必要区分它们；至于非对称的抽壳操作，如果需要一端开口而另一端封闭时，则可以任意选择其中一端。而当需要特定一端开口或封闭时，就需要区分起始截面和终止截面了。例如，制作一个纸板箱时，就需要让带有定位锚的截面作为箱底。

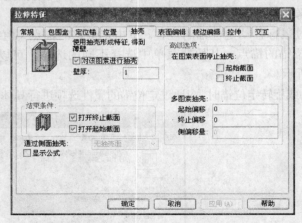

图 2.5　智能图素的抽壳属性

下面介绍【抽壳】中的部分选项。

（1）【对该图素进行抽壳】：是个开关选项，决定针对当前目标体是否使用抽壳形成薄壁特征实体。一旦选择抽壳，还应该赋【壁厚】值，确定抽壳后留下壳壁的厚度。

（2）【结束条件】：控制对实体抽壳时是否挖穿实体的起始或终止截面。其中，【打开起始截面】选项表示挖穿起始截面使其开口；【打开终止截面】选项表示挖穿终止截面

32

使其开口。

（3）【通过侧面抽壳】：表示抽壳操作一直进行到挖穿侧壁而使其开口为止。

（4）【高级选项】：包含有【在零件表面停止抽壳】和【多图素抽壳】两个选项。【在零件表面停止抽壳】用于确定抽壳的界限，如抽壳至一个图素与另一个图素相连接的地方或抽壳至某一对象的表面等。【多图素抽壳】是针对零件抽壳而非图素抽壳设计的，若抽壳操作要挖穿组成零件的某一图素，突破图素的起始和终止截面，则该选项非常有用。它的三个偏移量中的【起始偏移量】控制挖穿起始截面以外增加的深度；【终止偏移量】控制挖穿终止截面以外增加的深度；【侧偏移量】控制挖穿侧截面以外增加的深度。

例 2.1　下面以长方体（增料图素）为例介绍抽壳操作，如图 2.6 所示。

（1）确认智能图素处于编辑状态，用鼠标右键单击长方体。

（2）从弹出菜单中选择【智能图素属性】选项。

（3）选择【抽壳】选项卡。

（4）选中【对该图素抽壳】复选框。

（5）输入【壁厚】5。这一壳壁厚度对于一个缺省尺寸图素应该是合适的，如果图素不足 10 个单位，应输入一个更小的壳壁数值；如果不知道图素的尺寸，可先选择【包围盒】选项卡查看图素尺寸。

（6）如果需要，选择【结束条件】选项，并清除【打开起始截面】复选框。

（7）单击【确定】按钮，关闭对话框，查看设计环境上的抽壳长方体。

图 2.7 是拖放到长方体上的圆柱孔图素（减料图素）在抽壳前和抽壳后的情况。

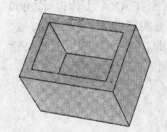
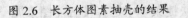
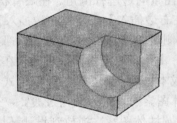
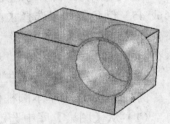

图 2.6　长方体图素抽壳的结果　　　　图 2.7　对孔图素进行抽壳

2.3.2　棱边编辑

棱边编辑是对图素棱边进行圆滑处理的操作。CAXA 实体设计 2009 提供了两种基于图素的圆滑处理方式。

1．圆角过渡

在实体的两个表面相交处（棱边）作平滑曲面过渡。

2．倒角

在实体的两个表面相交处（棱边）作平面过渡。

【棱边编辑】选项卡上的选项控制着对图素过渡或倒角的具体操作，如图 2.8 所示。

1）【哪个边】选择需要倾斜的棱边

（1）【起始边】。对图素起始截面的各条边进行圆角过渡/倒角。

（2）【终止边】。对图素终止截面的各条边进行圆角过渡/倒角。

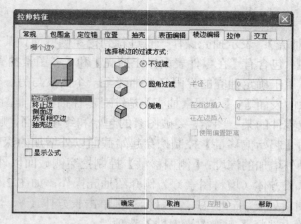

图 2.8　智能图素的棱边过渡属性

（3）【侧面边】。对图素侧壁截面的各条边进行圆角过渡/倒角。

（4）【所有相交边】。对图素的所有相交的边进行圆角过渡/倒角。

（5）【抽壳边】。对图素的所有抽壳的边进行圆角过渡/倒角。

2）【选择棱边的过渡方式】

（1）【不过渡】。表示不进行圆角过渡／倒角，或者取消对选定边的圆角过渡／倒角。

（2）【圆角过渡】。对选定图素或零件的边圆滑过渡。【半径】用于输入过渡圆的半径值，半径值越大，过渡也越平缓。

（3）【倒角】。表明对选定图素的边进行倒角。在缺省状态下，CAXA 实体设计 2009 形成 45°倒角。如果选择【在右边插入】或【在左边插入】，可实现非 45°的倒角，这需要通过试验来确定棱边哪一侧是左侧表面，哪一侧是右侧表面。【在右边插入】要求输入在右侧表面上的倒角边长度；【在左边插入】要求输入在左侧表面上的倒角边长度。

3）【显示公式】。查看生成本选项卡上数值的计算公式

例 2.2　对一个基本圆柱体图素的边进行圆角过渡。

（1）从【图素】库中选定圆柱体图素，拖放到设计环境中。

（2）在编辑状态下用鼠标右键单击圆柱体，从弹出的快捷菜单中选择【智能图素属性】选项。

（3）选择【棱边编辑】选项卡。

（4）选择【终止边】选项，对图素的结束截面进行倾斜。

（5）选择【圆角过渡】选项。

（6）在【半径】值域输入 5。可根据圆柱体实际大小调整半径值，如果不知道图素的尺寸，可选定【包围盒】选项卡查看其尺寸。

图 2.9　棱边编辑前、后的圆柱体图素

（7）单击【确定】按钮，关闭对话框，圆柱体的棱边得到了圆角过渡处理，如图 2.9 所示。

34

2.3.3 图素的删除

如果确定零件设计中并不需要某一图素了，就可以把它从设计环境中删除掉。选定设计环境中的饼状图素。由于饼状图素是一个独立的图素，可以在智能图素编辑状态以及零件编辑状态选定它。但是，要删除一个已成为某零件一部分的图素，删除前必须在智能图素编辑状态选定它。鼠标右键单击图素，从弹出的快捷菜单中选定【删除】按钮即可删除该图素，也可以通过按 Delete 键来删除选定图素。

2.4　智能图素应用举例

通过前面章节的学习，我们已经掌握了处理单个图素的基本知识和操作方法，下面介绍如何在设计环境中使用这些智能图素，以及如何把智能图素叠加在一起来构造模型。

2.4.1　在设计环境中生成单图素零件

生成单个标准智能图素的操作步骤如下：
（1）建立一个新的设计环境。
（2）将鼠标移至【设计元素库】，打开标准智能图素库。
（3）从设计图素库中将【长方体】图素拖放到设计环境中。
这样，一个长方体形状的单个图素就生成了。

2.4.2　新建图素缺省尺寸的设定

标准智能图素都没有预先设定尺寸。
当某一图素被拖放到设计环境时，CAXA 实体设计 2009 使用其智能尺寸设置技术赋予它一个合适的尺寸。
改变新图素的缺省尺寸操作步骤如下：
（1）单击【菜单浏览器】，从【菜单浏览器】中选择【设置】→【缺省尺寸和密度】级联菜单，或在功能区面板单击【常用】→【缺省尺寸和密度】按钮，会弹出【缺省尺寸和密度】对话框，如图 2.10 所示。

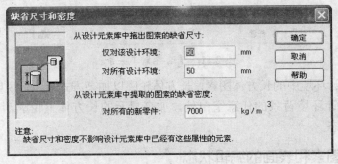

图 2.10　【缺省尺寸和密度】对话框

（2）输入【缺省尺寸】10。自此之后，若将一个长方体图素拖放进设计环境中，这个长方体的最长边尺寸将是 10 个单位，当前设计环境中的度量单位显示在状态栏的右端。

（3）单击【确定】按钮。

2.4.3 智能尺寸设置

CAXA 实体设计 2009 是一个智能化的创新设计工具，它能辨认出放入设计环境尺寸过大或过小的图素。

如果试图放入一个过大尺寸的图素于设计环境中，CAXA 实体设计 2009 会自动启动"智能尺寸设置"功能并弹出一个对话框，通过此对话框，用户可缩小图素的尺寸，以适应设计环境的大小，也可以把缩小后的尺寸设为图素的缺省尺寸。

如果试图将一远小于设计环境缺省尺寸的图素放入设计环境，CAXA 实体设计 2009 仍然允许放入，但难以清晰地显示新生成的图素。当然，可以使用【前后缩放】工具浏览、放大图素或删除图素，也可以先调整图素的缺省尺寸，然后再将其拖放到设计环境中。

智能尺寸设置还具有把减料图素拖放到实体图素上的功能。系统总是将减料图素的尺寸自动调整到比基本实体图素小，这样可以避免孔图素"吞噬"实体图素的现象发生。

2.4.4 智能图素的选定

在移动某一图素、改变图素尺寸或对其进行其他操作以前，都要先选定图素。选定一个图素就是将其激活，在进入图素编辑状态以后，才可以对其进行相应的操作。

当某一图素或零件模型被放入设计环境时，CAXA 实体设计 2009 默认该图素处于编辑状态，会自动选定它（轮廓呈青色，定位锚也一并显示出来）。单击该图素一次，则进入【智能图素】编辑状态（轮廓以黄色显示，定位锚、操作柄也同时显示出来），再单击该图素一次，则图素上的几何元素如点、棱边或表面（由鼠标的单击位置而定）进入编辑状态（几何元素的轮廓以绿色显示）。

要选定设计环境中的图素对象，必须激活【选择】功能。下面以长方体图素为例介绍选定或取消选定的操作方法。

（1）查看【选择】状态。从状态栏中的【拾取过滤】下拉列表框中选择图素对象；或在 CAXA 实体设计 2009 菜单条上单击鼠标右键，在弹出的快捷菜单上看一下【选择】项前面是否有"√"，如有"√"，说明系统已打开选择功能，此时，在菜单工具栏下方会出现【选择】浮动工具栏，如图 2.11 所示；若没有，选择【选择】项激活它。

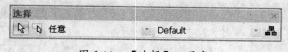

图 2.11 【选择】工具条

（2）单击设计环境中的长方体图素，长方体轮廓以加亮方式显示，说明长方体被选中。

（3）单击设计环境背景的任意空白处，加亮显示的长方体上轮廓消失，表明它已不再处于被选定状态。

2.4.5 零件、图素和表面的编辑状态

在零件编辑状态、智能图素编辑状态和表面编辑状态这三个不同的编辑状态下，可以分别对零件、图素或表面进行编辑。开始编辑对象的第一项工作，是使用【拾取过滤】

来选择过滤编辑对象。【拾取过滤】下拉列表中的主要选项有【任意】、【零件】、【体】、【智能图素】、【面】、【边】、【智能图素的面】、【特征面】。例如，如果要编辑某个零件的某智能图素，可以先从状态栏中的【拾取过滤】下拉列表框中选择【智能图素】选项，如图 2.12 所示。

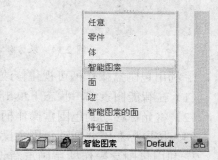

图 2.12　使用【拾取过滤】

当把"拾取过滤"设定为【任意】选项时，也可以实现不同编辑状态的快速转换，其操作方法是用鼠标左键连续单击对象，只要相继单击在零件上的同一位置，就可以进入到所需的编辑状态。

第一次单击零件，进入零件编辑状态，如图 2.13（a）所示，整个零件就会显示青色加亮的轮廓。在这个编辑状态上进行的任何操作都将作用于整个零件。

第二次单击零件，进入智能图素编辑状态，如图 2.13（b）所示，显示出黄颜色的智能图素包围盒和操作柄。在智能图素编辑状态下，所进行的操作仅作用于所选定的图素。要在同一编辑状态下选定另一个图素，只要单击它就可以了。

第三次单击零件，就进入表面编辑状态，如图 2.13（c）所示，光标在哪一个面或边上，该面或边就呈绿色加亮显示。如果光标位于面边框的角点上或中心上，就会出现一个绿点。要在表面编辑状态选定另一个面、边或者顶点，单击该面、边或顶点即可。

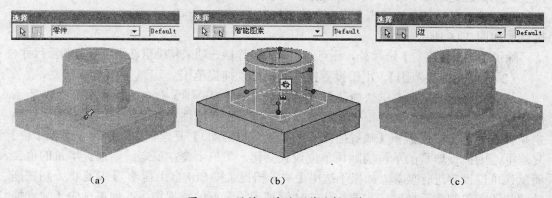

(a)　　　　　　　　　(b)　　　　　　　　　(c)

图 2.13　设计环境的三种编辑状态

（a）零件编辑状态；（b）智能图素编辑状态；（c）表面编辑状态。

第四次单击零件，重新回到零件编辑状态，开始新一轮选择的更替。

注意：单击两次不同于双击。要进入智能图素编辑状态，首先单击一次进入零件编辑状态，停顿一下再单击一次。

2.4.6　包围盒操作柄的使用

如图 2.14 所示，在智能图素编辑状态下，包围盒操作柄是选定某一图素或零件时显示的缺省操作柄，显示于图素包围盒周边，颜色呈红色，操作柄部位形状是球形。欲对图素尺寸作可视化重新设置，只要选定并拖动相应方向的尺寸操作柄即可。

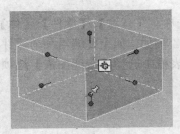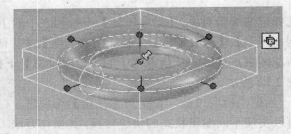

图 2.14　长方体和圆环智能图素及包围盒操作柄

1. 利用包围盒操作柄可视化修改图素尺寸

（1）在智能图素编辑状态下单击图素对象，直到显示包围盒及其操作柄。

（2）将光标移动到包围盒操作柄上，直到光标变成一个带双向箭头的小手形状。

（3）按鼠标左键并拖动包围盒操作柄，图素的尺寸就会实时发生变化。

2. 利用包围盒操作柄精确重新设定智能图素尺寸

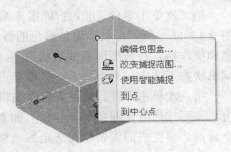

用鼠标右键单击相应包围盒的操作柄，弹出操作柄操作选项快捷菜单，如图 2.15 所示。

（1）【编辑包围盒】。主要用于编辑包围盒的长度、宽度和高度。

选择【编辑包围盒】，弹出一个含有当前包围盒长度、宽度和高度的尺寸数值对话框，用户可按需要修改尺寸值，并单击【确定】按钮加以确认，如图 2.16 所示。

图 2.15　操作柄操作选项快捷菜单

除了【编辑包围盒】选项外，还可选用其他操作柄选项来精确重新设置智能图素尺寸。

（2）【改变捕捉范围】。用于设置操作手柄拖动捕捉范围。

从操作手柄的鼠标右键快捷菜单中选择【改变捕捉范围】命令，打开如图 2.17 所示的【操作柄捕捉设置】对话框，在该对话框中可以设置线性捕捉增量，以及根据情况确定是否选中【无单位】和【缺省捕捉（按 Ctrl 自由拖动）】复选框。如果选中【无单位】复选框，则捕捉增量的单位随默认单位设置变化，数值不变；反之，则捕捉增量的值会随默认单位设置进行换算。如果不选中【缺省捕捉（按 Ctrl 自由拖动）】复选框，则在拖动智能图素包围盒手柄时，需要按住 Ctrl 键调用设置好的捕捉增量；如果选中【缺省捕捉（按 Ctrl 自由拖动）】复选框，则拖动包围盒手柄即可调用设置好的捕捉增量，而按住 Ctrl 键可自由拖动手柄，不受捕捉增量的约束。

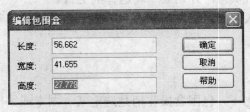

图 2.16　【编辑包围盒】对话框

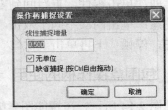

图 2.17　【操作柄捕捉设置】对话框

（3）【使用智能捕捉】。用于拖动操作手柄时打开智能捕捉。

选定【使用智能捕捉】选项后，在按住 Shift 键的同时，拖动包围盒上某一操作柄，此时系统显示选定操作柄的智能捕获反馈信息，包围盒操作柄以黄颜色加亮显示。智能捕捉功能针对的选定操作柄将一直处于激活状态，直到从弹出菜单中取消该选项为止。

（4）【到点】。用于对齐零件上的任意点。

将选定操作柄的关联面相对于设计环境中另一对象上的某一点对齐。

（5）【到中心点】。用于对齐到圆锥曲面、圆柱面、椭圆面或环面的中点。

将选定操作柄的关联面相对于设计环境中的某一回转体的中心对齐。

2.4.7 图素操作柄的使用

在智能图素编辑状态下，选定图素，包围盒操作柄显示出来，单击包围盒操作柄切换图标（带有四个方向箭头的立方体），图素操作柄就显示出来，进入形状设计状态，如图 2.18 所示的"图钉"形状的图标。采用此种切换方式拉伸时显示的是整体尺寸。

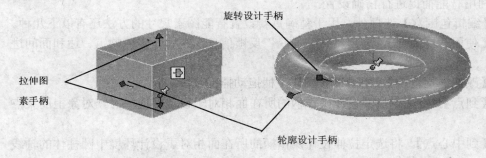

图 2.18　拉伸图素与旋转图素的操作柄

在智能图素编辑状态下，用户还需要注意箭头旁边的小方框中的标志，通常将小方框标志看作是【操作柄切换】图标，用来在两个不同的智能图素编辑环境（包围盒状态和形状设计状态）之间进行切换。如图 2.19 所示的【操作柄切换】图标表示包围盒状态，如图 2.20 所示的【操作柄切换】图标表示形状设计状态。两个状态的切换很简单，只需要单击【操作柄切换】图标即可；也可以用鼠标右键单击手柄开关，从弹出的快捷菜单中选择【形状设计】或【包围盒】命令来切换。采用此种切换方式拉伸时显示的是相对拉伸尺寸。

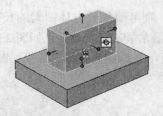 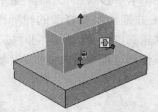

图 2.19　包围盒状态　　　　　图 2.20　形状设计状态

根据选定图素生成类型的不同，将会显示以下一种或多种图素操作柄。

（1）红色的三角形拉伸操作柄。位于以拉伸方式生成的图素的起始截面和终止截面上。

（2）红色的菱形轮廓操作柄。位于以任何方式生成的图素面的边上。如果要查看轮廓操作柄，需要把光标移动到截面的边上。

（3）方形旋转设计操作柄。位于以旋转方式生成的图素的起始截面上。

1. 利用拉伸设计操作柄进行可视化编辑尺寸

（1）在智能图素编辑状态下选定长方体。

（2）单击【操作柄切换】图标，切换成形状设计状态，显示出拉伸设计操作柄。

（3）把光标移动到其中一个拉伸设计操作柄上，直到光标变成带双向箭头的小手形状。

（4）按住鼠标的左键并拖动拉伸设计操作柄，这样就可以改变长方体的尺寸。

2. 利用拉伸操作柄精确地编辑尺寸

使用拉伸设计操作柄精确编辑拉伸设计的尺寸方法是，用鼠标右键单击起始截面或终止截面的拉伸操作柄，在弹出的快捷菜单中选定【编辑包围盒】选项，输入所需数值，单击【确定】按钮加以确认。

3. 利用智能捕捉进行精确设置

除【编辑包围盒】选项外，用于精确重新设置智能图素尺寸的方法还有以下几种。

（1）【使用智能捕捉】。利用"智能捕获"反馈信息，在同一零件的点、边和面间进行设置。

（2）【改变捕捉范围】。用于设置操作手柄拖动捕捉范围。

（3）【到点】。将选定拉伸设计操作柄的所在面相对于设计环境中另一对象上的某点对齐。

（4）【到中心点】。将选定拉伸设计操作柄的所在面相对于设计环境中圆柱体的轴线对齐。

4. 利用图素操作柄可视化编辑图素的尺寸

（1）在智能图素编辑状态下选定长方体。

（2）在长方体图素上单击鼠标右键，从弹出的快捷菜单中选择【显示编辑操作柄】选项，然后选择【造型】选项。【图素操作柄】图标显示在图素附近，不过此时图素操作柄是看不见的。

（3）沿着长方体图素侧面底边移动光标。当光标在各条边上移动时，当前激活面将显示出红色的方形轮廓操作柄，光标也变成带有双向箭头的小手形状。每一个轮廓图素操作柄在光标移动到关联面上时才显示。

（4）单击并拖动需要修改的轮廓图素操作柄，则可改变长方体图素的尺寸。在按住鼠标左键拖动轮廓图素操作柄的同时按下 Shift 键，激活智能捕捉功能，如图 2.21 所示；拖动轮廓图素操作柄过程中拾取捕捉点，如图 2.22 所示；轮廓图素拉伸的效果如图 2.23 所示。

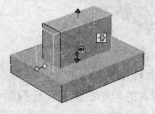 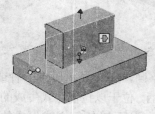 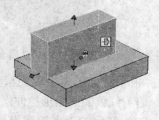

图 2.21　激活智能捕捉　　　图 2.22　拾取捕捉点　　　图 2.23　拉伸效果

5．利用图素操作柄精确地编辑图素的尺寸

用鼠标右键单击对应的轮廓图素操作柄，弹出快捷菜单，如图 2.24 所示。从弹出的快捷菜单中选择【编辑距离】选项，在弹出的【编辑距离】对话框中输入所需距离值，单击【确定】按钮结束，如图 2.25 所示。除了【编辑距离】选项外，还可以选用以下轮廓图素操作柄选项。

图 2.24　快捷菜单

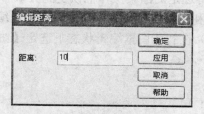

图 2.25　【编辑距离】对话框

1）【编辑距点的距离】

使用以下选项确定一个基准点，作为选定操作柄移动距离测量的起点。若采用缺省基准点时，距离的测量起点就从选定轮廓图素操作柄关联面的当前位置开始。

（1）【点】。在选定对象或其他对象上选择一个基准点，作为选定图素操作柄移动的距离测量起点，并在【编辑距离】对话框中输入精确的距离值。

（2）【中心点】。选择一个圆柱体，把它的轴线作为选定图素操作柄移动距离的测量起点。如果需要改变距离，可在【编辑距离】对话框内输入精确的距离数值。

2）【捕捉点】

在选定对象或其他对象上选定一个基准点，以便使选定图素操作柄的关联面迅速与基准点对齐。

3）【捕捉中心点】

在一圆柱体轴线上选定一个基准点，使得选定图素操作柄的关联面与圆柱体的轴线对齐。

4）【与边关联】

在其他对象上选定一基准边，使得选定图素操作柄的关联面与基准边对齐。

5）【设置操作柄捕捉点】

可以为选定图素操作柄确定一个对齐点。

（1）【到点】。在其他对象上选定一个点作为选定操作柄的对齐基准点。当拖动图素操作柄时，图素操作柄相对于这一基准点的距离数值就显示出来。

（2）【到圆心点】。在一圆柱体轴线上选定一点，作为图素选定操作柄的对齐基准点。当拖动图素操作柄时，图素操作柄相对于这一基准点的距离数值就显示出来。

6）【设定操作柄位置】

使用这些选项来改变轮廓图素操作柄的方向，如图 2.26 所示。

（1）【到点】。使得选定的图素操作柄与操作柄基点和其他对象上选定基准点间的虚线平行。

（2）【到中心点】。使得选定的图素操作柄与从圆柱体中心点引出的虚线平行。

（3）【点到点】。使得选定的图素操作柄平行于其他对象上两选定基准点间的虚线。

（4）【平行于边】。使得选定的图素操作柄与其他对象上的选定边平行。

（5）【垂直于面】。使得选定的图素操作柄与其他对象上的选定面垂直。

（6）【平行于轴】。使得选定的图素操作柄平行于圆柱体的轴线。

7）【重置操作柄】

使得选定的图素操作柄恢复到其缺省位置和方向。

6. 利用旋转设计操作柄进行可视化编辑图素

（1）在智能图素编辑状态下选定【饼状体图素】，如图 2.27 所示。

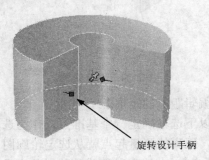

旋转设计手柄

图 2.26　【设定操作柄位置】子菜单　　　　图 2.27　旋转图素上旋转设计手柄

（2）用鼠标右键单击【操作柄切换】图标，从弹出的快捷菜单中选择【形状设计】，进入图素形状编辑状态。图素以黄颜色加亮显示，起始端面以青色显示，方形旋转设计操作柄显示为红色。

（3）把光标移动到方形旋转设计操作柄上，直到光标变成小手形状。

（4）选定旋转设计操作柄并绕着图素的中轴线向两侧面拖动它。

拖动操作柄时，旋转设计操作柄按弧形路线移动，饼图素逐步向圆柱体图素过渡。如因变动太小而看不见，试着向相反的方向拖动。

若要把旋转设计操作柄旋转一个精确的角度，用鼠标右键单击操作柄，选择【编辑数值】选项，输入【旋转】的角度（0°～360°之间），单击【确定】按钮加以确认。

2.4.8　图素的重新定位

在零件设计过程中，经常遇到需要调整图素或零件的位置，即实施重新定位。CAXA 实体设计 2009 提供了非常方便的用于任意移动图素或零件位置的功能。

目标对象是否可以移动取决于当前的编辑状态和拖放定位方式。在一定的拖放定位方式（空间自由移动、沿表面滑动、贴到曲面上）下，移动零件要在零件编辑状态下进行，移动选定图素要在智能图素编辑状态下进行。当一个零件由单一的图素组成时，既可以在零件编辑状态下移动，也可以在智能图素编辑状态下移动。

由于单图素零件的默认拖放定位方式是"固定位置"，因此它是不可移动的。如果在改变其拖放定位方式的情况下试图拖动图素，就会显示"不允许"符号，表明不允许如此操作。若要重新定位单图素零件，需要在图素移动前先选择一个其他的定位方式。下面介绍在设计环境内如何移动长方体图素的步骤。

（1）在零件编辑状态下选定长方体图素。

（2）用鼠标右键单击其定位锚，从弹出的快捷菜单中选择【空间自由移动】选项。

（3）用鼠标左键单击长方体并将其拖放到设计环境中的一个新位置。

（4）单击【确定】按钮，关闭图素属性窗口。

2.4.9 将图素组合到一个新智能图素中

在缺省情况下，构成一个零件的所有图素是独立存在的。若想把零件当做一个整体来编辑，应将图素进行组合。操作步骤如下：

（1）从智能图素设计元素库中，拖放两个或三个图素到设计环境中的长方体表面上。

（2）在零件编辑状态下，单击菜单浏览器，在【编辑】菜单中选择【全选】命令选定零件，如图 2.28 所示。

图 2.28 【全选】命令选定零件

（3）从功能区的【工具】菜单中选择【组合图素】命令。所有图素由紫色的轮廓框住，显示【面编辑通知】对话框，如图 2.29 所示。

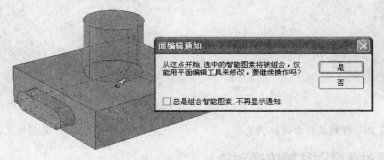

图 2.29 【面编辑通知】对话框

（4）单击【是】按钮。

至此，原先被选中的单独的智能图素，现在被组合成一个新的智能图素。在智能图素编辑状态下，选定原图素中的一个，则所有组合图素都呈黄色加亮显示，同时显示红颜色的编辑操作柄，这表明先前所有选定图素已组合为一个新的智能图素。把光标移动到不同的表面上，将显示不同的图素操作柄。在智能图素编辑状态进行的修改将影响整个零件。

2.5　镜像生成图素

在一个实体设计过程中，如果存在多个相同的结构形状，出于设计、编辑等多种技术角度考虑，往往选择创建其中一个，然后再复制出其他部分的设计方法。如要设计固定器，没必要制作 99 个独立的夹持器，有效的办法是设计一个夹持器，然后复制出 99 个夹持器，这样就快捷得多。

但在某些情况下，需要的不是图素或零件的完全相同的复制品，而是其变形体。如要设计一副眼镜，虽然左眼镜框与右眼镜框形状完全相同，但是方向却相反，因此，如果只是简单地复制右眼镜框，那么左眼镜框的方向就不对了。在这种情况下，就需要使用 CAXA 实体设计 2009 镜像功能。

下面介绍如何使用【修改】菜单中的【镜像】选项生成镜像复制品，以及应用三维球功能生成图素的镜像复制品。

2.5.1　复制对象

首先使用旋转、移动等功能调整对象的观察角度，让对象显示在设计环境的左侧，以便在设计环境右侧留下空间，生成镜像复制品。复制对象操作步骤如下：

（1）在零件编辑状态下，选定要镜像复制的对象。

（2）用鼠标右键单击对象的定位锚，从弹出的菜单中选择【空间自由移动】选项。

（3）用鼠标右键单击对象（按住鼠标右键不放开）并将其往右拖动，当其轮廓线完全离开了原来的对象时释放鼠标右键，如图 2.30 所示。

（4）从弹出的快捷菜单中选择【拷贝到此】项，在原来对象的右侧就生成了其复制品，如图 2.31 所示。

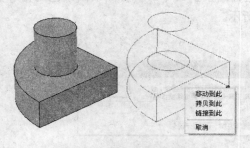　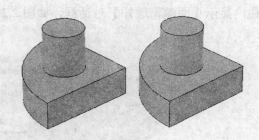

图 2.30　释放鼠标右键快捷菜单　　　　图 2.31　复制结果

2.5.2　以相对宽度对称轴镜像对象

以相对宽度对称轴镜像对象的操作步骤如下：

（1）参照图 2.30，取零件的侧面视角，将零件置于设计环境的右侧。

（2）用鼠标右键单击零件并沿直线将其拖放到设计环境的左侧。

（3）释放鼠标右键，从弹出菜单中选择【拷贝到此】选项（如果选择【链接到此】选项，就生成了一个与原来图素相连的复制品。当一个图素发生变动时（如改变尺寸），相链接的图素也随之变动，CAXA 实体设计 2009 生成了一个与原来对象完全相同的复制品。

（4）选定复制对象。

（5）选择功能区面板【特征】→【镜像特征】→【相对宽度】选项，如图 2.32 所示。随之生成相对宽度对称轴的镜像对象，结果如图 2.33 所示。

图 2.32　【相对宽度】选项　　　　图 2.33　以相对宽度对称轴镜像复制对象

2.5.3　以相对高度对称轴镜像对象

以相对高度对称轴镜像对象的操作步骤如下：

（1）用鼠标右键单击零件，并沿一条直线将零件向设计环境的底端拖动，直到其框线完全离开原来的零件。

（2）释放鼠标右键，从弹出菜单中选择【拷贝到此】选项。

（3）选定复制品。

（4）选择功能区面板【特征】→【镜像特征】→【相对高度】选项，如图 2.34 所示。随之生成相对高度对称轴的镜像对象，结果如图 2.35 所示。

图 2.34　【相对高度】选项　　　　图 2.35　以相对高度对称轴镜像复制对象

2.5.4　以相对长度对称轴镜像对象

以相对长度对称轴镜像对象的操作步骤如下：

（1）用鼠标右键单击零件，并沿一条直线将零件向设计环境的底端拖动，直到其框线完全离开原来的零件。

（2）释放鼠标右键，从弹出菜单中选择【拷贝到此】选项。两零件的位置与上例中第二步中的完全一样。

（3）选定复制品。

（4）选择功能区面板【特征】→【镜像特征】→【相对长度】选项，如图 2.36 所示。随之生成相对长度对称轴的镜像对象，结果如图 2.37 所示。

图 2.36　【相对长度】选项　　　　图 2.37　以相对长度对称轴镜像复制对象

2.6　三维文字

使用 CAXA 实体设计 2009 的文字功能，可以在设计环境中建立三维文字。三维文字图素具有与其他图素许多相同的特点，例如，可以为文字图素设置不同的颜色，添加纹理，改变位置，还可以将它放置于其他图素上等。

向设计环境中添加三维文字有以下三种途径。

（1）从【文本】设计元素库中选定预制的文字图素，拖放到设计环境中。

（2）使用【文字格式】工具条或【工程标注】功能面板添加文字图素，如图 2.38 所示。

（3）利用【菜单浏览器】→【生成】→【文字】子菜单添加文字图素，如图 2.39 所示。

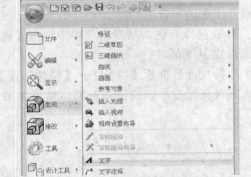

图 2.38　【文字格式】工具条　　　　图 2.39　【文字】子菜单

2.6.1　利用文字向导添加三维文字图素

创建三维文字图素最简单的方法是使用【文字】子菜单，用【文字向导】工具逐一输入三维文字必要的属性，就能在指定的设计环境位置建立三维文字图素。

利用【文字向导】添加文字到三维设计环境的操作步骤如下：

（1）新建一个设计环境。

（2）从菜单浏览器中选择【生成】→【文字】子菜单，或从【文字格式】工具条中单击 **A**【文字框】工具图标，然后在设计环境中单击欲添加文字的位置，弹出【文字向导-第 1 页】对话框。

（3）在【文字向导-第 1 页】的相应数值域中输入文字的高度和深度。输入【高度】

46

为 10，【深度】为 1，度量单位显示在状态字段，如图 2.40 所示。

（4）单击【下一步】按钮进入【文字向导-第 2 页】对话框，要求选择文字的倾斜风格（无倾斜、平坦、圆形、反圆形），每一种倾斜风格的文字图样显示在左侧窗口。如选择【无倾斜】，如图 2.41 所示。

（5）单击【下一步】按钮进入【文字向导-第 3 页】对话框，选定三维文字的定位锚位置。同样，在选择定位锚以后，相应的文字定向图样显示在左侧窗口。如选择【底部】，如图 2.42 所示。

（6）单击【完成】按钮关闭【文字向导】，同时在设计环境中显示一个文字编辑窗口，闪烁的光标位于缺省文字的结尾处。

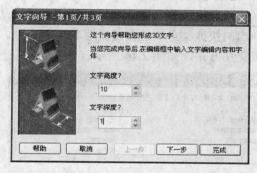

图 2.40　【文字向导-第 1 页】对话框

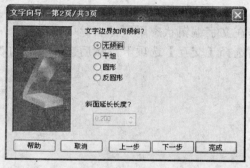

图 2.41　【文字向导-第 2 页】对话框

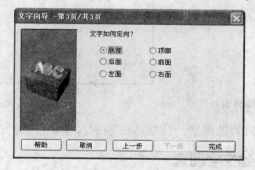

图 2.42　【文字向导-第 3 页】对话框

（7）按 BackSpace 键删除窗口中缺省的文字，并输入新的文字。

（8）单击设计环境，关闭文字编辑窗口，在步骤（2）确定的位置显示新的文字。

（9）如果需要，使用【显示】工具查看整个文字图素，也可以编辑文字的尺寸、位置、字体。

2.6.2　从设计元素库中拖放三维文字

在设计环境中添加三维文字的另一种方法是，从文字图素设计元素库中选定通用文字图素，直接拖放到设计环境中。下面介绍用文字图素设计元素库往三维立体设计环境中添加文字的方法。

（1）在设计元素库中选择【文本】标签，显示文字图素设计元素库的内容。如果设计元素库中没有显示【文本】标签，则在功能区【常用】→【设计元素】选项卡中选择

【打开】命令，然后选择 CAXA 安装目录下的"Catalogs"子目录，从中选择"Text.icc"，单击【打开】按钮。

（2）浏览【文本】设计元素库的内容，选择最适合要求的文字图素图标，图标标明了每一个文字图素的尺寸和方向。

（3）选定所需要的文字图样，并拖放到设计环境中。在所选定的三维文字旁就会显示一个文字编辑窗口，如图 2.43 所示。

（4）用 BackSpace 键在文字编辑窗口中删除缺省文字后，输入所需文字。

（5）单击设计环境关闭编辑窗口，随即在设计环境上显示出一行新的文字。

在缺省状态下，双击文字时会显示编辑窗口。

如果想要在双击文字时不出现编辑窗口，可以通过改变其交互属性进行调整。方法是在文字编辑状态用鼠标右键单击文字，从弹出的快捷菜单中选择【文字特征】命令，再选择【交互】选项卡，然后选择其他的双击交互方式，如图 2.44 所示。

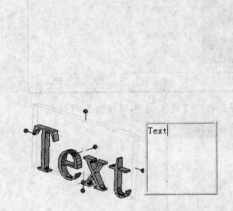
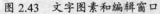
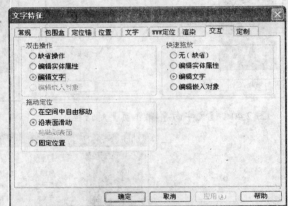

图 2.43　文字图素和编辑窗口　　　　　　　图 2.44　【交互】选项卡

可以像处理其他任何智能图素一样修改文字的尺寸、位置，或者改变其属性。

2.6.3　编辑和删除三维文字图素

在任何时候都可以通过双击一个文字图素的表面来对其进行编辑。当出现文字编辑窗口时，在窗口中可重新编辑文字，待编辑完毕后单击设计环境，就会出现编辑过的文字。

要删除一个文字，可以用鼠标右键单击文字图素的表面，从弹出菜单中选择【删除】选项。也可以选定要删除的文字图素，按 Delete 键，或者从菜单浏览器【编辑】菜单中选择【删除】命令。

对于从【文本】设计元素库中拖放到设计环境中的文字图素，也可以使用【文字向导】修改。在智能图素编辑状态下用鼠标右键单击文字，从弹出的快捷菜单中选择【文字向导】，根据【文字向导】的提示重新输入属性值。利用上述方法编辑的文字图素，CAXA 实体设计 2009 会将变更的所有属性随文字保存于设计元素库中，因此应谨慎使用这一选项。

2.6.4　利用包围盒编辑文字图素

如果需要重新设定文字的大小，可拖动文字包围盒的顶部和底部的操作柄来调节。

在文字编辑状态,用鼠标右键单击其中的一个手柄,从弹出的快捷菜单中选择【编辑包围盒】命令,然后在弹出对话框的【宽度】字段中输入所需要的数值,单击【确定】按钮确认。

拖动文字框的前操作柄和后操作柄,可以改变文字的深度,从而改变其三维立体效果。若要精确设定文字的深度,用鼠标右键单击文字框的前操作柄或后操作柄,从弹出的快捷菜单中选择【编辑包围盒】,然后在弹出对话框中的【高度】字段中输入新的深度数值,单击【确定】按钮结束操作。

此外,用户可以利用【文字格式】工具条修改文字属性。

注意:只有在智能图素编辑状态下选定文字时,【文字格式】工具条才可以被激活。

2.6.5　文字编辑状态和文字图素属性

标准智能图素的三个编辑状态中的智能图素编辑状态和表面编辑状态适用于编辑文字图素。

(1)在智能图素编辑状态下,文字图素是在缺省状态下插入的。在这一编辑状态,可以使用【文字格式】工具条的功能选项、拖动文字包围盒操作柄、移动和定位文字图素。要定位文字图素,可以使用与智能图素相同的技术和属性。例如,可以拖动文字、使用【三维球】工具转动文字图素,也可以使用定位锚将文字图素附加到其他图素上。

在智能图素编辑状态下,用鼠标右键单击文字图素,会弹出一个快捷菜单,打开【文字向导】,可由此开始编辑文字。

另外,在智能图素编辑状态下用鼠标右键单击文字图素,还可以使用【文字属性】和【智能渲染属性】编辑文字。除了【文字属性】的【文字】选项外,其余选项与智能图素属性及零件属性完全相同。

(2)在智能图素编辑状态下,文字图素表面是加亮显示的。第二次单击文字表面即进入表面编辑状态。进入表面编辑状态后,每次操作仅仅影响选定文字的表面。

思 考 题

1.设计元素、标准智能图素以及附加设计元素有什么区别?

2.如何进入智能图素编辑状态?

3.如何编辑包围盒尺寸?

4.包围盒状态和形状设计状态如何切换?智能图素的这两个编辑状态各有什么特点?

5.图素包围盒上的操作手柄能否切换,如何切换?切换前、后在功能上有什么区别?

6.如何实现三维文字的添加、拖放、编辑和删除?如何利用包围盒编辑文字图素?

7.镜像生成图素操作的基本方法和步骤有哪些?

练 习 题

1.创建如图2.45所示的视孔盖零件,具体尺寸请自行确定。

2. 使用拖放操作叠加成如图 2.46 所示的组合件，具体尺寸请自行确定。

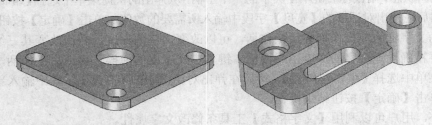

图 2.45　视孔盖零件　　　　　　　　　　图 2.46　组合件

3. 绘制如图 2.47 所示实体零件。

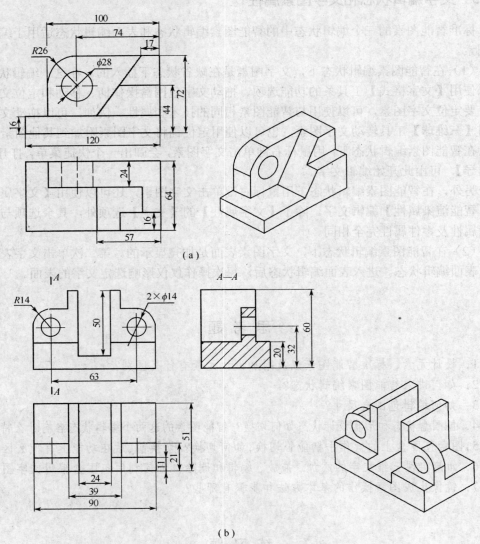

(a)

(b)

图 2.47　练习题 3 零件图

4. 用镜像操作生成如图 2.48 所示形体。

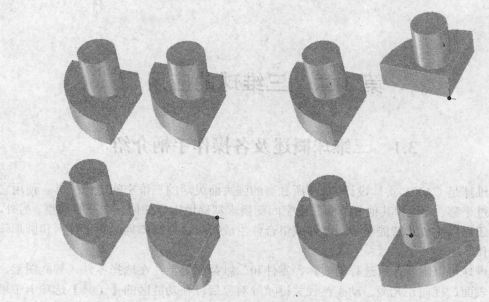

图 2.48 练习题 4 零件图

5. 试生成文字"尽快掌握 CAD 技术，提高设计水平"。

第 3 章　三维球的应用

3.1　三维球概述及各操作手柄介绍

三维球是 CAXA 实体设计 2009 所独有的强大而灵活的三维空间定位工具。使用它可以通过平移、旋转和其他复杂的三维空间变换来精确地定位任何一个三维模型。另外，使用它还可以完成对智能图素、零件或组合件生成拷贝、直线阵列、矩形阵列和圆形阵列的操作。

三维球可以附着在所选择的实体、零件和二维截面等上，在选择零件、智能图素、锚点、表面、视向、光源、动画路径关键帧等对象后，在功能区的【工具】选项卡中单击 ⊙ 按钮，或者从【工具】菜单中选择【三维球】命令，或者在快速启动工具栏中单击 ⊙ 按钮，或者按 F10 键打开三维球，使三维球附着在这些对象上，从而方便地对它们进行移动、相对定位和距离测量等操作。

在缺省状态下，三维球的显示如图 3.1 所示。CAXA 实体设计 2009 为其三个轴各显示了一个红色的平移控制柄和一个蓝色的定向控制柄，选定某个轴的某个控制柄后在其相反端将自动显示另一个控制柄。未选中的控制柄保持它们的原颜色，选中的控制柄显示为黄色。

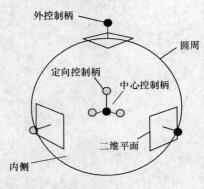

图 3.1　三维球结构

1.【外控制柄】

平移手柄，红色。单击后，手柄变成黄色，可用来对轴线进行暂时的约束，使三维球只能附着在所选对象上进行沿此轴线上的线性平移，或绕此轴线进行旋转。再用鼠标左键按住黄色平移手柄，拖动光标后再松开，则使对象实现从原有位置在新位置所需的编辑，这时出现蓝色的数值，表示当前改变的编辑值，将光标放在【外控制柄】上，单击鼠标右键，出现【编辑距离】和【生成线性阵列】可选项，如图 3.2 所示。单击【编辑距离】选项，弹出【编辑距离】对话框，在此对话框内输入数值可精确编辑平移的距离，如图 3.3 所示。同理，可以编辑旋转位置。

如果按下鼠标右键来拖动三维球外部控制柄，则释放鼠标右键结束拖动操作时，系统会弹出一个快捷菜单，如图 3.4 所示。利用该快捷菜单可以进行平移、复制、链接和生成线性阵列等操作。

（1）【平移】。移动到当前位置，也就是将零件、图素在指定的轴线方向上移动一定的距离。

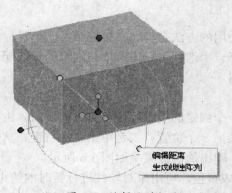

图 3.2　编辑平移数值

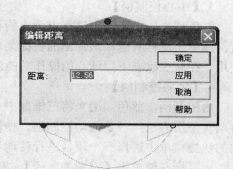

图 3.3　精确编辑平移距离

（2）【拷贝】。复制零件、图素，生成的零件、图素和原对象没有链接关系。

（3）【链接】。除了将零件、图素变成多个外，还将保持着链接关系。

（4）【沿着曲线拷贝】。沿着选定曲线将零件或图素进行复制。

（5）【沿着曲线链接】。沿着选定曲线将零件或图素进行复制，并保持着链接关系。

（6）【生成线性阵列】。将所选图素进行线性阵列。

注意：平移操作时光标显示一个小手和下面的双向箭头，旋转操作时光标显示一个小手半握拳和下面的单向旋转箭头。

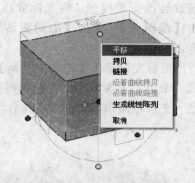

图 3.4　右键拖动外部操作柄弹出菜单

当三维球并不附着在对象上时，可以通过平移手柄改变三维球自身所处位置。

2.【圆周】

绕球心自由旋转操作，蓝色。光标放在圆周上时，圆周变成黄色，光标变成单向箭头。拖动光标，可使编辑对象围绕球心固定点旋转，可认为对象是从视点延伸到三维球中心的虚拟轴线旋转。如图 3.5 所示为采用圆周进行编辑的前后情况。

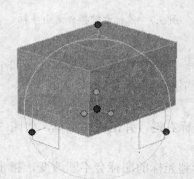
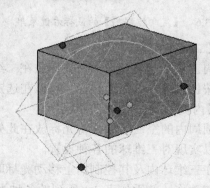

图 3.5　采用圆周进行旋转编辑

3.【中心控制柄】

红色球心。主要用来进行点到点的移动。使用的方法是将它直接拖至另一个目标位置，或单击鼠标右键，从弹出的快捷菜单中选择一个选项。它还可以与约束的轴线配合使用。在缺少状态下，球心的操作功能没有开启。

4.【定向控制柄】

内控制柄，蓝色。用来将三维球中心作为一个固定的支点，进行对象的定向。主要有两种使用方法：一是拖动控制柄，使轴线对准另一个位置；二是单击鼠标右键，从弹出的快捷菜单中选择一个项目进行移动和定位。弹出的快捷菜单如图3.6所示。

用鼠标左键单击【定向控制柄】，控制柄变成黄色，可用来对轴线进行暂时的约束，使三维球只能附着在所选对象上绕所选定的轴线进行旋转。将光标稍移动接近球心，使光标变成一个小手半握拳和下面的单向旋转箭头时，按住鼠标左键并拖动光标再松开，则使对象实现从原位置绕轴线旋转到新位置所需的编辑。这时出现蓝色的数值，表示当前旋转改变角度值。将光标放在数值上，单击鼠标右键出现一个【编辑值】可选项，单击【编辑值】，弹出【编辑旋转】对话框，在对话框内输入数值可精确编辑旋转的角度。

用鼠标左键单击【定向控制柄】，控制柄变成黄色，将光标稍移动接近球心，使光标变成一个小手半握拳和下面的单向旋转箭头时，按住鼠标右键并拖动光标再松开，这时出现一个选项菜单，如图3.7所示，可以任意选择进行编辑。

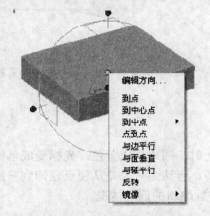

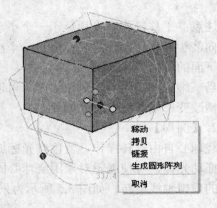

图3.6　【定向控制柄】的鼠标右键菜单　　　图3.7　鼠标右键操作定向手柄

5.【二维平面】

圆周上三个蓝色菱形面。光标放在二维平面时，蓝色变成黄色，光标变成四个直线箭头，按住鼠标左键拖动光标，可以在选定的虚拟平面中自由移动。

6.【内侧】

在圆周内的空白区域。将光标放在此处单击鼠标右键，弹出快捷菜单，如图3.8所示，可以实现对三维球的各种设置。

当在三维球内及其控制柄上移动光标时，将看到光标的图标会不断改变，指示不同的三维球动作。熟悉如表3.1所列的各种光标将对设计工作有所帮助。

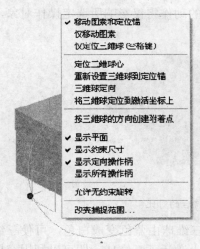

图 3.8 鼠标右键单击三维球
内侧的快捷菜单

表 3.1 三维球控制柄光标

图 标	动 作 与 功 能
	拖动光标使操作对象绕选定轴旋转
	拖动光标,以利用选定的定向控制柄重定位
	拖动光标,以利用中心控制柄重定位
	拖动光标,以利用选定的一维控制柄重定位
	拖动光标,以利用选定的二维平面重定位
	沿三维球的圆周拖动光标,以使操作对象绕着三维球的中心旋转
	拖动光标,沿任意方向自由旋转

3.2 三维球的设置方法

在设计环境中,选中任意一个对象,打开三维球。在缺省状态下,三维球球心附着在该选定对象的定位锚上,如图 3.9 所示。

由于三维球功能繁多,它的全部选项和相关的反馈功能不可能在某个设计中都需要,因此,CAXA 实体设计 2009 允许按需要禁止或激活某些选项。

用鼠标右键单击三维球内空白背景区,在弹出的快捷菜单中选择不同的选项,如图 3.10 所示,可对三维球工具进行配置。其中有几个选项是缺省的。在选定某个选项时,该选项旁将出现一个复选标记。

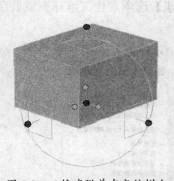

图 3.9 三维球附着在定位锚上

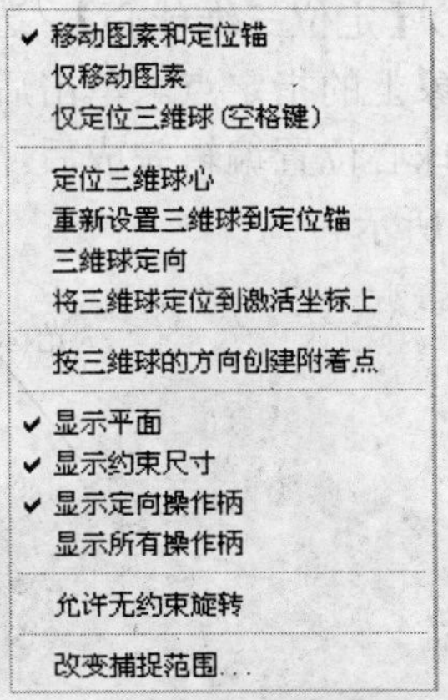

图 3.10 三维球配置菜单

三维球配置选项如下:

(1)【移动图素和定位锚】。如果选择了此选项,三维球的动作将会影响选定操作对象及其定位锚。此选项为缺省选项。

（2）【仅移动图素】。如果选择了此选项，三维球的动作将仅影响所选定操作对象，其定位锚的位置不会受到影响，如图 3.11 所示。

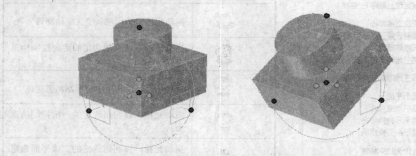

图 3.11　仅移动三维球编辑对象前后的对比

（3）【仅定位三维球（空格键）】。选择此选项，三维球由蓝色变成白色，可使三维球本身重定位，而不移动操作对象。一旦在某个图素上激活了三维球，即可以利用空格键快速激活或禁止其【仅定位三维球】功能。如图 3.12 所示是在仅定位三维球下，用鼠标右键单击球心，选择【到点】选项，将三维球球心的位置编辑到四方体的一个角点的情况。

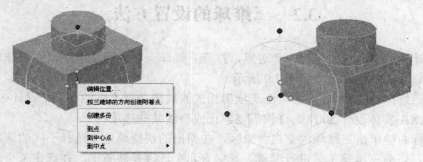

图 3.12　仅定位三维球的操作

（4）【定位三维球心】。选择此选项，三维球变成白色，可把三维球的中心重定位到操作对象上的指定点。单击后，光标所在位置就成为三维球新的位置。该选项仅限一次使用，球心位置编辑完成后，必须关闭【仅定位三维球】选项，让三维球变成蓝色，如图 3.13 所示。

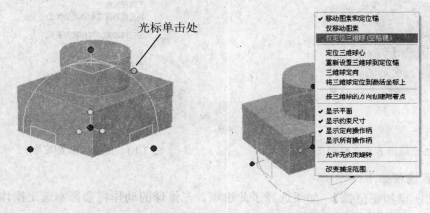

图 3.13　定位三维球球心的操作

（5）【重新设置三维球到定位锚】。选择此选项，可使三维球恢复到缺省位置，即操作对象的定位锚上，如图 3.14 所示。

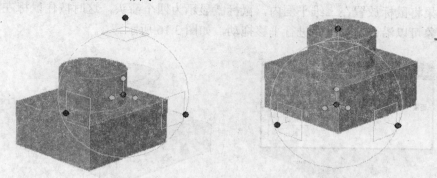

图 3.14　重新设置三维球到定位锚的操作

（6）【三维球定向】。选择此选项，可使三维球的方向轴与整体坐标轴（X，Y，Z）平行。

（7）【将三维球定位到激活坐标上】。选择此选项，可使三维球的方向轴与当前坐标轴（X，Y，Z）平行。

（8）【按三维球的方向创建附着点】。选择此选项，可在三维球的方向创建附着点。把鼠标放在附着点处，可利用右键快捷菜单删除创建的附着点。

（9）【显示平面】。选择此选项，可在三维球上显示二维平面。

（10）【显示约束尺寸】。选择此选项，将显示图素或零件移动的角度和距离。

（11）【显示定向操作柄】。选择此选项，将显示附着在三维球中心点上的定向控制柄。此选项为缺省选项。

（12）【显示所有操作柄】。选择此选项，三维球轴的两端将显示定向控制柄和外控制柄。

（13）【允许无约束旋转】。选择此选项，可自由旋转操作对象。

（14）【改变捕捉范围】。利用此选项，可设置操作对象重定位操作中需要的距离和角度变化增量。增量设定后，可在移动三维球时按下 Ctrl 键，激活此功能选项。

3.3　三维球移动操作

在使用三维球重定位零件之前，需要对三维球的移动操作有一个必要的了解。需要说明的是，此处所说的移动包含了转动。三维球外表面上对应于空间的三个轴有三个外控制柄和三个二维平面可用于进行移动操作。

3.3.1　一维直线运动

拖动一个外控制柄，则可沿着该轴方向移动操作对象。拖动外控制柄时，外控制柄旁边会出现一个距离值，该值表示操作对象离开原位置的距离。若要指定距离，可用鼠标右键单击距离值，从弹出的快捷菜单中选择【编辑值】，然后在对话框中输入相应的距离值，完成精确定位，如图 3.15 所示。

3.3.2　二维平面运动

如果将鼠标放置在二维平面内，鼠标就显示为四个箭头，这时按住鼠标左键拖动，操作对象可以沿该二维平面进行平移拖动，如图 3.16 所示。

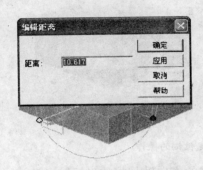

图 3.15　精确编辑移动距离

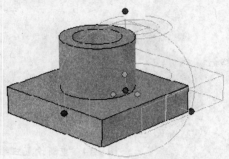

图 3.16　利用二维平面移动

3.3.3　使用三维球的移动操作重定位零件示例

步骤 1：生成两个正齿轮。

（1）新建一个设计环境。

（2）显示【工具】元素元素库中的内容并查找【齿轮】图标。

（3）从元素库中拖出"齿轮"，将其释放到设计环境中。

（4）单击【确定】按钮即可生成系统默认的"正齿轮"。

（5）重复步骤（3）和步骤（4），在第一个正齿轮右边生成第二个正齿轮。

（6）若有必要，可利用【动态旋转】工具获取这两个齿轮的清晰视图。

步骤 2：激活三维球工具。

（1）在零件编辑状态下，选择设计环境中右侧的齿轮。

（2）若要在齿轮上激活三维球，则应从快速启动工具栏中选择【三维球】工具，或从【工具】功能面板的【定位】选项卡中选择【三维球】工具，或者按下功能键 F10，如图 3.17 所示。

步骤 3：利用移动操作重定位齿轮。

（1）在设计环境中向左拖动齿轮。执行此操作时，应把光标放置在三维球顶部的二维平面中，当光标变成四个箭头时，向左拖动齿轮。

（2）向左边的齿轮方向拖动三维球左侧的外控制柄，直至两个齿轮基本啮合。完成此操作之后，齿轮的位置将如图 3.18 所示。

图 3.17　齿轮和三维球　　　　　　图 3.18　利用三维球定位后的齿轮

（3）旋转选定的齿轮直至其与另一个齿轮的凹槽啮合。若要实现这一点，则应单击三维球外操作控制柄，当其作为旋转轴加亮显示时，将光标移动到三维球的内侧。当光标变为小手加单向旋转箭头形状时，拖动鼠标使齿轮旋转一定的角度，并使轮齿完全嵌入另一齿轮的凹槽中，如图3.19所示。

图 3.19　利用三维球旋转后的齿轮

如果要微调定位，可以用鼠标右键单击旋转角度值，并从弹出的快捷菜单中选择【编辑值】，按需要在【编辑旋转】对话框中编辑角度值。

（4）完成上述操作后，应取消对【三维球】工具的选定。

3.4　三维球旋转操作

1．三维旋转

单击某个外控制柄，旋转轴即被选中并呈加亮显示。如果要绕该轴旋转操作对象，则应在三维球内移动光标，当光标变成小手加环形单向箭头形状时，按住鼠标左键并拖动即可使操作对象绕轴旋转，并显示出旋转角度，如图3.20所示。如果要指定精确的旋转角度，则用鼠标右键单击角度值，在弹出的快捷菜单中选择【编辑值】选项，并在随后出现的【编辑旋转】对话框中输入相应的角度值，如图3.21所示。

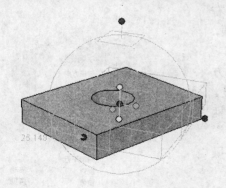

图 3.20　三维球的旋转操作

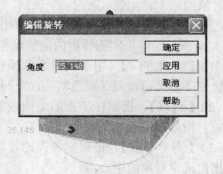

图 3.21　三维球旋转的精确编辑

2．绕中心旋转

若要绕三维球的中心点旋转操作对象，则应先将光标移动到三维球的圆周上，当圆周颜色变成黄色而光标形状变成一个旋转箭头时，单击并拖动鼠标便可实现旋转运动。用鼠标右键依然可以实现自由旋转操作，如图3.22所示。

3. 沿三个轴同时旋转

此选项在缺省状态下为禁止状态。若要激活本选项，则应用鼠标右键单击三维球内部，然后从弹出的快捷菜单中选择【允许无约束旋转】。在三维球内移动鼠标，此时光标变成两个双向旋转箭头，拖动鼠标就可以沿任意方向自由旋转操作对象，如图3.23所示。

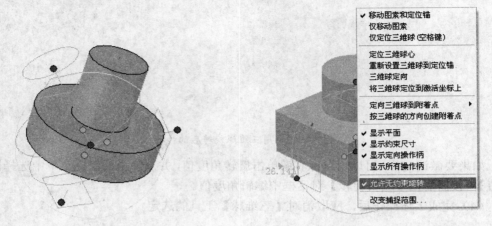

图3.22　沿三维球中心点旋转　　　　图3.23　设置沿三个轴同时旋转

3.5　三维球定位操作

3.5.1　利用定向控制柄操作

除利用三维球外侧的三个控制柄和三个二维平面进行移动操作外，还可利用三维球的定向控制柄实现定位操作。这些控制柄提供了相对于其他操作对象上选定的面、边或点的快速定位的功能，也提供了对操作对象的反向和镜像功能。这些定位操作可相对于操作对象的三个轴实施。选定某个轴后，用鼠标右键单击该轴，从弹出的快捷菜单中选择相应选项，如图3.24所示，即可实施特定的定位操作。

（1）【编辑方向】。用于编辑当前操作柄的方向、位置，如当前轴向（黄色轴）在空间的角度。

（2）【到点】。指鼠标捕捉的定向控制操作柄（短轴）指向规定点。

（3）【到中心点】。指鼠标捕捉的定向控制操作柄指向规定对象的中心点。

（4）【到中点】。指鼠标捕捉的定向控制操作柄指向规定对象的中点，包括边、点到点和两面间类型的中点。

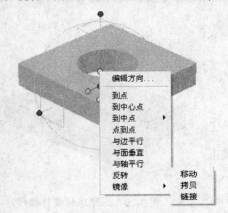

图3.24　定位菜单

（5）【点到点】。指鼠标捕捉的定向控制操作柄与两个点的连线平行。

（6）【与边平行】。指鼠标捕捉的定向控制操作柄与选取的边平行。

（7）【与面垂直】。指鼠标捕捉的定向控制操作柄与选取的面垂直。

（8）【与轴平行】。指鼠标捕捉的定向控制操作柄与指定的轴线平行。

（9）【反转】。指三维球带动图素在选中的定向控制操作柄方向上转动180°。

（10）【镜像】。指使用三维球将图素以未选取的两个轴所形成的面作为面镜像。镜像选项有【移动】、【拷贝】和【链接】。

①【移动】。可使三维球的当前位置相对于指定轴镜像并移动操作对象。

②【拷贝】。可使三维球的当前位置相对于指定轴镜像并生成操作对象的备份。

③【链接】。可使三维球的当前位置相对于指定轴镜像并生成操作对象的链接复制件。

3.5.2 利用中心控制柄操作

可以通过用鼠标右键单击三维球的中心，从弹出的快捷菜单中选择相应选项，如图3.25所示，利用三维球的中心定位操作对象。

部分选项功能如下：

（1）【编辑位置】。可设置长度、宽度和高度值来定义三维球的中心相对于背景栅格轴中心的位置。

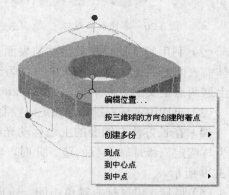

图 3.25 三维球中心鼠标右键快捷菜单

（2）【到点】。可使三维球的中心与第二个操作对象上的选定点重合。

（3）【到中心点】。可使三维球的中心与规定对象的中心点重合。

（4）【到中点】。可使三维球的中心指向规定的中点，包括边、点到点和两面间类型的中点。

3.5.3 使用三维球的定向操作重定位零件示例

示例1：利用三维球的【到点】功能重定位零件。

（1）打开一个新的设计环境并从【图素】元素库中拖入一个【长方体】。适当增大尺寸。

（2）利用【视向】工具获取长方体的特写视图。

（3）从【高级图素】元素库中拖入一个【U形体】并将其放置在长方体的上表面。

（4）在智能图素编辑状态下选定 U 形体，选择三维球工具重定位，如图 3.26所示。

（5）用鼠标右键单击三维球中心后面的定向控制柄，从弹出的快捷菜单中选择【到点】选项。选定的轴将呈黄色加亮显示。

（6）把光标移动到长方体右上角，使其绿色智能捕捉点出现，然后单击。请注意，加亮显示的三维球轴将转动，从而使自身与长方体的右上角对齐，而U形体则相应地重定位，如图 3.27 所示。

示例2：利用【点到点】、【与边平行】和【与面垂直】选项重定位零件。

（1）继上述步骤之后，用鼠标右键单击同一定向控制柄，从弹出的快捷菜单中选择【点到点】选项。

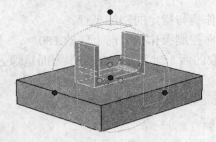

图 3.26　零件及三维球

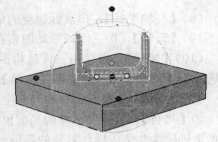

图 3.27　利用【到点】定位

（2）利用智能捕捉在长方体前表面上边中点上单击，作为第一点。把光标移动到长方体前表面的右下角点，再次单击作为选择的第二点。这样，定向控制柄的轴就与长方体上这两点定义的方向平行，如图 3.28 所示。

（3）再次用鼠标右键单击该定向控制柄，从弹出的快捷菜单中选择【与边平行】选项。

（4）在长方体左侧面的上边移动光标，直至出现绿色智能捕捉提示。单击把该边选定为与选定三维球轴平行的边。此时，定向控制柄的轴便与长方体上的指定边平行，如图 3.29 所示。

（5）最后，用鼠标右键单击同一定向控制柄，从弹出的快捷菜单中选择【与面垂直】选项。

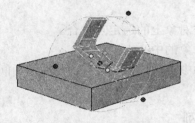

图 3.28　利用【点到点】定位

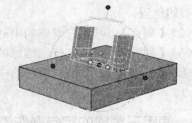

图 3.29　利用【与边平行】定位

（6）在长方体的上表面移动光标，直至该面周围出现绿色智能捕捉加亮轮廓，然后单击使选定的三维球轴与长方体的上表面垂直，如图 3.30 所示。

示例3：绕旋转轴旋转重定位零件

（1）单击向前的定向控制柄，指定旋转轴。

（2）选择向上的另一定向控制柄，向下朝长方体的上表面拖动。当长方体的上表面出现绿色智能捕捉提示区时，释放定向控制柄。

（3）至此，U 形体就快速地重新定位，如图 3.31 所示。

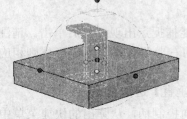

图 3.30　利用【与面垂直】定位

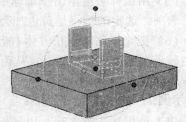

图 3.31　绕指定轴旋转

示例4：利用【与轴平行】选项重定位零件。

（1）从【图素】元素库选择一个【孔类圆柱体】，把它拖放到长方体的一侧，从而在长方体上添加了一个孔。

（2）在智能图素编辑状态选定U形体，然后激活三维球工具。

（3）用鼠标右键单击三维球定向控制柄（沿U形体宽度方向的），从弹出的快捷菜单中选择【与轴平行】。

（4）把光标移动到孔，直至孔两端出现绿色智能捕捉提示区。单击孔的表面，使U形体与孔的轴线平行，如图3.32所示。

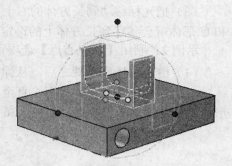

图3.32 利用【与轴平行】定位

3.5.4 三维球的【反转】和【镜像】定位示例

与移动和定位选项不同，【反转】和【镜像】选项仅相对于选定的三维球轴对操作对象进行重定位，而与其他对象上的点、边或面无关。

示例1：利用【反转】选项重定位零件。

（1）在智能图素编辑状态下选定U形体，然后激活【三维球】工具。

（2）用鼠标右键单击三维球的垂直定向控制柄，从弹出的快捷菜单中选择【反转】。U形体就按端到端方式在长方体上转向，如图3.33所示。

示例2：利用【镜像】选项重定位零件。

（1）使U形体恢复它在长方体上的原来位置。在智能图素编辑状态下选定U形体，然后激活【三维球】工具。

（2）用鼠标右键单击三维球的垂直定向控制柄，从弹出的快捷菜单中选择【镜像】→【拷贝】。U形体就从原位置拷贝到镜像位置，如图3.34所示。

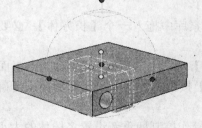

图3.33 利用【反转】定位

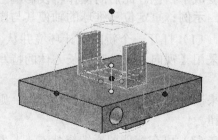

图3.34 利用【镜像】定位

3.5.5 利用三维球的中心控制柄重定位零件示例

利用三维球的中心控制柄，可以使三维球连同操作对象一起移动到第二个操作对象上的一点处。

示例1：利用【到点】选项重定位零件。

（1）在智能图素编辑状态下选定上面的U形体，然后激活【三维球】工具。

（2）用鼠标右键单击三维球的中心控制柄，从弹出的快捷菜单中选择【到点】选项。

（3）把光标移动到长方体的右上角处，单击显示出的绿色智能捕捉点。此时三维球和 U 形体就会移动到长方体上的选定点，如图 3.35 所示。

示例 2：利用【到中心点】选项重定位零件。

（1）继上述操作步骤之后，从弹出的快捷菜单中选择【到中心点】选项。

（2）在孔图素上移动光标，直至其中心点显示为一个绿点，然后单击。三维球和 U 形体将移动到孔的中心点，如图 3.36 所示。

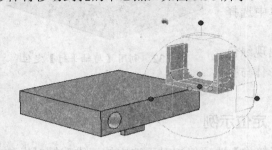 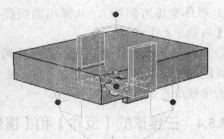

图 3.35　利用中心控制柄【到点】的定位　　　图 3.36　利用中心控制柄【到中心点】的定位

3.5.6　重定位操作对象上的三维球示例

缺省情况下，三维球中心总是定位在操作对象的定位锚上。有时，为了准确放置操作对象，也可以先使三维球在操作对象上重定位，然后再利用三维球的操作使三维球连同操作对象一起重新定位。

用于图素重定位的所有三维球操作（包括移动和定向）均可用于对三维球进行重定位。若要使三维球脱离操作对象，应用鼠标右键单击三维球内侧，从弹出的快捷菜单中选择【仅定位三维球】或者按下空格键切换到此模式（再次按下空格键将禁止【仅定位三维球】选项）。指示【仅定位三维球】处于激活状态的可见信号是三维球的轮廓由蓝绿色变成了白色。此后的操作将仅影响三维球本身，而不会影响操作对象。

示例：重定位三维球的轴使其与图素的边平行。

（1）打开一个新的设计环境并从【图素】元素库中拖入一个【长方体】。必要时，可采用【视向】工具观察长方体的特写视图。

（2）从【图素】元素库中拖入一个【多棱体】，并把它释放到长方体的上表面上。如果出现【重设图素尺寸】对话框，则选择【是】按钮，并键入 3，然后单击【确定】按钮。

（3）可在智能图素编辑状态下，利用多棱体操作控制柄重新设置多棱体的大小。

（4）向下拖动多棱体的底部操作控制柄，使其埋入到长方体中。

（5）在智能图素编辑状态下选定多棱体，然后按 F10 键，使多棱体上显示出三维球。

（6）选定三维球右边的水平外控制柄，使其轴线加亮显示为黄色。

（7）在三维球内侧移动光标，直至光标变成一个外加弯曲箭头的小手形状，然后拖动光标，旋转三维球和多棱体，使其旋转角度大约为 45°。

（8）用鼠标右键单击旋转角度值，从弹出的快捷菜单中选择【编辑值】，在弹出的【编辑旋转】对话框中输入 45，单击【确定】，把旋转角度的精确值设置为 45°。多棱体的位置如图 3.37 所示。

（9）按下空格键激活【仅定位三维球】选项，或者用鼠标右键单击三维球内侧，然后从弹出的快捷菜单中选择该选项。三维球的显示从蓝色变成白色。

（10）用鼠标右键单击三维球的前方定向操作控制柄，然后从弹出的快捷菜单中选择【与边平行】。

（11）把光标移动到长方体上表面的右侧边上，直至出现绿色智能捕捉提示时单击，把该边设置为与三维球选定轴平行的边。此时，三维球的前后轴就与长方体上选定的边平行了，如图 3.38 所示。

（12）再次按下空格键，返回【移动图素和定位锚】选项。选用该选项也可用鼠标右键单击三维球内侧，从弹出的快捷菜单中取消对【仅定位三维球】选项的选择来实现。

（13）拖动前方一维外控制柄，把多棱体移动到长方体的前端。至此，移动动作便完成，同时保持了多棱体相对于长方体的角度和埋入深度。

（14）按下功能键 F10 取消对三维球的选取。重定位后的多棱体如图 3.39 所示。

 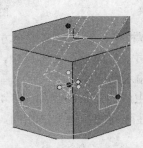 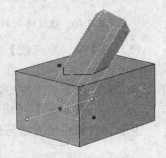

图 3.37　多棱体的位置　　　图 3.38　与边平行的三维球轴　　　图 3.39　重定位后的多棱体

3.5.7　利用三维球生成图素的阵列示例

利用三维球还可以生成以智能图素、零件或组合件为对象的线性阵列、矩形阵列和环形阵列。

示例 1：生成图素的线性阵列。

（1）打开一个新的设计环境，从【图素】元素库中拖入一个【圆柱体】。

（2）在零件编辑状态下选择圆柱体，然后按 F10 键激活三维球工具。

（3）用鼠标右键单击三维球的一个外控制柄，从弹出的快捷菜单中选择【生成直线风格】选项，弹出【阵列】对话框。

（4）在【数量】文本框中输入复制份数（含原零件），在【距离】文本框中输入零件之间的距离，然后单击【确定】按钮。至此，零件的线性阵列已生成。屏幕上将出现一个链接各个零件的蓝色阵列框，其上显示了各个图素之间的距离，如图 3.40 所示。

（5）单击阵列框或阵列中的任一个零件，显示原零件的绿色轮廓和连接各零件的蓝色轮廓。

（6）如果要编辑阵列值，则应在编辑状态下用鼠标右键单击阵列框的距离值，在弹出的快捷菜单中选择【编辑】，然后在弹出的【编辑线性阵列】对话框中，输入数值，单击【确定】按钮结束编辑。

示例 2：生成矩形阵列。

（1）打开一个新的设计环境，从【图素】元素库中拖入一个【圆柱体】。

（2）在零件编辑状态下选择圆柱体，然后按 F10 键激活三维球工具。

（3）单击三维球的一个外控制柄，以指定矩形阵列的第一个方向。

（4）用鼠标右键单击三维球的另一个外控制柄，以指定矩形阵列的第二个方向，然后，从弹出的快捷菜单中选择【生成矩形阵列】，弹出【矩形阵列】对话框，如图 3.41 所示。

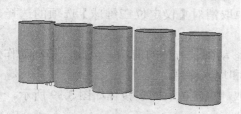

图 3.40　线性阵列的结果

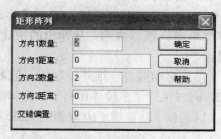

图 3.41　【矩形阵列】对话框

（5）在【第一方向数】文本框中，输入沿第一个方向阵列的行数；在【第一方向距】文本框中，输入行间距；在【第二方向数】文本框中，输入沿第二个方向阵列的列数；在【第二方向距】文本框中，输入列间距。

（6）单击【确定】按钮。生成的矩形阵列如图 3.42 所示。

矩形阵列的编辑方法与线性阵列的编辑方法相同。

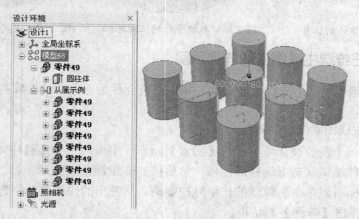

图 3.42　生成矩形阵列

思　考　题

1. 三维球由哪几部分组成？它们的基本功能是什么？

66

2. 三维球工具在什么情况下才能被激活？

3. 三维球工具附着在单一图素上和附着在实体上的运用有什么区别？

4. 若要实现设计背景所有实体和单一实体的位置变化，应采用什么工具操作？

5. 三维球移动手柄的鼠标左、右键操作实现的功能有何不同？

6. 三维球旋转手柄的鼠标左、右键操作实现的功能有何不同？

7. 如何使用三维球实现移动和线型阵列？如何使用三维球实现旋转和环形阵列？

练 习 题

1. 设计如图 3.43 所示实体零件，尺寸请根据模型效果自行设定。

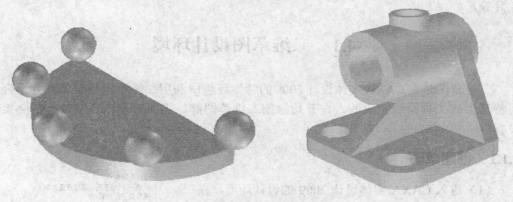

图 3.43　练习题 1 零件图

2. 先建立如图 3.44 所示的单通管模型，尺寸请根据模型效果自行确定。然后使用三维球工具进行整体旋转拷贝操作，最后得到如图 3.45 所示的三通管模型效果。

图 3.44　单通管模型

图 3.45　完成的三通管模型

第4章　自定义智能图素的生成

CAXA 实体设计 2009 元素库中所包含的标准智能图素是进行设计的基础。为满足不同产品的设计需求，可以由二维截面拓展生成自定义智能图素。生成自定义智能图素一般分两步完成。首先需要在三维设计环境中，绘制出二维草图，然后将二维草图经过拉伸、旋转、扫描、放样等"三维造型"操作，即可生成自定义的三维智能图素。绘制二维草图的主要工具包括二维绘图工具、二维约束工具、二维编辑工具和二维辅助图形工具等。

4.1　二维草图设计环境

二维草图是在CAXA实体设计2009的特定环境中利用二维草图绘制工具并结合使用特征生成工具绘制完成的。在开始绘制二维草图前，需要对设计环境做一些必要的设置。

4.1.1　创建草图

（1）进入 CAXA 实体设计 2009 的设计环境，在功能区打开如图 4.1 所示的【草图】选项卡。单击【二维草图】按钮，或者在菜单浏览器中选择【生成】→【二维草图】子菜单，出现如图 4.2 所示的草图定位命令管理栏，可以用该管理栏设定二维草图定位类型等（一定要注意【选择几何】收集器、【高级选项】的应用）。定位草图后便可以在草图平面内开始二维草图的绘制。

在功能区的【草图】选项卡中单击【二维草图】按钮下面的小箭头，将弹出一个下拉列表框，从中可以选择【在 X-Y 基准面】、【在 Y-Z 基准面】或【在 Z-X 基准面】选项。

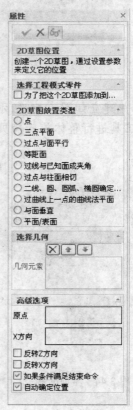

图 4.2　草图定位命令管理栏

图 4.1　功能区的【草图】选项卡

68

（2）在草图工作平面上，使用所需的草图工具绘制草图。所需绘图工具都集中在功能区的【草图】选项卡中，包括【绘制】、【修改】、【约束】和【显示】面板，如图4.3所示。

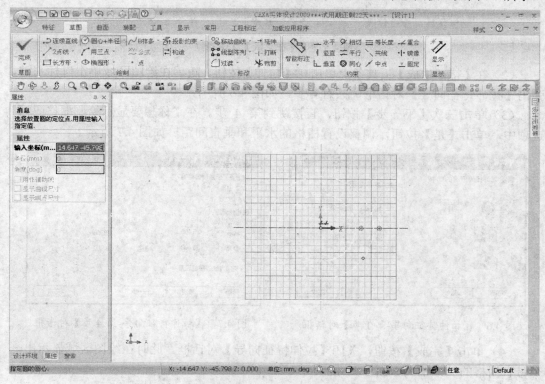

图 4.3　在草图工作平面上绘制的草图示例

（3）绘制和编辑好草图后，在【草图】面板中单击✔【完成】按钮。如果要取消草图，则在【草图】面板中展开更多选项，单击✖【取消】按钮。

4.1.2　设置图形单位

单击菜单浏览器【设置】→【单位】选项，弹出如图4.4所示的【单位】对话框。缺省情况下，系统采用毫米作为长度的单位，度作为角度的单位，千克作为质量的单位。用户根据实际需求，可调整选择，单击【确定】按钮，完成单位的调整设置。

4.1.3　显示二维绘图栅格

要显示二维绘图栅格，先要完成对【栅格】选项的设置。具体操作步骤如下：

（1）在菜单浏览器中单击【显示】→【工具

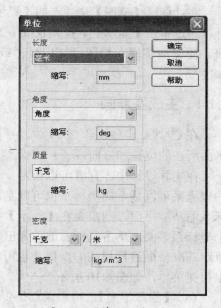

图 4.4　【单位】对话框

条】→【特征生成】子菜单，或者在任意工具条单击鼠标右键，在弹出的快捷菜单中选择【工具条设置】→【特征生成】子菜单，调用【特征生成】工具条，如图4.5所示。

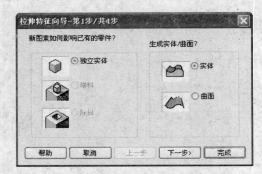

图4.5 【特征生成】工具条

（2）在【特征生成】工具条上单击【拉伸】按钮，随后在绘图区域单击鼠标左键，弹出【拉伸特征向导】对话框，共有4步，如图4.6所示。

（3）单击三次【下一步】按钮，直接跳到第4步。在【你想要显示绘制栅格吗?】选项中，单击【是】按钮，调整设置栅格的水平和垂直间距，如图4.7所示。

图4.6 【拉伸特征向导-第1步】对话框 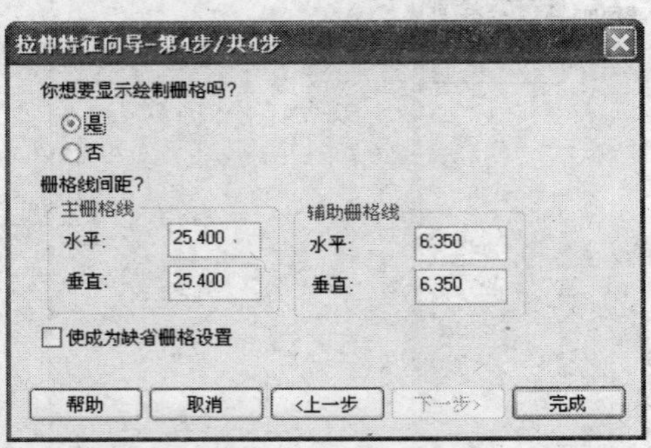　　　图4.7 【拉伸特征向导-第4步】对话框

（4）单击【完成】按钮，关闭【拉伸特征向导】对话框。此时在绘图区域显示出一个带有栅格的二维绘图平面（图4.3）。

（5）利用【视向】工具条中的【指定面】和【显示全部】，获取二维栅格的指定面和正视图。

在功能区【草图】选项卡的【显示】面板中，用户可以通过单击【显示】下拉列表框中的【显示栅格】选项，便捷地实现在绘图区域中显示或隐藏栅格，如图4.8所示。

图4.8 【显示】下拉列表框

4.1.4 生成基准面

在CAXA实体设计2009中，草图基准面是以二维绘图栅格显示的，它定义了草图平面所在的位置和方向。

在实际设计中，有时可以指定一个坐标系平面来进行二维草图的绘制。坐标系平面的坐标系可以是全局坐标系也可以是局部坐标系。如果要在绘图区域中显示已有局部坐标系的基准平面，则需要在【显示】菜单中选择【坐标系】命令。在绘图区域中选择一个坐标系平面，单击鼠标右键，弹出一个快捷菜单，如图4.9所示，利用该快捷菜单可以对基准平面进行相关的操作。也可以在设计树中用鼠标右键单击所需的坐标平面来弹出快捷菜单，如图4.10所示。

（1）【隐藏平面】。用于设置是否隐藏所选定的基准平面。

（2）【显示栅格】。用于控制是否在选定基准平面上显示栅格。

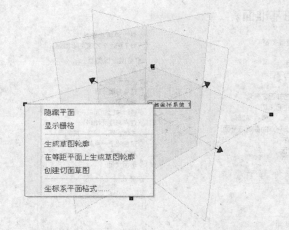

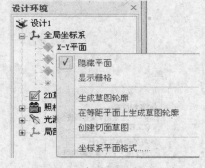

图 4.9 局部坐标系平面显示边框的快捷菜单   图 4.10 在设计树中的操作

（3）【生成草图轮廓】。选择此选项，则在所选择的基准平面上绘制二维草图。

（4）【在等距平面上生成草图轮廓】。选择此选项，则在所选择的基准平面的等距面上绘制二维草图，等距的方向由所对应的坐标轴和输入值的正负来决定。

（5）【创建切面草图】。用于创建切面草图。

（6）【坐标系平面格式】。选择此选项，将打开一个对话框，对基准面的各项缺省参数进行设置。可以设置的内容包括栅格间距、基准面尺寸、对栅格是否允许捕捉等。

另外，为了满足复杂造型的设计要求，CAXA 实体设计 2009 在设计环境中存在图素的情况下提供了几种基准面的生成方式。这些生成方式由用户在生成基准面时的命令管理栏中选择，如图 4.11 所示。

（1）【点】。当设计环境中为空时，在设计环境中单击一点就会生成一个默认与 XY 平面平行的草图基准面；当设计环境中存在实体时，拾取面上的点则在该面上生成基准面；当在设计环境中拾取三维曲线上的点时，则在相应的拾取位置上生成与曲线垂直的基准面；当在设计环境中拾取二维曲线时，生成的基准面为通过这个二维曲线端点的 XY 平面。

（2）【三点平面】。选择此生成方式，通过拾取三个点生成基准面，该基准面的原点落在拾取的第一个点上。所拾取的点可以是实体上的一个点，也可以是三维曲线上的点。

注意：利用鼠标右键功能可以将二维曲线转换成三维曲线。

（3）【过点与面平行】。需要选择一个面或平面和一个点，所选择的点将被用来定义草图原点的位置。

（4）【等距面】。选择此生成方式，需要在命令管理栏的【长度】文本框中设置一个偏置距离，如图 4.12 所示。然后激活【几何元素】收集器，选择一个面或平面来生成等距面，单击位置默认了草图原点位置。当然，用户也可以通过命令管理栏的高级选项来指定原点和 X 轴方向。

（5）【过线与已知面成夹角】。选择此生成方式，需要在命令管理栏的【角度】文本框中设置一个旋转角度，如图 4.13 所示。激活【高级选项】下的【原点】收集器来选择一个点定义原点（其他定义类似，不再一一叙述），然后激活【几何元素】收集器，选择

71

一个面或平面和一条边线来生成所需的草图基准面。

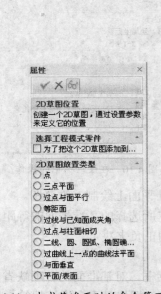

图 4.11　生成基准面时的命令管理栏　　图 4.12　等距面设置　　图 4.13　角度设置

（6）【过点与柱面相切】。通过选择一个圆柱面和一个点来定位草图。

（7）【二线、圆、圆弧、椭圆确定平面】。选择此生成方式，通过拾取两条直线、圆、圆弧或椭圆来生成所需的草图基准面。

（8）【过曲线上一点的曲线法平面】。通过选择一条三维曲线或存在实体的边线来生成草图的基准面，所生成的草图基准面与曲线上指定位置点的切线方向垂直。过曲线上的一点由命令操作栏的【定位在曲线上】选项组来定义，如图 4.14 所示，在【位置】下拉列表框中供选择的选项有【通过点】、【%弧长】和【弧长】。当选择【%弧长】或【弧长】选项时，需要定义相应的参数。

（9）【与面垂直】。需要选择一个与之垂直的面。

（10）【平面/表面】。需要创建一个平面或表面来创建同位置的草图基准面。

4.1.5　重定位基准面

可以对草图基准面重新定向和定位。

方法一：利用三维球工具对基准面进行便捷和快速的定向和定位，包括平移和旋转。

方法二：利用草图的定位锚对草图进行拖动。

4.1.6　拓扑结构检查

每次从二维截面生成三维造型时，CAXA 实体设计 2009 都会检查二维截面的拓扑结构是否完整。如果截面不封闭，或包含重叠部分，或是空的无效截面，在试图将该几何图形拉伸成三维图形时，屏幕上就会弹出【零件重新生成】对话框来提示用户，如图

4.15 所示。对话框内提供截面编辑功能选项，用以解决出现的问题，同时，二维截面上有问题的相应线框呈红色加亮显示。

图 4.14　【定位在曲线上】选项组

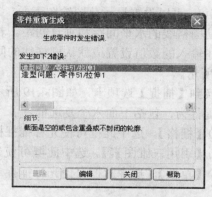

图 4.15　【零件重新生成】对话框

4.1.7　退出草图

在草图基准面上绘制好所需的草图后，可以在功能区的【草图】选项卡的【草图】面板中单击 ✔【完成】按钮，确定完成草图和退出草图绘制模式。如果单击 ✔【完成】按钮下方的 ▾ 按钮，并单击 ✖【取消】按钮，则取消所绘制的草图并退出草图绘制模式。

另外也可以在草图基准面的空白区域单击鼠标右键，弹出如图 4.16 所示的快捷菜单，可选择【结束绘图】命令或【取消绘图】命令来退出草图绘制。

4.1.8　更改二维草图选择项参数设置

更改二维草图选择项参数设置，最快捷的方法是在草图空白区域单击鼠标右键，从弹出的快捷菜单（图 4.16）中选择【栅格】、【捕捉】、【显示】和【约束】四个选项之一，打开【二维草图选择】对话框，如图 4.17 所示。该对话框中有【栅格】、【捕捉】、【显示】和【约束】四个选项卡。

图 4.16　鼠标右键快捷菜单

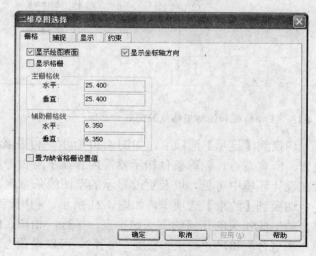

图 4.17　【二维草图选择】对话框

73

【栅格】选项卡有【显示绘图表面】、【显示格栅】和【显示坐标轴方向】三个复选框，以及【主栅格线】和【辅助栅格线】两个选项组（用于设置【水平】和【垂直】栅格线间距）。可以设置显示草图绘图表面、二维草图栅格和坐标轴方向，可以更改主栅格线和辅助栅格线的水平间距和垂直间距。若选中【置为缺省栅格设置值】复选框，还可以将上述输入的数值设置成默认栅格线的间距值。主栅格线和辅助栅格线的图解示意如图 4.18 所示。

切换到【捕捉】选项卡，如图 4.19 所示，定义光标相对于栅格和／或栅格中绘图元素的捕捉行为，包括下面六个复选框。

（1）【栅格】。选中此框可使光标捕捉栅格中的交点。

（2）【引用三维图素】。选中此框可使光标捕捉三维图素点、线和其他特征。

（3）【草图】。选中此框可使光标捕捉二维图形中的所有直线、圆弧、终点和其他特征。

（4）【角度增量】。选中此框可输入需要的角度增量值。当拖动角度线时，就会按照角度量值跳移一个角度。

（5）【距离增量】。选中此框可输入需要的距离增量值。当拖动光标移动时，系统自动跳到等距离增量直线上。

（6）【智能捕捉】。选中此框可使光标捕捉到已有直线和点的位置或直线的方向。

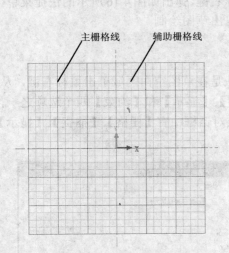

图 4.18　主栅格线和辅助栅格线的图解示意图

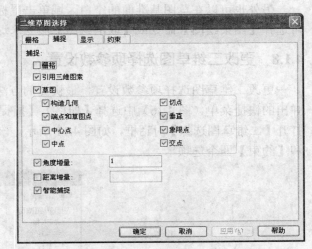

图 4.19　【捕捉】选项卡

切换到【显示】选项卡，如图 4.20 所示。利用该选项卡，可以设置曲线尺寸、终点位置、所有端点、轮廓条件指示器等内容显示与否，可以设置编辑时智能图素和零件是否在设计环境中可见，以及更改显示的草图线条宽度。

切换到【约束】选项卡，如图 4.21 所示。利用该选项卡，可以设置在绘制草图时能够自动生成相关的几何约束（如垂直、平行、相切、同心、等长、水平／铅垂、共线、中点和重合）和尺寸约束（长度、半径），可以设置当遇到约束失败的投影关系时是否每次都询问，还可以设置约束模式等。

74

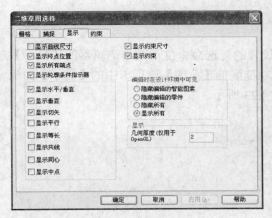

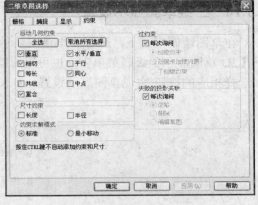

图 4.20 【显示】选项卡   图 4.21 【约束】选项卡

4.1.9 草图正视

在模型中绘制二维草图时，为了便于操作，可以使草图平面正向。在实际操作中，可以选择实体的某个面来建立草图平面，然后使用正视功能来使该草图平面正视，具体操作步骤如下：

（1）单击【视向】工具条的 📂 【指定面】按钮。

（2）拾取要正向显示的面，如拾取草图平面。

为了在某种设计场合下提高设计效率，可以按照以下方法进行设置。

（1）单击 ⏺ 【菜单浏览器】按钮，打开菜单浏览器，选择【工具】→【选项】命令，打开【选项】对话框。

（2）在【选项】列表框中选择【常规】，然后在【视向】选项组中设置如图 4.22 所示的视向，如选中【编辑草图时正视】和【退出草图时恢复原来的视向】复选框等。

（3）设置完成后单击【确定】按钮即可。

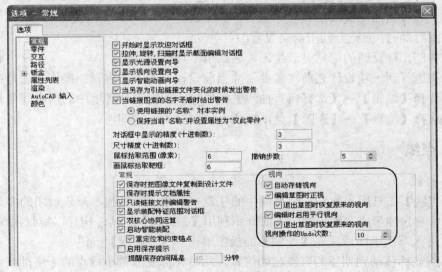

图 4.22　设置视向选项

4.1.10　二维草图显示设置

在草图绘制模式下，进行二维草图显示设置的复选命令位于菜单浏览器的【显示】→【2D草图显示】级联菜单中，也可以通过功能区的【草图】选项卡中的【显示】面板来选择相应的按钮,实现草图显示设置，如图4.23所示。

图4.23　【显示】面板

4.2　二维草图绘制

CAXA实体设计2009提供了二维绘图和二维辅助绘图工具来完成草图绘制。

4.2.1　二维绘图工具

二维绘图工具集中在功能区的【草图】选项卡的【绘制】面板上，如图4.24所示。【绘制】面板中包括直线、矩形、圆、圆弧、椭圆和样条曲线等多种绘图工具按钮。

初进设计环境时，【绘制】面板中的工具按钮呈灰色显示，处于非激活状态。当进入二维设计环境后，该工具按钮随即被激活。

图4.24　【绘制】面板

在草图绘制时，应充分利用前文设置的各种功能，通过智能光标反馈的信息灵活绘图，达到事半功倍的效果。

每次在进行新一项设计之前，需要清除当前设计环境中的内容。操作方法是在菜单浏览器中选择【编辑】→【选择所有曲线】菜单项，此时设计环境中的所有线条呈现黄色，然后选择【编辑】→【删除】菜单项或直接按Delete键即可。

4.2.2　2点线

1．2点线

【2点线】工具用于绘制二维草图中的任意一条或一组直线，形成封闭的多边形截面，进而将它拉伸形成三维模型。下面介绍利用【2点线】工具，构建二维封闭图形。

（1）进入草图平面后，在【绘制】面板中单击 【2点线】按钮。

（2）将光标移动到期望的直线起始位置，此时光标变成带小绿点的十字准线。

（3）单击鼠标左键，生成直线的第一个端点。

（4）将光标移动到直线的另一个端点位置，单击鼠标左键并释放，生成直线的第二个端点，并结束直线绘制。用户也可以在命令管理栏的【属性】查看栏中输入点的坐标来指定直线的端点，如图 4.25 所示，或者从单击鼠标右键弹出的对话框中输入一个精确的长度和倾斜值，单击【确定】按钮来完成第二个端点的绘制，如图 4.26 所示。

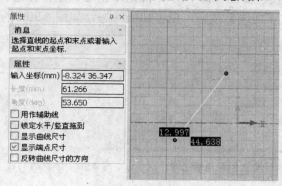
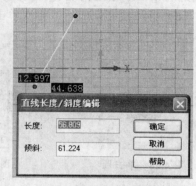

图 4.25　绘制 2 点线　　　　　图 4.26　【直线长度/斜度编辑】对话框

利用【2 点线】工具绘制直线时，当移动鼠标拖动的直线处于与栅格轴平行或垂直位置时，可以看到在拖动线的一侧有代表平行或垂直关系的深蓝色符号。

如果想构成连续的直线，就应让光标在前一直线或曲线的端点处移动，直至光标由小绿圆点变成较大绿圆点为止，此时单击鼠标左键，就可从先前直线或曲线的端点引出另一条线段。

（5）当直线绘制完成后，再次单击 ⁄ 【2 点线】按钮，退出 2 点线状态。

对绘制后的直线，可以把鼠标放在直线的端点上，单击鼠标右键，在弹出的快捷菜单中选择相应选项进行二次编辑，如图 4.27 所示。

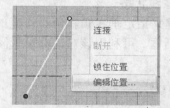
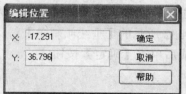
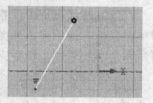

图 4.27　点的二次编辑

（a）鼠标右键快捷菜单；（b）【编辑位置】；（c）【锁定位置】。

如果出现任何未连接的端点，系统就会用红色的圆点标识出来，红点表示截面是敞开的。若想将它们封闭起来，在其中一个红点处单击，移动鼠标到另一个红点上，当出现较大的绿点（表示这两点可以连接）时释放鼠标即可。

2. 切线

【切线】工具用来绘制与圆、圆弧、圆角相切的直线。绘制切线的具体步骤如下：

（1）首先在栅格上画一个圆，作为切线的参考图素。

（2）在【绘制】面板中单击 ⌒ 【切线】按钮。

（3）单击该圆圆周上的任意点（指定直线与该圆相切关系），如图 4.28 所示。

（4）将光标移开圆周，此时出现一条与圆相切的直线。光标在圆周外移动时，直线的第一个端点就沿着该圆的圆周移动，并一直保持与圆相切，同时，相切位置处始终伴随一对深蓝色的平行线提示符。

（5）在指定位置单击鼠标以确定切线的第二个端点。还可以单击鼠标右键并在随之弹出的对话框中指定精确的长度值和斜度，如图4.29所示，然后单击【确定】按钮。

（6）直线绘制完成后，再次单击 🖝【切线】按钮，退出切线状态，如图4.30所示。

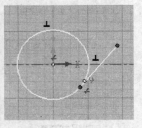

图4.28　单击圆　　　　　　图4.29　设置倾斜角和长度　　　　图4.30　绘制的切线

3. 法线

【法线】工具用于绘制与其他直线或曲线垂直的直线。绘制法线的具体步骤如下：

（1）在【绘制】面板中单击 🖝【法线】按钮。

（2）单击圆周上的任一点（用于指定直线与圆的正交关系）。

（3）将光标从圆周上移开，此时出现一条与圆垂直的直线。光标在圆周外移动时，直线的第一个端点就沿着圆周移动，直线与圆一直保持垂直关系，同时，垂直位置处始终有一个深蓝色垂直提示符，如图4.31所示。

（4）在指定位置单击鼠标取得直线的第二个端点，获取一个近似长度的直线；或单击鼠标右键并在随之出现的对话框中指定一个精确的长度值和斜度，然后单击【确定】按钮。

（5）完成该直线后，再次单击 🖝【法线】按钮，退出法线状态。

在绘制法线过程中，指定参考曲线后，可以按鼠标右键来指定垂线倾斜角和长度。即单击鼠标右键后弹出如图4.32所示的【垂线倾斜角】对话框，可利用该对话框设置倾斜角和角法线长度，设置完成后单击【确定】按钮。

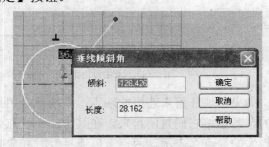

图4.31　动态出现法线和垂直符号　　　　　图4.32　【垂线倾斜角】对话框

4. 绘制连续轮廓线

【连续直线】工具用以绘制由直线和圆弧组合而成的相切轮廓线。绘制连续轮廓线的具体步骤如下：

（1）在【绘制】面板中单击 ⌐◠【连续直线】按钮。

（2）在草图面中指定第一点。

78

（3）在命令管理栏中设置相关的选项，可以在绘制直线和绘制圆弧间切换，如图4.33所示。

（4）指定下一点，完成第一段线段的绘制，继续绘制轮廓线的其他线段。

示例：连续轮廓线。

（1）在【绘制】面板中单击 【连续直线】按钮。

（2）在草图面中指定原点为第一点。

（3）在命令管理栏的【输入坐标】文本框中输入"50 0"（50和0之间要用空格隔开），按Enter键确定。

（4）单击【切换直线/圆弧】按钮，切换到绘制圆弧状态。

（5）在直线上方的适当位置单击鼠标右键，弹出【编辑半径】对话框。设置半径为12，角度为180°，如图4.34所示。然后单击【确定】按钮。

图4.33　命令管理栏

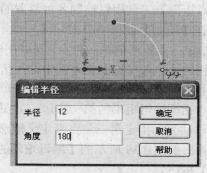

图4.34　编辑半径和角度

（6）确保接下去要绘制的是直线，在命令管理栏的【输入坐标】文本框中输入"0 24"（0和24之间要用空格隔开），按Enter键确定。也可以分别在【长度（mm）】文本框和【角度（deg）】文本框中输入相应的值。

（7）单击【切换直线/圆弧】按钮，切换到绘制圆弧状态。

（8）选择连续轮廓线起点，从而完成如图4.35所示的"跑道形"连续轮廓线。按Esc键结束操作。

5．绘制多边形

绘制多边形的工具按钮有 □ 【长方形】、◇ 【三点矩形】和 ⬡ 【多边形】。

1）绘制长方形

【长方形】工具用以绘制矩形。绘制长方形的具体步骤如下：

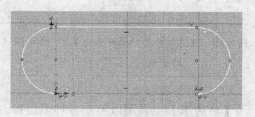

图4.35　完成的连续轮廓线

（1）在【绘制】面板中单击 □ 【长方形】按钮。

（2）指定长方形的第一角点，也可以输入第一角点的坐标值，按Enter键确定。

（3）使用鼠标或输入坐标（图4.36）的方式指定长方形的第二角点。也可以在草图中单击鼠标右键，利用打开的【编辑长方形】对话框设置长方形的长度和宽度，如图4.37所示，然后单击【确定】按钮。

（4）绘制完成后再次单击 ▭【长方形】按钮结束命令。

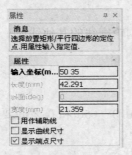
图 4.36　输入坐标

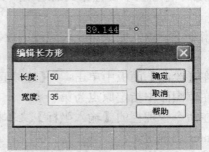
图 4.37　编辑长方形

2）绘制三点矩形

【三点矩形】工具用以绘制各种斜置的矩形。绘制三点矩形的具体步骤如下：

（1）在【绘制】面板中单击 ◇【三点矩形】按钮。

（2）指定三点矩形的第一角点。既可在栅格上单击一点作为第一角点，也可以在【属性】查看栏的【输入坐标】文本框中输入角点坐标，按 Enter 键确定。

（3）指定三点矩形的第二角点，或者单击鼠标右键并利用弹出来的【编辑矩形的第一条边】对话框编辑矩形的第一条边，如图 4.38 所示。

（4）移动光标指定第三角点来定义矩形。也可以将光标移动到某一个位置后单击鼠标右键，弹出如图 4.39 所示的【编辑矩形的宽度】对话框，来设置矩形的宽度，然后单击【确定】按钮。

（5）可以继续绘制另一个矩形。绘制完后按 Esc 键结束命令。绘制的斜置矩形如图 4.40 所示。

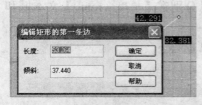
图 4.38　【编辑矩形的第一条边】
对话框

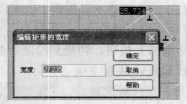
图 4.39　【编辑矩形的宽度】
对话框

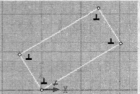
图 4.40　斜置的矩形

3）绘制多边形

【多边形】工具用以绘制各种多边形。绘制多边形的具体步骤如下：

（1）在【绘制】面板中单击 ⬠【多边形】按钮。

（2）指定多边形的中心点。既可在栅格上单击一点作为中心点，也可以在【属性】查看栏的【输入坐标】文本框中输入中心点坐标，按 Enter 键确定。

（3）移动光标，则在草图平面中看到动态显示的默认正多边形。用户可以在如图 4.41 所示的【属性】查看栏中设置多边形的边数，并根据设计要求选择【外接】或【内接】单选按钮，在【半径】文本框中输入内切圆或外接圆的半径值，在【角度】文本框中输入角度值，按 Enter 键完成一个多边形的绘制。

（4）绘制完成后，按 Esc 键或再次单击 ⬠【多边形】按钮结束命令。

在单击 ⬠【多边形】按钮并指定多边形的中心后，如果在草图区域单击鼠标右键，则弹出如图 4.42 所示的【编辑多边形】对话框，在该对话框中参数设置，可以完成多边形的精确绘制。

绘制的五边形效果如图 4.43 所示。

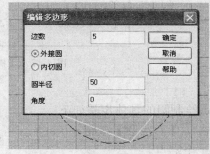
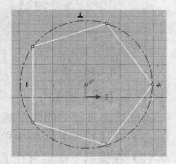

图 4.41　【属性】查看栏　　图 4.42　【编辑多边形】对话框　　图 4.43　五边形效果

6. 绘制圆形

CAXA 实体设计 2009 提供的绘制圆的工具按钮有 ⊙【圆心+半径】、○【两点圆】、○【三点圆】、○【一切点+两点】、○【两切点+一点】、○【三切点】。下面介绍这些工具按钮的应用。

1）⊙【圆心+半径】

通过指定圆心+半径绘制圆的具体步骤如下：

（1）在【绘制】面板中单击 ⊙【圆心+半径】按钮。

（2）指定圆的圆心。既可在栅格上单击一点作为圆心，也可以在【属性】查看栏的【输入坐标】文本框中输入圆心坐标，按 Enter 键确定，如图 4.44 所示。

（3）指定圆上一点来确定半径，也可以在【属性】查看栏【半径】文本框中输入半径值或者在【输入坐标】文本框中输入圆上一点坐标，按 Enter 键确定。如果指定圆心后，在草图平面中将光标拖动一定距离后单击鼠标右键，则打开如图 4.45 所示的【编辑半径】对话框，在文本框中设置所需的半径，然后单击【确定】按钮。

图 4.44　输入圆心坐标　　　　　　图 4.45　【编辑半径】对话框

绘制完如图 4.46 所示的圆后，结束绘制圆命令，可以选中该圆，然后单击鼠标右键，从弹出的快捷菜单中选择【曲线属性】命令，则打开如图 4.47 所示的【椭圆】对话框，从中可以查看和编辑该圆的属性，完成后单击【确定】按钮即可。

81

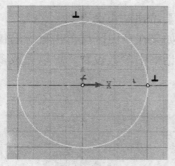

图 4.46 绘制圆

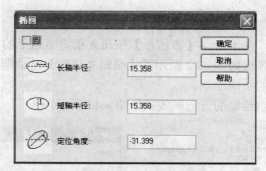

图 4.47 【椭圆】对话框

2）○【两点圆】

通过指定直径上的两个端点绘制圆的具体步骤如下：

（1）在【绘制】面板中单击○【两点圆】按钮。

（2）在提示下指定直径上一个端点。

（3）在提示下指定直径上的另一个端点，如图 4.48 所示，完成圆的绘制。

（4）再次单击○【两点圆】按钮，可结束绘制。

采用此法绘制圆时，直径上的两个端点都可以在【属性】查看栏【输入坐标】文本框中输入坐标，按 Enter 键确定，如图 4.48 所示。

3）○【三点圆】

通过指定三个点绘制圆的具体步骤如下：

（1）在【绘制】面板中单击○【三点圆】按钮。

（2）在提示下指定圆周上第一个点。

（3）在提示下指定圆周上第二个点。

（4）在提示下指定圆周上第三个点，从而绘制一个圆，如图 4.49 所示。

在指定两点后，移动光标时，将拖出一个圆包含前两个点和鼠标当前位置点的圆。此时可单击鼠标右键，利用弹出的【编辑半径】对话框设置半径完成圆的绘制。

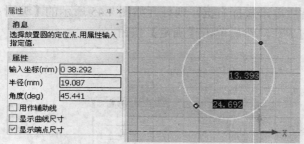

图 4.48 指定 2 点绘制圆

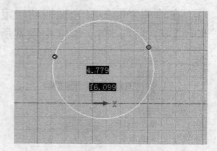

图 4.49 指定三个点绘制圆

4）○【一切点+两点】

【一切点+两点】工具用以生成一个与圆、圆弧、圆角、直线图素相切的圆。

假设在设计环境中，事先已绘制好一个圆，下面给出绘制一个与已知曲线相切圆的步骤。

（1）在【绘制】面板中单击○【一切点+两点】按钮。

82

（2）单击已知圆周上的任一点以指定参考曲线。此时，圆上选定点处将出现一个青色标记，表明将要生成的圆与该圆相切，如图 4.50 所示。

（3）移动光标，在合适位置处单击，以指定圆上一点。此时出现一个与已知圆相切的新圆。新圆的大小与鼠标当前位置到已知圆圆心距离有关，如图 4.51 所示。

（4）在合适的位置（视圆大小而定）处单击鼠标左键或者单击鼠标右键，在弹出的对话框中输入特定的半径值，单击【确定】按钮，完成新圆绘制。

（5）再次单击 ⊙【一切点+两点】按钮，退出"一切点+两点"绘制状态，如图 4.52 所示。

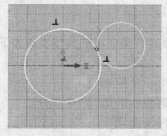 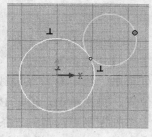 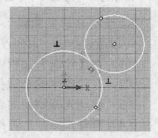

图 4.50　指定参考曲线　　　图 4.51　指定圆上一点　　　图 4.52　绘制相切圆

另外，【两切点+一点】（与两个已知对象相切并通过圆外一点绘制圆，如图 4.53 所示）和【三切点】（与三个已知对象相切绘制圆，如图 4.54 所示）这两个绘制圆工具与【一切点+两点】工具绘制过程基本相同，这里就不再重复了。

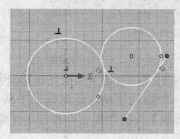 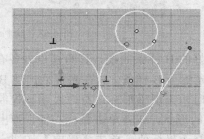

图 4.53　"两切点+一点"画圆　　　图 4.54　"三切点"画圆

7. 绘制单一圆弧

CAXA 实体设计 2009 提供了三种绘制单一圆弧的工具按钮：⌒【两端点】按钮、⌒【三点】按钮和 ⌒【圆心+端点】按钮。

【两端点】工具用于生成一个半圆弧。

（1）在【绘制】面板中单击 ⌒【两端点】按钮。

（2）在绘图区单击，确定圆弧的起始端点。

（3）移动光标，在合适的位置处再次单击，或者单击鼠标右键并在弹出的对话框中输入半径值，给定圆弧的终止端点，单击【确定】按钮。

（4）再次单击 ⌒ 工具，退出圆弧绘图状态，如图 4.55 所示。

（5）如果希望生成封闭圆弧（形成饼状），可利用【直线】生成工具将该圆弧的两个端点连在一起。

另外，用 ⌒【圆心+端点】工具可以生成一个非半圆弧，操作方法是，首先定义该圆弧的圆心，然后确定圆弧的两个端点，如图 4.56 所示。也可用 ⌒【三点】工具生成圆弧，其中 1 点、2 点为圆弧的两个端点，第三点在 1 点、2 点之间，如图 4.57 所示。

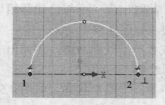 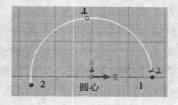 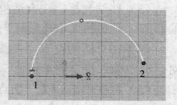

图 4.55　"两端点"半圆　　图 4.56　"圆心+端点"圆弧　　图 4.57　"三点"圆弧

8. 绘制 B 样条曲线

可以通过指定一系列点用于生成连续的 B 样条曲线。绘制 B 样条曲线的具体步骤如下：

（1）在【绘制】面板中单击 ⌒【B 样条】按钮。

（2）在绘图区的合适位置处单击，给定 B 样条曲线的第一个控制点。

（3）移动光标到新的合适位置，再次单击，给定 B 样条曲线的第二个控制点。

（4）重复步骤（3），给定一系列控制点，得到一条 B 样条曲线。

（5）再次单击 ⌒【B 样条】按钮，退出 B 样条绘图状态。绘制的 B 样条曲线如图 4.58 所示。

图 4.58　绘制 B 样条曲线示例

绘制好的 B 样条曲线，其两端点处各有一个红色亮点，中间的控制点以小白方框显示。移动光标至 B 样条上，在光标处出现 B 样条标记符，当进一步把光标移动到 B 样条控制点上时，出现手形标记符，表明该控制点是一个拖动手柄。此时拖动手柄，就能改变 B 样条的形状，或者单击鼠标右键，弹出【编辑值】快捷菜单，在打开的【编辑位置】对话框中修改坐标值，单击【确定】按钮完成编辑。

9. 绘制 Bezier 曲线

可以通过指定一系列点生成过点的 Bezier 曲线。绘制 Bezier 曲线的具体步骤如下：

（1）在【绘制】面板中单击 ⌒【Bezier 曲线】按钮。

（2）在绘图区的合适位置处单击，给定 Bezier 曲线的第一个控制点。

（3）移动光标到新的合适位置，再次单击，给定 Bezier 曲线的第二个控制点。

（4）重复步骤（3），给定一系列控制点，得到一条 Bezier 曲线。

（5）再次单击 ⌒【Bezier 曲线】按钮，结束操作。绘制的 Bezier 曲线如图 4.59 所示。

用户可以通过拖动中间的控制点或鼠标右键快捷菜单实现对 Bezier 曲线的修改编辑，如图 4.60 所示。

10. 绘制椭圆

（1）在【绘制】面板中单击 ⊕【椭圆】按钮。

（2）指定椭圆中心。可以单击鼠标左键指定，或者在【属性】查看栏的【输入坐标】文本框中输入坐标值（如 0　20），按 Enter 键确定。

84

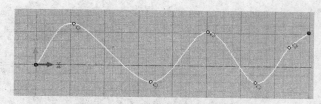

图 4.59　绘制的 Bezier 曲线

图 4.60　鼠标右键快捷菜单

（3）系统提示指定椭圆长轴半径。可以将光标移动到合适位置后单击鼠标右键，弹出【椭圆长轴】对话框，在该对话框中设置椭圆的长轴参数，如图 4.61 所示，然后单击【确定】按钮。也可以在【属性】查看栏的【输入坐标】文本框中输入长轴端点的坐标或在【半径】、【角度】文本框中输入相应值，按 Enter 键确定。

（4）系统提示指定椭圆短半轴半径。单击鼠标右键，弹出【编辑短轴】对话框，在该对话框中输入短轴参数，如图 4.62 所示，然后单击【确定】按钮。

（5）可以继续绘制其他椭圆。再次单击 ⊕ 工具退出绘图状态。

绘制的椭圆如图 4.63 所示。

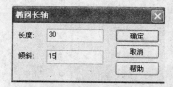

图 4.61　【椭圆长轴】对话框

图 4.62　【编辑短轴】对话框　　图 4.63　绘制的椭圆

11. 绘制椭圆弧

可以通过指定五个点来绘制一段椭圆弧。绘制椭圆的具体操作步骤如下：

（1）在【绘制】面板中单击 ⊙ 【椭圆弧：5 点】按钮。

（2）指定一点作为椭圆弧的中心。

（3）在栅格上单击一点确定椭圆弧的长轴半径，或者单击鼠标右键并利用弹出的对话框设定长轴参数。

（4）在栅格上单击一点确定椭圆弧的短轴半径，或者单击鼠标右键并利用弹出的对话框设定短轴参数。

（5）移动光标，则黄色圆弧随之移动，单击一点确定椭圆弧的起始点，或者单击鼠标右键并利用弹出的对话框设置起始角度。

（6））移动光标，则黄色圆弧随之移动，单击一点确定椭圆弧的终止点，或者单击鼠标右键并利用弹出的对话框设置末端角度。

（7）再次单击 ⊙ 【椭圆弧：5 点】按钮，结束椭圆弧绘制。

绘制的椭圆弧如图 4.64 所示。

12. 绘制点

在【绘制】面板中单击 °【绘制点】按钮，然后在草图基准面中指定位置即可绘制一个点，可以继续绘制其他的点，再次单击 °【绘制点】按钮结束命令。绘制的点在草图中的显示样式如图 4.65 所示。

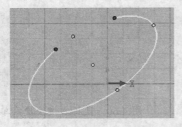

图 4.64 绘制的椭圆弧

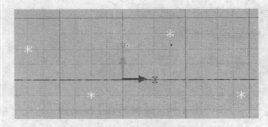

图 4.65 绘制点的示例

13. 绘制公式曲线

在【绘制】面板中单击 $\approx$【公式曲线】按钮，系统将弹出如图 4.66 所示的【公式曲线】对话框。在该对话框中可以设置坐标系、可变单位、表达式等，并可以预览公式曲线的属性。然后单击【确定】按钮，即可完成公式曲线的绘制。绘制公式曲线的示例如图 4.67 所示。

图 4.66 【公式曲线】对话框

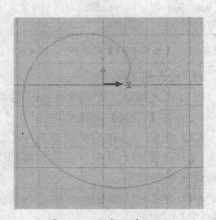

图 4.67 公式曲线示例

4.2.3 辅助线/构造线

CAXA 实体设计 2009 为用户提供了一些生成复杂二维草图而绘制辅助线/构造线的工具。构造线通常只用来辅助绘制草图，而不用来生成实体或曲面。

1. 【二维辅助线】工具

在绘制一个复杂的二维截面时，有时要参考一些已知的几何线条。【二维辅助线】工具就是用于绘制这些起辅助作用的几何线条的，这些线条可能是直线或曲线，长度为无限长。

【二维辅助线】工具条如图 4.68 所示。从左至右各按钮的功能如下：

（1） 【构造直线】工具。生成一条任意方向上无限长的构造直线。

（2）┆【垂直构造直线】工具。生成一条无限长的垂直构造直线。

（3）┅【水平构造直线】工具。生成一条无限长的水平构造直线。

（4）╲【构造切线】工具。生成与已知曲线相切的无限长构造直线。

（5）╱【构造垂线】工具。生成与已知直线或曲线正交的无限长构造直线。

（6）┅【角等分线构造线】工具。生成一条平分两条相交直线夹角的构造直线。

下面以生成"角等分线"为例，介绍二维辅助线的操作步骤。

假设在设计环境中已经存在一对相交直线。

（1）单击┅【角等分线构造线】按钮。

（2）单击构成夹角的两条相交直线中的一条。

（3）单击构成夹角的两条相交直线中的另一条。

在两条相交直线之间则出现一条无限长的辅助直线，即夹角的角平分线，如图 4.69
所示。

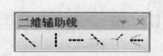

图 4.68　【二维辅助线】工具条

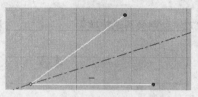

图 4.69　绘制角等分线构造线

2. 构造辅助几何

【绘制】面板中的╠┤【构造】是很实用的，使用它可以把绘制的曲线定义为构造辅
助几何。该工具通常与其他二维草图绘制工具同时使用。

示例： 绘制带有构造辅助线的草图。

（1）进入草图绘制环境，在【绘制】面板中单击╠┤【构造】按钮和⊙【圆：圆心+
半径】按钮，使两个按钮同时处于被选中的状态。

（2）在草图栅格中选择一点作为圆的圆心。此时，在状态栏出现"在圆上指定一点
或按右键指定半径"的提示信息。而在属性管理栏中，【用作辅助线】复选框被选中，如
图 4.70 所示。

（3）在草图栅格中单击鼠标右键，在弹出的【编辑半径】对话框中设置半径为 40，
如图 4.71 所示，然后单击【确定】按钮。绘制的构造辅助圆如图 4.72 所示。它以特定的
颜色加亮显示，表示该圆作为辅助圆。

图 4.70　选中【用作辅助线】复选框

图 4.71　编辑半径

（4）在【绘制】面板中再次单击 ⟲ 【构造】按钮取消其选中状态，而 ⊘ 【圆：圆心+半径】按钮仍然处于被选中状态。

（5）分别绘制四个半径为 12 的圆，如图 4.73 所示。

用户可以选中对象，利用鼠标右键快捷菜单的【作为构造辅助元素】选项，实现辅助元素与实线元素的转换，如图 4.74 所示。

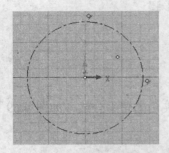
图 4.72　绘制的构造辅助圆

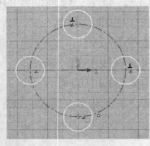
图 4.73　绘制 4 个圆

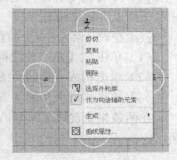
图 4.74　元素转换

4.3　二维草图约束工具

二维约束工具用于对现有的几何图形建立约束关系，应用约束关系后的几何图形将重新定位，并以红颜色的关系符作为标记。

对于已经存在的约束关系，可以设置是否锁定。方法是将光标移动到其约束关系符处，当光标变成小手形状时单击鼠标右键，打开一个快捷菜单，从中选择【锁定】命令即可。

CAXA 实体设计 2009 中的二维草图约束工具集中在【草图】功能区选项卡的【约束】面板中，如图 4.75 所示。

1. 垂直约束

【垂直约束】用于在两条已知线段之间建立垂直几何约束关系。假设在设计环境中已经存在两条线段，建立和取消它们之间的垂直约束过程如下：

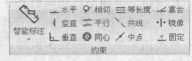
图 4.75　【约束】面板

（1）如果两条线段之间已经存在所需要的垂直关系（有红色的垂直标记符），则只须将光标移动到红色垂直关系符上，此时光标变成小手形状，单击鼠标右键后从弹出的菜单中选择【锁定】选项。

（2）如果两线段之间没有所需要的垂直关系，则应从【约束】面板中单击 ⊥ 【垂直约束】按钮。

（3）单击两线段中任意一条，此时选定线段上将出现一个天蓝色十字标记。

（4）单击第二条线段，所选的两条线段立即重新定位，并在它们垂直相交处（或延长后相交处）出现一个红色的垂直约束标记符。添加的垂直约束如图 4.76 所示。

（5）如果要取消该约束条件，应先回到选择状态，然后移动光标到红色垂直标记符上，光标变成小手形状，单击鼠标右键，从弹出的快捷菜单中取消【锁定】的选择"√"标记。

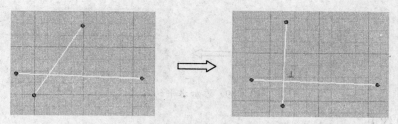

图 4.76 添加垂直约束

2. 相切约束

【相切约束】用于在已有的两条线段之间建立相切几何约束关系。

（1）从【约束】面板中单击 ✋ 【相切约束】按钮。

（2）单击其中一条线段，一个天蓝色标记出现在选定点上。

（3）单击另一条线段。这两条线立即重新定位实现相切约束，同时在切点位置处出现一个红色的相切约束标记符。

（4）再次单击 ✋ 【相切约束】按钮，退回到选择状态。添加的相切约束如图 4.77 所示。

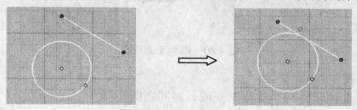

图 4.77 添加相切约束

3. 平行约束

【平行约束】用于在已有的两条线段之间建立一种平行约束关系。

（1）从【约束】面板中单击 ⚎ 【平行约束】按钮。

（2）单击两条线段中的其中一条，线段上出现一个天蓝色标记符。

（3）单击另一条线段，第二条线段将立即调整为与第一条线段保持平行。此时在两线段上都将出现一个红色的平行约束标记符。

（4）再次单击 ⚎ 【平行约束】按钮，退回到选择状态。添加的平行约束如图 4.78 所示。

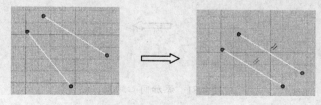

图 4.78 添加平行约束

4. 水平约束

【水平约束】用于将一条倾斜直线调整为水平线。

（1）从【约束】面板中单击 ▬ 【水平约束】按钮。

（2）单击要建立水平约束的直线，所选定的直线将立即调整成水平方位。

（3）再次单击 ▬ 【水平约束】按钮，退回到选择状态。添加的水平约束如图 4.79 所示。

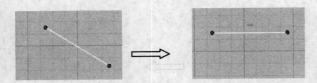

图 4.79　添加水平约束

5. 竖直约束

【竖直约束】用于将一条倾斜直线调整为竖直直线。

（1）从【约束】面板中单击 ‖【竖直约束】按钮。

（2）单击要建立竖直约束的直线，所选定的直线将立即调整成竖直方位。

（3）再次单击 ‖【竖直约束】按钮，退回到选择状态。添加的竖直约束如图 4.80 所示。

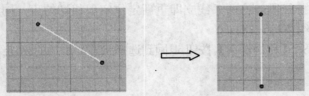

图 4.80　添加竖直约束

6. 同心约束

【同心约束】用于将两个错位圆变成一对同心圆。

（1）在【约束】面板中单击 ◎【同心约束】按钮。

（2）单击需要建立同心圆关系的其中一个圆，选定圆的圆周上将出现一个天蓝色的标记符。

（3）单击第二个圆，系统立即对第二个圆进行重新定位，移动到与第一个圆处于同心的位置。此时，在两圆的圆心位置处出现一个红色的同心圆约束标记符号。

（4）再次单击 ◎【同心约束】按钮，退回到选择状态。添加的同心约束如图 4.81 所示。

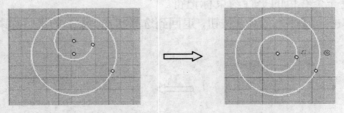

图 4.81　添加同心约束

7. 尺寸约束

【尺寸约束】用于给一条线段添加尺寸约束条件。

（1）在【约束】面板中单击 ╲【尺寸约束】按钮。

（2）单击要应用尺寸约束的线段。

（3）移动光标离开该线段（注意：随着光标移动方向的不同，曲线的标注内容也不同）在理想的尺寸显示位置，单击鼠标左键。

（4）再次单击 ✎【尺寸约束】按钮，退回到选择状态。此时，将显示出一个红色的尺寸约束符号和尺寸值，如图 4.82 所示。

（5）若要编辑尺寸值或修改尺寸线的位置，应先退回到选择状态，移动光标至尺寸箭头上或尺寸数值上，当光标变成小手形状时，拖动尺寸线即可改变尺寸线的位置。用鼠标右键单击尺寸箭头，在随之弹出的菜单中选择【编辑】，在【编辑长度】中输入一个数值，单击【确定】按钮，该线长度即作相应改变，如图 4.83 所示。

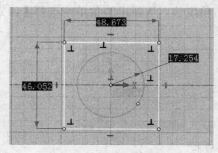

图 4.82　建立尺寸约束

图 4.83　用鼠标右键单击尺寸的快捷菜单

（6）如果要解除该尺寸约束关系，用鼠标右键单击尺寸箭头或尺寸数值，在弹出的菜单上取消对【锁定】的选择。

（7）如果要清除尺寸约束和尺寸标注，可在尺寸数值上单击鼠标右键并在弹出的菜单上选择【删除】选择。

8. 等长度约束

【等长度约束】是将一条线段的长度修改为与另一条线段的长度相等。

（1）在【约束】面板中单击 ☰【等长度约束】按钮。

（2）单击要应用等长度约束线段中的第一条。此时，选定线段上出现一个天蓝色标记符。

（3）单击第二条线段后，第一条线段立即修改为长度与第二条线段相等。此时，两条曲线上都将出现红色的等长度约束标记符。

（4）再次单击 ☰【等长度约束】按钮，退回到选择状态。添加的等长度约束如图 8.84 所示。

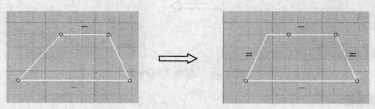

图 4.84　添加等长度约束

9. 角度约束

【角度约束】是在两条已知线段之间生成一定角度的约束条件。

（1）在【约束】面板中单击 ∠【角度约束】按钮。

（2）单击要应用角度约束的两条线段中的第一条线段。被选定的线段上将出现一个天蓝色的标记符。

（3）单击第二条线段。

（4）两条线段相交产生四个角，移动鼠标选择添加标记的角。一旦单击鼠标，在两条线段的夹角上将出现一个红色的角度标注约束符号。

（5）再次单击∠【角度约束】按钮，退回到选择状态。

（6）若要编辑角度尺寸值，可用鼠标右键单击尺寸值，从弹出的菜单中选择【编辑】。在【编辑】对话框中输入需要的尺寸数值，单击【确定】按钮。

（7）如果要解除角度约束，可用鼠标右键单击角度值，从弹出的菜单中选择【锁定】或【删除】选项。添加的角度约束如图 4.85 所示。

图 4.85　添加角度约束

10. 共线约束

【共线约束】是将一条线段调整到另一条线段的延长线上或与其重合（视两线相对位置而定），形成共线。

（1）在【约束】面板中单击↘【共线约束】按钮。

（2）单击要应用共线约束线段中的第一条线段，选定线段上随即出现一个天蓝色标记符。

（3）单击第二条线段，第二条线段随即与第一条线段形成共线。此时，两条线段上将同时出现红色的共线约束标记符。

（4）再次单击↘【共线约束】按钮，退回到选择状态。添加的共线约束如图 4.86 所示。

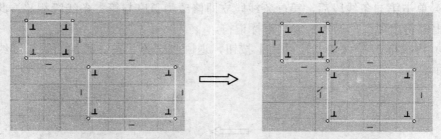

图 4.86　添加共线约束

11. 中点约束

【中点约束】是指将选定的一个顶点或圆心约束到指定对象的中点处。

（1）在【约束】面板中单击✗【中点约束】按钮。

（2）选择一顶点或圆心。

（3）选择要将顶点或圆心约束到其中心的对象即可。

（4）再次单击✗【中点约束】按钮，退回到选择状态。添加的中点约束如图 4.87 所示。

92

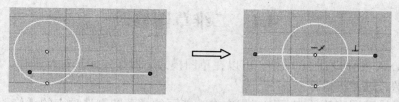

图 4.87　添加中点约束

12. 重合约束

使用 ⏤✓【重合约束】按钮可以将曲线端点等约束到草图中的其他元素处。如图 4.88 所示，将一条直线的下端点重合约束到指定的水平线上。

要建立重合约束，在【约束】面板中单击 ⏤✓【重合约束】按钮，然后选中要重合的对象元素即可。重合约束后，对象元素的长度不变。

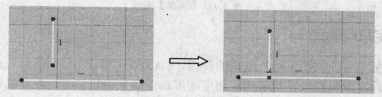

图 4.88　添加重合约束

13. 固定几何约束

建立固定几何约束，可以使被约束的图形固定下来，不作改变。其操作步骤如下：

（1）在草图平面绘制所需的图形，如绘制一个圆，如图 4.89 所示。

（2）在【约束】面板中单击 三【固定几何约束】按钮。

（3）选中要约束的曲线。在这里选中已经绘制好的圆，在圆中即显示固定几何约束符，如图 4.90 所示。

（4）再次单击 三【固定几何约束】按钮，则结束操作。

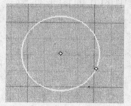

图 4.89　绘制图形

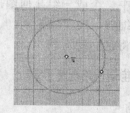

图 4.90　建立固定几何约束

14. 弧长约束与弧角度约束

可以为圆弧创建弧长约束或弧度角约束。相应的工具按钮分别为【约束】面板中的 ⌒【弧长约束】按钮和 ⌒【弧度角约束】按钮。两者的创建方法是一样的，即单击约束工具按钮后，选取圆弧，指定文字位置即可，如图 4.91 所示，分别为弧长约束和弧度角约束。

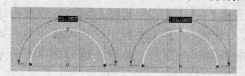

图 4.91　创建的弧长约束和弧度角约束

4.4　二维草图修改

在 CAXA 实体设计 2009 中，可以在草图模式下对指定图形进行平移、旋转、缩放、偏置、镜像、过渡等操作。

有关二维草图修改的工具按钮集中在功能区的【草图】选项卡的【修改】面板中，如图 4.92 所示。

图 4.92　【修改】面板

4.4.1　选定几何图形

选定目标是对几何图形进行编辑的前提。CAXA 实体设计 2009 对几何图形编辑的方法是，先选定编辑对象，然后选取相应的编辑工具来编辑修改对象。其中，选定对象的操作方法有以下几种。

（1）直接单击对象选定。

（2）按住 Shift 键的同时，依次单击多个对象，可选定一组对象。

（3）以鼠标右键单击截面图形中的其中一条线，从弹出的快捷菜单中选择【选择外轮廓】选项，系统就会选中与该线条相连的所有几何图形。

（4）通过在设计环境中拖出矩形选择框框住对象的方法，可选定一个几何元素集。

（5）在菜单浏览器中选择【编辑】→【全选】命令，则当前绘图区中所有几何图形均被选定。

一旦选中一个或一组几何图形，就可以将这些选中的几何图形作为一个整体进行移动、旋转或缩放，或将它们剪切、复制并粘贴到一个新位置，还可以将它们拖动到一个目录中，或将它们删除。

4.4.2　二维草图修改工具

1．倒角

可以在二维图形中快速创建一个或多个倒角。倒角的类型有三种，即距离倒角、两边距离倒角和距离/角度倒角。

下面以在一个长方形中创建倒角为例介绍创建倒角的操作方法。

（1）进入草图栅格中，绘制一个长为 55、宽为 35 的长方形，如图 4.93 所示。

（2）在【修改】面板中单击 □【倒角】按钮。

（3）出现【属性】查看栏，从【倒角类型】下拉列表框中选择相应选项，并在【距离（mm）】、【距离/角度（mm/deg）】文本框中设置相应参数，如图 4.94 所示。

（4）单击长方形中两条直线共享的一个顶点或分别单击两条线段，生成不同类型的倒角，如图 4.95 所示。

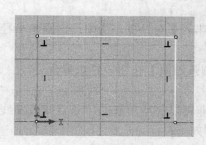

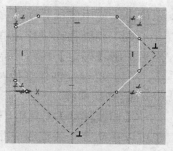

图 4.93　绘制的长方形　　　图 4.94　设置倒角类型和参数值　　　图 4.95　绘制的倒角效果

（5）再次单击□【倒角】按钮，结束操作。

2．圆角过渡

可以将相连曲线的夹角进行圆角过渡（即圆弧过渡）。创建圆角过渡主要有以下两种方式。

方式一：选择顶点进行圆弧过渡。

（1）在【修改】面板中单击□【圆弧过渡】按钮。

（2）将光标移动到需要进行圆角过渡的顶点处，单击该顶点，然后拖动即可看见圆角过渡效果。

（3）单击确定该圆角过渡。如果需要精确设置圆角半径，则可以用鼠标右键单击圆角，打开【编辑半径】对话框，从中设定圆角半径，如图 4.96 所示，然后单击【确定】按钮。另外，可以采用鼠标右键拖动方式，利用【编辑半径】对话框完成圆角半径设定；或者在【属性】查看栏的【半径】文本框中精确设定圆角半径，如图 4.97 所示。

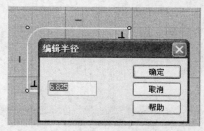

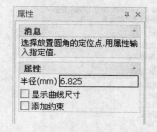

图 4.96　【编辑半径】对话框　　　　图 4.97　【属性】查看栏

（4）可继续创建其他圆角过渡。再次单击□【圆弧过渡】按钮，结束操作。

方式二：选择交叉线进行圆弧过渡。

可以对交叉/断开线进行圆角过渡，效果如图 4.98 所示。具体操作步骤如下：

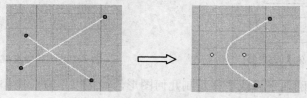

图 4.98　交叉线的圆角过渡

（1）在【修改】面板中单击□【圆弧过渡】按钮。

（2）系统在状态栏中给出"指定两条直线共享的一个顶点或者一条参考曲线"的提

示信息。使用鼠标分别选择两段要保留的部分。

（3）稍微移动鼠标，单击鼠标右键，弹出【编辑半径】对话框，从中设定圆角半径，然后单击【确定】按钮，完成该圆角半径的设定。

（4）可继续创建其他圆角过渡。再次单击 ⬚【圆弧过渡】按钮，结束操作。

3. 移动曲线

【曲线移动】工具用于移动二维几何图形元素，即可以移动单独的一条直线或曲线，也可以移动若干条直线或曲线。曲线移动的操作步骤如下：

（1）选择要移动的几何图形。

（2）在【修改】面板中单击 ⬚【曲线移动】按钮，出现【属性】查看栏，命令模式自动切换为【拖动实体】，而之前选择的要移动的几何图形被收集在【选择实体】收集器列表中，如图4.99所示。如果要增加或减少要移动的几何图形，可将模式切换为【选择实体】，然后选择要增加的几何图形或删除多选的几何图形，处理好后选择【拖动实体】单选按钮。

（3）根据需要确定【属性】查看栏中【拷贝】复选框的状态。

（4）移动光标到绘图区，箭头光标角点处出现圆点捕捉标志符，箭头光标尾部附近出现移动曲线提示符。按住鼠标左键指定一点并拖动鼠标，在拖动光标时，系统反馈在垂直和水平方向上移动的距离信息，如图4.100所示，直到拖到新位置后再释放鼠标左键。

（5）在【属性】查看栏中单击 ✓【完成】按钮，即可完成对几何图形的拖动平移。

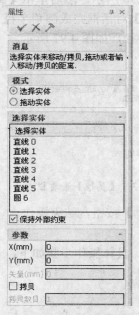

图4.99　【选择实体】收集器

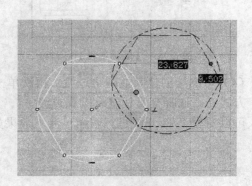

图4.100　鼠标左键平移操作

如果要实现精确地平移或平移复制几何图形，可按以下方法操作。

（1）选择要移动的几何图形。

（2）在【修改】面板中单击 ⬚【曲线移动】按钮。

（3）按住鼠标右键指定一点并拖动鼠标，将选定的几何图形拖动到新位置后释放鼠标右键，此时弹出一个快捷菜单，如图 4.101 所示。

（4）若选择【移动到这里】选项，则弹出如图 4.102 所示的【平移】对话框，在【水平】、【垂直】和【距离沿矢量方向】的文本框中输入具体值，单击【确定】按钮，可将原几何图形移动到设定位置。

如果选择【复制到这里】，则弹出如图 4.103 所示的【移动/拷贝】对话框，在【水平】、【垂直】、【距离沿矢量方向】和【拷贝的数量】的文本框中输入具体值，单击【确定】按钮，可完成移动复制操作。

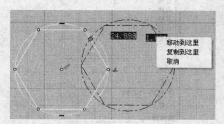  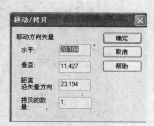

图 4.101　鼠标右键平移操作　　　图 4.102　【平移】对话框　图 4.103　【移动/拷贝】对话框

4. 缩放曲线

【缩放曲线】工具用于对几何图形进行比例变换。操作步骤如下：

（1）选择要缩放的几何图形。

（2）在【修改】面板中单击 □【缩放曲线】按钮。

（3）在草图栅格原点处出现一个尺寸较大的图钉，它定义了比例缩放的中心，如图 4.104 所示。如果要调整比例缩放中点，可将鼠标移动到图钉针杆接近钉帽的位置，此时鼠标变成手形，然后单击鼠标左键并拖动到所需位置后释放鼠标即可。用户可以根据实际情况将图钉重新定位到草图栅格的任意位置。

（4）按住鼠标左键指定一点并拖动选定的几何图形，在拖动过程中，系统会自动显示几何图形相对于原几何图形的反馈信息，如图 4.105 所示。

（5）将图形缩放到合适的比例后释放鼠标，然后单击 ✓【完成】按钮，完成几何图形的缩放操作。用户也可以直接在【属性】查看栏中【缩放比例因子】文本框中输入所需的缩放因子（图 4.105），然后按 Enter 键确认。

若要使用鼠标右键实现精确的缩放几何图形或缩放复制操作，可按以下步骤操作。

（1）选择要缩放的几何图形。

（2）在【修改】面板中单击 □【缩放曲线】按钮。

（3）使用默认的图钉位置或重新指定图钉位置，然后按住鼠标右键并移动鼠标，释放鼠标右键时弹出快捷菜单。该快捷菜单提供了【移动到这里】、【复制到这里】和【取消】选项。

①【移动到这里】。选择此选项，则打开【比例】对话框，输入比例因子，单击【确定】，目标对象随之根据给定的比例显示。

②【复制到这里】。选择此选项，则打开【缩放/拷贝】对话框，输入比例因子和复制的数量，单击【确定】，根据给定的比例和复制的数量，生成新的图素对象。

③【取消】。选择此选项，取消该缩放操作。

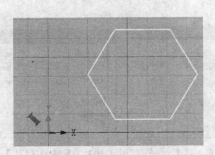

图 4.104 在原点显示图钉   图 4.105 拖动过程中的反馈信息

5. 旋转曲线

【旋转曲线】工具用于对几何图形进行旋转。具体操作步骤如下：

（1）选择需要旋转的几何图形对象。单击旋转几何对象，激活二维编辑工具条。

（2）在【修改】面板中单击 ○ 【旋转曲线】按钮，移动鼠标到绘图区，在草图栅格原点位置出现一个尺寸较大的图钉，它定义了当前的旋转中心。若想调整旋转中心，则应将光标移动到图钉针尖处，然后将图钉拖放到需要的位置后释放鼠标，新位置便是当前选择对象的旋转中心。拖动几何图形的时候，单击图钉并拖动它，所选定的几何图形便会相应旋转。

（3）按住鼠标左键并拖动选定的几何图形，系统会反馈当前旋转角度的信息，如图4.106 所示，在合适位置释放鼠标左键即可完成该几何图形的旋转。

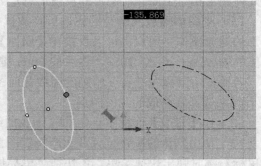

若要实现精确的旋转或旋转复制几何图形，可在【属性】查看栏中设定旋转角度、复制的数量，或者用鼠标右键拖动，利用弹出的快捷菜单中的【移动到这里】或【复制到这里】选项，如图 4.107 所示。在打开的【旋转】或【旋转/拷贝】对话框中设置相应参数，单击【确定】按钮完成旋转或旋转复制。图 4.108 是利用在【旋转/拷贝】对话框中设置旋转角度值和复制的数量值，完成旋转复制。

图 4.106 按住鼠标左键并拖动旋转

6. 镜像

【镜像】工具用于对称地复制几何图形。该工具在绘制具有对称属性的截面时特别有用，可先生成截面的一半，然后以某条线作为对称轴镜像出另一半截面。该方法具有速度快、准确度高、易修改等优点。

98

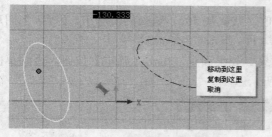

图 4.107　鼠标右键拖动快捷菜单

图 4.108　旋转复制的图例

（1）选择【连续直线】绘图工具，绘制出一个三角形截面；选择【两点线】绘图工具，在三角形一侧画一条直线作为镜像对称轴。按住 Shift 键，连续单击三角形各边（不要选中镜像对称轴），选中镜像几何图形对象，如图 4.109 所示。

（2）在【修改】面板中单击 ⬚【镜像】按钮。

（3）在【属性】查看栏中进行相关设置，然后选择直线或坐标轴作为镜像轴，则在对称轴的另一侧对称地复制出所选定的三角形截面，如图 4.110 所示。

（4）单击 ✔【完成】按钮，完成镜像操作。

图 4.109　镜像曲线的【属性】查看栏

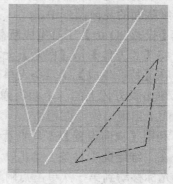

图 4.110　镜像结果

7. 偏移

【偏移】工具用于在偏移原有位置特定距离的地方复制出相似的几何图形。具体操作步骤如下：

（1）利用二维草图工具，生成由直线、圆弧组成的二维截面轮廓，如图 4.111 所示外面的轮廓线。

（2）选定上述二维截面轮廓。

（3）在【修改】面板中单击 ⬚【偏移】按钮。

（4）弹出【等距】对话框，在对话框中分别设置距离值和复制的数量，并根据需要选中【切换方向】复选框，如图 4.112 所示。系统默认在现有轮廓线内部生成等距线。如果要在外部生成等距线，应选中【切换方向】复选框。

（5）若要定义【等距】几何图形的相似准确性，应单击对话框中【高级】按钮，在

【高级设置】对话框中输入【拟合精度】值（默认是 50）。输入的值越小，【等距】图形与原几何图形的相似准确度就越高，如图 4.113 所示。

（6）单击【预览】按钮，预览等距效果。如果满意，单击【确定】按钮，否则单击【取消】按钮。图形偏移效果如图 4.113 所示。

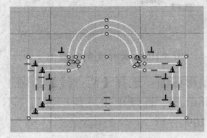  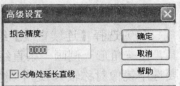

图 4.111　等距生成的二维截面　　图 4.112　【等距】对话框　图 4.113　【高级设置】对话框

8. 投影

【投影】是将三维实体（不包括球体）的棱边投影到平面上，生成新的二维截面。

利用【投影】工具投影三维实体时，有关联投影或非关联投影两种情况。若要对没有关联关系的棱边投影，只须简单通过鼠标左键选择棱边或面即可；若要对保持关联关系的棱边进行投影，则应通过鼠标右键来选择要投影的棱边或面。

投影生成的棱边或面有用途：将其用作生成新的二维截面时的参考线以及将其集成到新建二维截面的几何图形中。

利用【投影 3D 边】工具生成新截面的操作步骤如下：

（1）将【长方体】从【图素】元素库中拖放到设计环境中。

（2）在【特征生成】工具条上单击 【拉伸向导】按钮。

（3）单击长方体上的一个面，弹出【拉伸特征向导】对话框，单击【完成】，随后在选定表面上出现二维绘图栅格。

（4）利用【视向设置】工具查看各个方向的投影图。

（5）在二维绘图工具条上单击 【投影】按钮，此时光标附近出现【投影】图标提示符。当光标移动到第一次单击点附近时，出现绿色轮廓区域。

（6）单击栅格覆盖的图块表面，绘图区上出现一个黄色的轮廓线，即该图素的二维截面。

（7）再次单击 工具，退出【投影】工具状态。

（8）单击绘图空白区域，黄色轮廓线变成白色，这表明该轮廓线是新生成的二维截面几何图形，进一步加以编辑，形成一个新的二维截面。

（9）在其中一条白色直线上单击鼠标右键，并从弹出的快捷菜单上选择【选择外轮廓】。

（10）单击 【完成】按钮，完成操作，则按投影形成的截面几何图形形成增料（或减料）实体。

9. 打断

如果需要在现有直线或曲线段中添加新的几何图素，或者需要对某条现有直线或曲线某一段单独进行操作，则必须先利用【打断】工具将它们分割成独立的单元。打断曲线的操作步骤如下：

（1）在【修改】面板中单击 ⊣⊢【打断】按钮。

（2）工具一侧的线段将变成绿色，而另一侧则变为蓝色，这表明将在基于当前光标位置生成两条独立曲线段。单击直线或曲线，形成分割点。当前直线或曲线就被分割成两条独立的曲线段， 它们的长度和位置就可以单独编辑了。

（3）再次单击 ⊣⊢【打断】按钮，结束操作。

对分割点可以进行重新连接、断开等编辑。方法是用鼠标右键单击分割点，从弹出的快捷菜单中选择命令项。

① 【连接】。如果两个曲线段已经被断开，选择本选项还可以将它们重新连接起来。

② 【断开】。将两个连接在一起的曲线段断开。

③ 【锁住位置】。锁定分割点的位置。

④ 【编辑位置】。修改分割点位置。

完成相应操作后，直线或曲线将作相应改变。

10. 延长曲线到曲线

【延伸】工具用于将一条曲线延伸到另一条曲线。

假设绘图区已有两条方向不一致的曲线，现将一条曲线（延伸曲线）延长至另一条曲线（终止曲线），如图 4.114 所示。

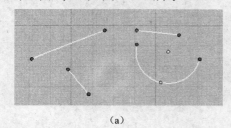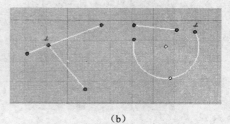

（a）   （b）

图 4.114　曲线延伸

（a）延伸前；（b）延伸后。

具体操作步骤如下：

（1）在【修改】面板中单击 →|【延伸】按钮。

（2）移动光标到靠近目的曲线的端点，此时出现一条带红色箭头的绿线，指明曲线的延长方向和延长终点。如果将曲线沿着相反的方向延伸，移动光标到相反的一端，同时显示出相反的带红色箭头的绿线，如图 4.115 所示。

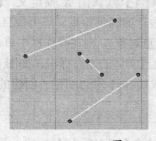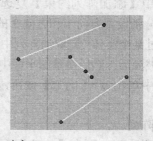

图 4.115　延伸方向的变化

（3）单击曲线端点，延伸直线立即延长至目的曲线，即被拉伸到与相交曲线的第一

101

个交点处。

（4）按 Tab 键，在可能延伸到的一系列曲线之间切换，直到切换要延伸到的曲线，如图 4.116 所示。

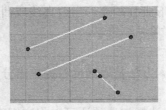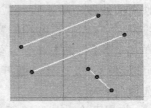

图 4.116　延伸方案的选择

（5）再次单击 ⇥【延伸】按钮，则结束操作。

11．裁剪曲线

【裁剪】工具用于修剪掉一段直线或曲线。裁剪操作步骤如下：

（1）在【修改】面板中单击 ✂【裁剪】按钮。

（2）将光标移向需要修剪的直线或曲线段上，该线段立即呈绿色显示。

（3）单击此线段，则该线段被裁剪掉。如图 4.117 所示。

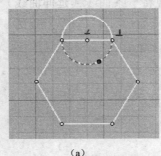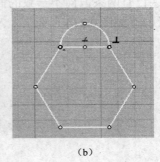

（a）　　　　　　　　　　　　　　（b）

图 4.117　裁剪曲线

（a）裁剪前；（b）裁剪后。

（4）再次单击工具，退出【裁剪】，回到选择状态。

12．线性阵列

要创建线性阵列，则在【修改】面板中单击 ⊞【线性阵列】按钮，打开如图 4.118 所示的命令管理栏。选择要阵列的图形对象，则所选图形将被收集到【选择实体】收集器中。默认选中【添加阵列约束】复选框，【方向 1】默认由 X 轴定义，【方向 2】默认由 Y 轴定义，分别设置方向 1 和方向 2 的相关参数，如间隔距离、阵列数目和阵列角度等。

如果要跳过某个实体（即取消阵列中的某个图形对象），则在操作栏中单击【跳过实体】，收集器的框将被激活，然后在草图平面中单击要跳过实体的原点标识，如图 4.119 所示。

在操作栏中单击 ✔【确定】按钮，即可完成线性阵列的创建。创建的线性阵列如图 4.120 所示。

13．圆形阵列

要创建圆形阵列，则在【修改】面板中单击 ❀【圆形阵列】按钮，打开如图 4.121 所示的命令管理栏。选择要阵列的图形对象，则所选图形将被收集到【选择实体】收集

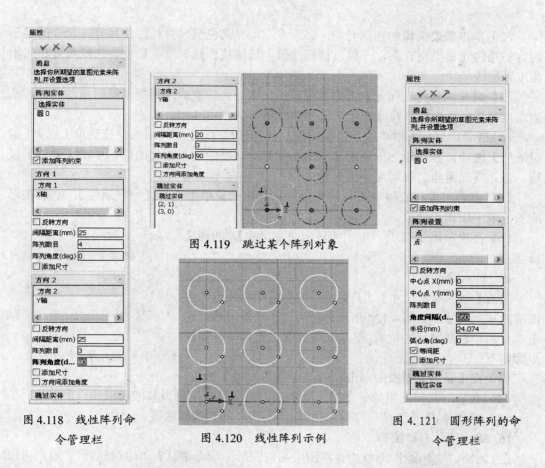

图 4.119　跳过某个阵列对象

图 4.118　线性阵列命
令管理栏

图 4.120　线性阵列示例

图 4.121　圆形阵列的命
令管理栏

器中。在命令管理栏中设置圆形阵列的中心点（X 值和 Y 值）、阵列数目、角度间隔等参数，还可以根据需要设置要跳过的阵列对象，然后单击 ✔【确定】按钮。创建的圆形阵列如图 4.122 所示。

14. 显示曲线尺寸

在绘制几何图形时，有时需要有尺寸提示，以使绘图更直观和精确，如图 4.123 所示。这时可选用【显示曲线尺寸】工具。操作步骤如下：

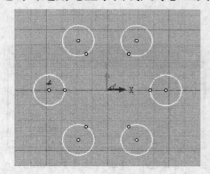

图 4.122　圆形阵列示例

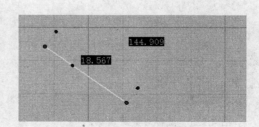

图 4.123　显示曲线尺寸

（1）在【显示】面板中单击 ✏【显示曲线尺寸】按钮。

（2）单击需要编辑的几何元素，该元素立即呈黄色显示并标注出尺寸。尺寸的显示内容与几何元素类型有关，一般包括尺寸值、延伸线、倾斜度、长度、末段角度和起始角度基准线。

（3）将光标移向几何元素需要重定位的一端，光标变成手形提示符时拖动光标，元素端点位置发生变化，尺寸提示信息也适时更新。

（4）或者用鼠标右键单击需要编辑的几何元素尺寸值，在弹出的快捷菜单上选择【编辑数值】选项，并在随之出现的【编辑长度】对话框中输入相关的值，单击【确定】按钮，该几何元素随之按新尺寸值更新。

（5）或者用鼠标右键单击几何元素，从弹出的菜单上选择【曲线属性】，然后在对应的值域中编辑尺寸值。

（6）再次单击 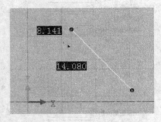 工具，退出【显示曲线尺寸】，回到选择状态。

图 4.124　显示端点尺寸

15. 显示端点尺寸

激活【显示端点尺寸】工具后，系统会自动标注出几何图形的端点尺寸，如图 4.124 所示。利用这一功能可显示选定端点到指定基准线的位置。显示几何元素端点的坐标操作步骤如下：

（1）在【显示】面板中单击 【显示端点尺寸】按钮。

（2）在靠近几何元素的一个端点处单击，系统以坐标轴为基准显示该点坐标值。

（3）再次单击 工具 ，端点尺寸显示消失，回到选择状态。

16. 端点鼠标右键编辑

在 CAXA 实体设计 2009 中，草图中几何图形的端点都具有"端点属性"。用户可以通过用鼠标右键单击相应的端点，弹出如图 4.125 所示的快捷菜单，利用该快捷菜单中的命令来进行相关的编辑操作。

（1）【连接】。选择此选项，可将前次操作中断开的端点重新连接起来。

（2）【断开】。选择此选项，在该点处断开，得到两个端点。

（3）【锁住位置】。选择此选项，将端点锁定它们的当前位置。

（3）【编辑位置】。选择此选项，弹出如图 4.126 所示的【编辑位置】对话框，利用该对话框可以编辑选定端点的位置值。

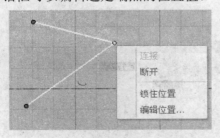

图 4.125　鼠标右键单击端点

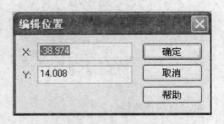

图 4.126　【编辑位置】对话框

17. 可视化编辑及重定位

同三维造型一样，对于二维几何图形，也可以利用拖动鼠标的方法进行可视化编辑和重定位。如果绘制的二维截面对于尺寸没有精确的要求，则这将是最方便快捷的方法。拖动的效果随几何图形的不同而变化。

（1）直线。可拖动整条直线移动；或拖动直线上的一个端点，改变直线的长度和倾斜度。

（2）圆。可通过选定圆周或圆心处的手柄，对圆重新定位；或拖动圆周上的手柄，改变圆的大小。

（3）圆弧。可通过选定圆弧圆心处的手柄，对圆弧重新定位；或拖动圆弧终点、圆周上的手柄改变圆弧的大小。

（4）B 样条曲线。选定并拖动该曲线能实现重新定位；拖动其终点手柄可重新设定其尺寸；拖动终点的白色手柄（曲线终点的切线方向上），可改变曲线切线的倾角。

18. 曲线属性编辑

在 CAXA 实体设计 2009 中，可以查看和编辑曲线的属性，包括直线、圆、圆弧、椭圆、B 样条曲线、圆角过渡和 Bezier 曲线等的属性。编辑的方法很简单，即用鼠标右键单击要编辑的曲线，从弹出的快捷菜单中选择【曲线属性】命令，利用弹出的对话框进行相关的属性设置即可。

4.5　访问【轮廓】属性表

除了前面介绍的功能外，还可以利用【轮廓】属性表（与所有二维草图关联的一个对话框）来编辑二维草图。即使已经将某个二维草图拉伸成三维实体，仍然可以利用这个属性表编辑该二维草图。

访问【轮廓】属性表的步骤如下：

（1）用鼠标右键单击草图绘图区，从弹出的菜单中选择【截面属性】。

（2）在【2D 智能图素】对话框中，选择【轮廓】标签，如图 4.127 所示。标签中列举了当前绘图区中线条的信息，修改这些信息，即可修改绘图区线条。

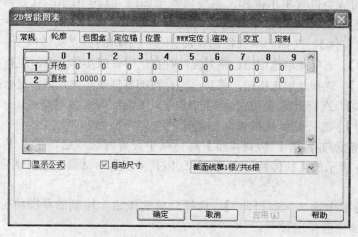

图 4.127　【2D 智能图素】对话框

如果已经将该二维草图拉伸为三维实体，则可通过访问三维实体的【轮廓】属性表编辑该二维草图。

4.6 自定义智能图素生成与编辑

通过前面章节的学习，用户已经掌握了应用二维绘图工具、二维约束工具、二维编辑工具来创建和编辑二维草图。在 CAXA 实体设计 2009 中，利用系统提供的实体特征创建工具，可以通过在草图中创建的有效二维轮廓截面或轨迹来生成自定义的智能图素。用户可以对自定义的智能图素进行某些修改与编辑，使生成的实体特征满足实际设计要求。

4.6.1 拉伸

在 CAXA 实体设计 2009 中，将二维草图轮廓沿着第三条坐标轴拉伸一定的距离（高度），便可以生成三维造型，如图 4.128 所示。

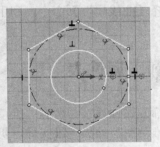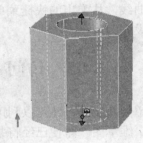

图 4.128 拉伸示例

创建拉伸特征的工具有 ▭【拉伸】和 ▭【拉伸向导】。

1. 使用【拉伸向导】创建拉伸特征

生成一个新的设计环境，在功能区的【特征】选项卡中单击 ▭【拉伸向导】工具按钮，在绘图区的适当位置单击鼠标，系统将弹出如图 4.129 所示的【拉伸特征向导-第 1 步/共 4 步】对话框。该对话框中各选项功能如下：

（1）【独立实体】。选择此单选按钮，将创建一个新的独立实体模型。

（2）【增料】。选择此单选按钮，将对已经存在的零件或实体元素，进行拉伸增料操作。

（3）【除料】。选择此单选按钮，将对已经存在的零件或实体元素，进行拉伸除料操作。

（4）【实体】。选择此单选按钮，则创建的实体特征为实体造型。

（5）【曲面】。选择此单选按钮，则创建的拉伸特征为曲面造型。

在【拉伸特征向导-第 1 步/共 4 步】对话框中设置好选项后，单击【下一步】按钮，弹出如图 4.130 所示的【拉伸特征向导-第 2 步/共 4 步】对话框。该对话框中各选项功能如下：

（1）【在特征末端（向前拉伸）】。选择此单选按钮，绘制的草图将位于新建特征的一端，新建特征向前单向拉伸。

（2）【在特征两端之间（双向拉伸）】。选择此单选按钮，草图将位于新建特征的中间，由草图向两侧拉伸，即双向拉伸。

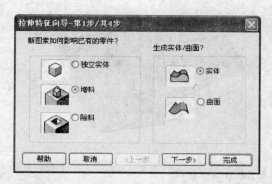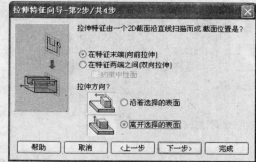

图 4.129 【拉伸特征向导-第 1 步/共 4 步】对话框 图 4.130 【拉伸特征向导-第 2 步/共 4 步】对话框

（3）【沿着选择的表面】。选择此单选按钮，拉伸方向平行于所选择的平面，即草图平面垂直于所选平面。

（4）【离开选择的表面】。选择此单选按钮，拉伸方向垂直于所选择的平面，即草图平面在所选平面上。

完成向导第 2 步设置后，单击【下一步】按钮，弹出如图 4.131 所示的【拉伸特征向导-第 3 步/共 4 步】对话框。该对话框中各选项功能如下：

（1）【到指定的距离】。选择此单选按钮，可在【距离】文本框中输入拉伸的距离。

（2）【到同一零件表面】。选择此单选按钮，拉伸到实体零件的表面，表面可以是平面或曲面。

（3）【到同一零件曲面】。选择此单选按钮，拉伸到实体零件的曲面。

（4）【贯穿】。只有在减料的时候才可用，用于除去草图轮廓拉伸后与实体零件相交的那部分材料。

完成向导第 3 步设置后，单击【下一步】按钮，弹出如图 4.132 所示的【拉伸特征向导-第 4 步/共 4 步】对话框。在该对话框中可以设置是否显示绘图栅格，可以定制主栅格线间距和辅助栅格线间距。设置好后单击【完成】按钮，此时窗口中显示二维草图栅格，而功能区自动切换到【草图】选项卡并激活相关的绘图工具。

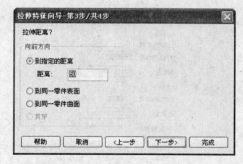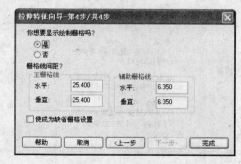

图 4.131 【拉伸特征向导-第 3 步/共 4 步】 图 4.132 【拉伸特征向导-第 4 步/共 4 步】
对话框   对话框

利用二维绘图工具绘制所需要的草图，并进行相关的修改编辑，使草图满足拉伸截面的要求，然后在【草图】面板中单击 ✔【完成】按钮，系统即将二维草图轮廓按照设定的拉伸参数拉伸成三维实体特征，如图 4.133 所示。

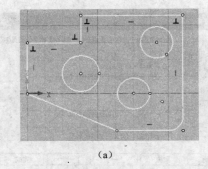
(a)

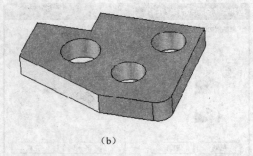
(b)

图 4.133　拉伸草图及其拉伸实体特征

(a) 二维轮廓草图；(b) 创建的实体拉伸特征。

2. 将二维草图轮廓拉伸为实体特征

将二维截面沿着与该平面非平行方向延伸，就能创建拉伸特征。下面介绍以拉伸方式生成带有槽的条状造型。先在菜单浏览器中选择【设置】→【单位】，设定【长度】单位为【毫米】。

（1）进入草图模式，在草图栅格上绘制一个草图轮廓几何图形，然后退出草图。

（2）切换到功能区的【特征】选项卡，从中单击 ⬚ 【拉伸】按钮。

（3）在如图 4.134 所示的【拉伸】命令管理栏中选择【从设计环境中选择一个零件】或【新生成一个独立的零件】单选按钮。这里选择【新生成一个独立的零件】单选按钮。

（4）选择有效草图，然后在命令管理栏中分别设置方向 1 和方向 2 的拉伸深度，并在【一般操作】选项组中设置拉伸结果，如图 4.135 所示。

（5）在命令管理栏中打开【行为选项】选项组，如图 4.135 所示，在该选项组中设定行为选项，必要时可以把当前的选项设为默认值。

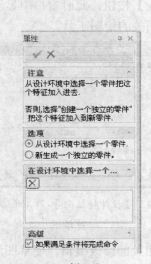

图 4.134　命令管理栏（1）　　　　图 4.135　命令管理栏（2）

（6）在命令管理栏中单击 ✔ 【完成】按钮，完成的拉伸特征如图 4.136 所示。

108

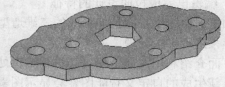

图 4.136　拉伸已有草图轮廓创建拉伸特征

3. 创建拉伸特征的其他方法

在 CAXA 实体设计 2009 中，还有其他几种创建拉伸特征的方法，如利用实体表面拉伸、对草图轮廓分别拉伸等。

1）利用实体表面拉伸

（1）在设计环境中单击要定义草图轮廓的表面，直到选中该表面，选中后该表面以绿色显示（面编辑状态），如图 4.137 所示。

（2）用鼠标右键单击该表面，弹出一个快捷菜单，选择【生成】→【拉伸】命令，如图 4.138 所示，也可以从命令管理栏的【动作】命令面板中单击 ⬚ 【拉伸】按钮。

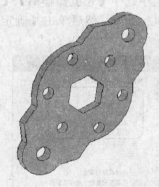

图 4.137　选中实体表面　　　　　　图 4.138　鼠标右键单击实体表面快捷菜单

（3）弹出【创建拉伸特征】对话框，从中设定参数。如图 4.139 所示。

（4）单击【确定】按钮，完成拉伸操作，拉伸效果如图 4.140 所示。

图 4.139　设置拉伸参数　　　　　　　　图 4.140　拉伸效果

2）对草图轮廓分别拉伸

对草图轮廓分别拉伸是指将同一个视图的多个不相交轮廓一次性地输入到草图中，然后有选择地利用轮廓建立拉伸特征。使用这种拉伸可以提高设计效率。

4. 编辑已完成拉伸设计的特征

如果对由二维截面拉伸形成的三维造型不满意，还可以通过编辑它的草图轮廓或其他属性来进行编辑处理。

下面介绍利用图素手柄对其进行编辑处理。在智能图素编辑状态下，选中已拉伸的图素。新生成的自定义智能图素会显示图素手柄。拉伸设计形成的实体造型中手柄包括以下两种。

（1）三角形拉伸手柄。用于编辑拉伸特征的两个相对表面，以改变拉伸的长度。

（2）四方形轮廓手柄。用于改变拉伸截面的轮廓，重新定位拉伸特征的各个表面。

拉伸图素的四方形轮廓手柄在智能图素编辑状态下并不总是可见的，但当把光标移至二维截面的边缘时会立即显示出来。通过拖动相关手柄可以进行编辑操作，另外在手柄上单击鼠标右键，利用鼠标右键快捷菜单中的相关选项也可以对特征表面进行编辑处理，如图 4.141 所示。

如果要在自定义拉伸智能图素上显示包围盒手柄，可以在智能图素编辑状态下，用鼠标右键单击拉伸特征，从弹出的快捷菜单中选择【智能图素属性】命令，打开【拉伸特征】对话框。切换到【包围盒】选项卡，在【显示】选项组中选中【长度操作柄】、【宽度操作柄】、【高度操作柄】和【包围盒】复选框，如图 4.142 所示，然后单击【确定】按钮。

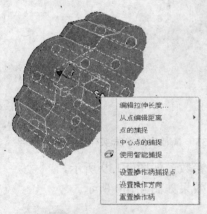

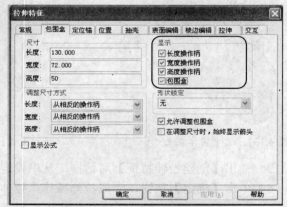

图 4.141　鼠标右键单击手柄快捷菜单　　图 4.142　设置显示包围盒及其相关手柄

在智能图素编辑状态下，鼠标右键单击拉伸特征，利用快捷菜单选择相关选项，进行相应的编辑操作。

4.6.2　旋转

在 CAXA 实体设计 2009 中，将二维草图轮廓沿着指定的轴旋转，便可以生成三维造型，如图 4.143 所示。

1. 创建旋转特征

创建旋转特征的操作方法和创建拉伸特征的操作方法类似。创建旋转特征的工具有 【旋转】和 【旋转向导】。

下面通过一个实例来介绍使用旋转向导创建旋转特征的具体操作步骤。

110

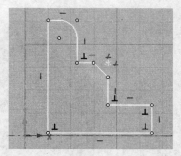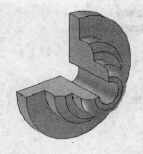

图 4.143　创建旋转特征示例

（1）生成一个新的设计环境，在功能区【特征】选项卡中单击 【旋转向导】工具按钮。

（2）系统将弹出【旋转特征向导-第 1 步/共 3 步】对话框，如图 4.144 所示。设置好选项后单击【下一步】按钮。弹出如图 4.145 所示的【旋转特征向导-第 2 步/共 3 步】对话框，在该对话框中设置旋转角度，定义新形状如何定位，然后单击【下一步】按钮。弹出如图 4.146 所示的【旋转特征向导-第 3 步/共 3 步】对话框，设置好选项后单击【完成】按钮。

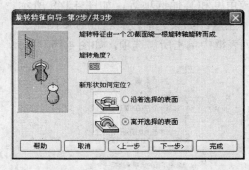

图 4.144　【旋转特征向导-第 1 步/共 3 步】对话框　图 4.145　【旋转特征向导-第 2 步/共 3 步】对话框

（3）进入草图栅格模式，绘制如图 4.147 所示的草图轮廓。

（4）绘制好草图轮廓后，在【草图】面板中单击【完成】按钮，完成旋转特征，如图 4.148 所示。

注意：在 CAXA 实体设计 2009 中，旋转轴默认为 Y 轴，而且绘制的草图轮廓需要满足以下条件：

（1）草图轮廓曲线不可以与 Y 轴交叉；

（2）草图轮廓可以是非封闭的，对于某些非封闭轮廓，在创建旋转特征时，系统会将轮廓开口处的轮廓端点自动作水平延伸来完成旋转特征。

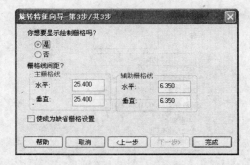

图 4.146　【旋转特征向导-第 3 步/共 3 步】对话框

用户也可以使用 【旋转】按钮来创建旋转特征，具体操作步骤如下：

111

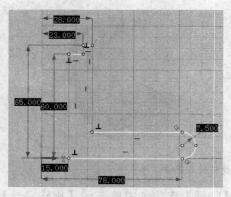

图 4.147　绘制草图轮廓

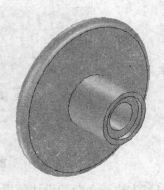

图 4.148　完成旋转特征

（1）新建一个设计环境，在功能区的【草图】选项卡中单击 ▨【在 X-Y 基准面】按钮，进入草图栅格模式，绘制所需的草图轮廓，单击 ✔【完成】按钮。

（2）切换到功能区的【特征】选项卡，在【特征】选项卡中单击 ☺【旋转】按钮。

（3）在命令管理栏中选择【新生成一个独立的零件】单选按钮。

（4）选择绘制的草图轮廓，然后在更新内容后的命令管理栏中分别设置方向类型、旋转角度和其他选项等，如图 4.149 所示。

注意：如果之前没有绘制好草图轮廓，可以在命令管理栏的【选择的草图】选项组下拉列表框中单击所需选项，如图 4.150 所示，从而进入草图栅格模式绘制所需的草图轮廓。

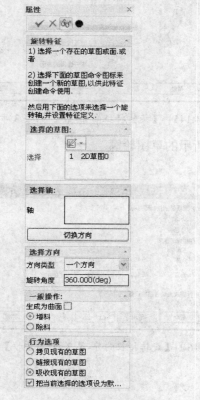

图 4.149　旋转特征命令管理栏

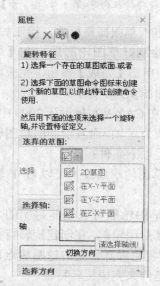

图 4.150　【选择的草图】选项组

112

（5）在命令管理栏中单击 ✔【确定】按钮。

2. 编辑旋转特征

如果对由二维截面旋转形成的三维实体不满意，还可通过编辑它的截面或利用属性表进行调整。在智能图素编辑状态下，选中旋转形成的图素，新生成的自定义智能图素默认会显示图素手柄。旋转设计形成的实体造型中的手柄包括以下四种。

（1）四方形旋转设计手柄。用于编辑旋转设计的旋转角度。

（2）四方形轮廓设计手柄。用于编辑旋转设计的各个表面。

四方形轮廓手柄并不总出现在智能图素编辑状态上，但可以把光标移至原始截面上激活它。拖动该手柄或在该手柄上单击鼠标右键，进入并编辑它的标准智能图素手柄选项。除了【标准智能图素】菜单的选项外，还有以下【旋转智能图素】选项可供选择。

（1）编辑截面。修改生成旋转造型的二维截面。

（2）切换旋转方向。切换旋转设计的转动方向。

4.6.3 扫描

扫描特征是将二维草图依照一条导向曲线移动，生成自定义的三维实体，如图 4.151 所示。导向曲线可以是一条直线、一条折线、一条 B 样条曲线或一条弧线。

1. 创建扫描特征

创建扫描特征的操作方法和创建拉伸特征的操作方法有类似之处。创建扫描特征的工具有 🔄【扫描】和 🔄【扫描向导】。

下面通过一个实例来介绍使用扫描向导创建扫描特征的具体操作步骤。

图 4.151　扫描特征示例

（1）生成一个新的设计环境，在功能区【特征】选项卡中单击 🔄【扫描向导】工具按钮。

（2）系统将弹出【扫描特征向导-第 1 步/共 4 步】对话框，如图 4.152 所示。设置新图素为【独立实体】，生成类型为【实体】，然后单击【下一步】按钮。弹出如图 4.153 所示的【扫描特征向导-第 2 步/共 4 步】对话框，在该对话框中选择【离开表面】单选按钮，然后单击【下一步】按钮。弹出如图 4.154 所示的【扫描特征向导-第 3 步/共 4 步】对话框，选择【2D 导动线】单选按钮，然后选择【圆弧】单选按钮，并选择【允许沿尖角扫描】复选框，然后单击【下一步】按钮。弹出如图 4.155 所示的【扫描特征向导-第 4 步/共 4 步】对话框，设置好选项和参数后，单击【完成】按钮。

（3）进入草图栅格，绘制如图 4.156 所示的二维导动线，单击 ✔【确定】按钮。

（4）在进入的草图平面上绘制一个几何轮廓作为扫描截面轮廓。要生成实体特征时，截面轮廓必须封闭，如图 4.157 所示，单击 ✔【确定】按钮。

创建的扫描特征如图 4.158 所示。

图 4.152 【扫描特征向导-第 1 步/共 4 步】对话框

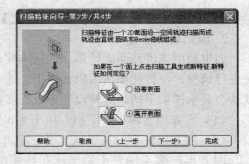

图 4.153 【扫描特征向导-第 2 步/共 4 步】对话框

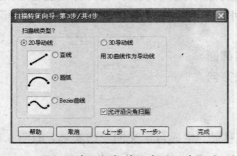

图 4.154 【扫描特征向导-第 3 步/共 4 步】对话框

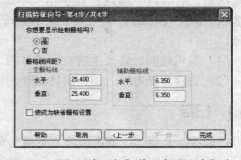

图 4.155 【扫描特征向导-第 4 步/共 4 步】对话框

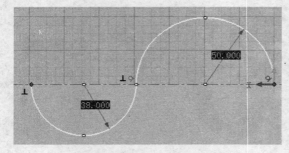

图 4.156 绘制和编辑二维导动线

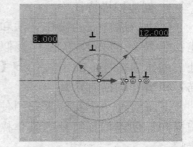

图 4.157 绘制扫描截面轮廓

2. 编辑扫描特征

即使将二维截面已扫描成三维实体,只要有不满意的地方,仍然可以对它的各种属性进行再编辑。在智能图素编辑状态下,选中扫描的图素,把光标移向扫描图素的定位锚部位,显示出相应的轮廓图素手柄,如图 4.159 所示。使用鼠标拖动手柄来进行快速编辑,或用鼠标右键单击该轮廓图素手柄并从弹出的快捷菜单中选择相关的命令进行编辑操作。

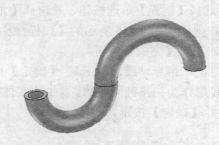

图 4.158 创建的扫描特征

图 4.159 显示扫描特征的轮廓设计手柄

如果需要，用户可以在智能图素编辑状态下用鼠标右键单击扫描图素（或在设计树中用鼠标右键单击扫描智能图素），弹出如图 4.160 所示的快捷菜单，选择相应命令编辑扫描图素。

（1）【编辑草图截面】。修改扫描设计的二维截面。

（2）【编辑轨迹曲线】。修改扫描设计的导向曲线。

（3）【切换扫描方向】。更改扫描时所用的导向方向。

（4）【允许扫描尖角】。设定扫描图素的角是突兀的还是光滑过渡的。

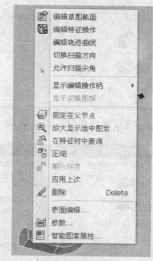

4.6.4 放样

前面讲述了三种生成自定义图素的方法，这些方法具有一个共性，都是把单个封闭的二维截面拓展成三维实体。放样设计是对先前三种设计方法的补充，它不再要求二维截面一定具有封闭属性，它能够将多重截面沿着用户定义的轮廓曲线生成一个三维实体，如图 4.161 所示。

图 4.160　利用鼠标右键快捷菜单编辑

图 4.161　放样示例

1. 创建放样特征

可以使用放样特征向导来创建放样特征，具体操作步骤如下：

（1）生成一个新的设计环境，在功能区【特征】选项卡中单击 💠【放样向导】工具按钮。

（2）系统将弹出如图 4.162 所示的【放样造型向导-第 1 步/共 4 步】对话框。设置新图素为【独立实体】，生成实体类型为【实体】，然后单击【下一步】按钮。弹出如图 4.163 所示的【放样造型向导-第 2 步/共 4 步】对话框，在【截面数】选项组中选择【指定数字】单选按钮，并设置截面数为 4，然后单击【下一步】按钮。弹出如图 4.164 所示的【放样造型向导-第 3 步/共 4 步】对话框。设置截面类型为【矩形】，轮廓定位曲线的类型为【圆弧】，然后单击【下一步】按钮。弹出如图 4.165 所示的【放样造型向导-第 4 步/共 4 步】对话框，设置设置相关的栅格选项及参数，然后单击【完成】按钮。

（3）在草图栅格上，用鼠标拖动默认圆弧曲线的操作柄编辑轮廓定位曲线，修改结果如图 4.166 所示。然后在如图 4.167 所示的【编辑轮廓定位曲线】对话框中单击【完成造型】按钮。

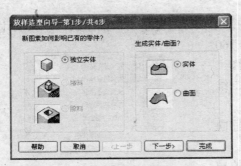

图 4.162 【放样造型向导-第 1 步/共 4 步】对话框

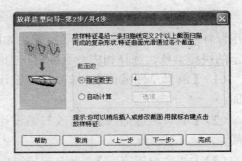

图 4.163 【放样造型向导-第 2 步/共 4 步】对话框

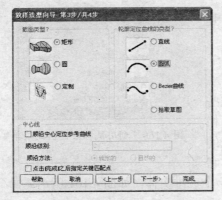

图 4.164 【放样造型向导-第 3 步/共 4 步】对话框

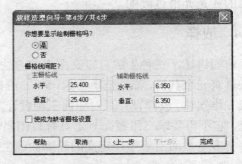

图 4.165 【放样造型向导-第 4 步/共 4 步】对话框

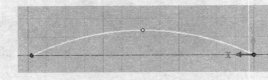

图 4.166 编辑轮廓定位曲线

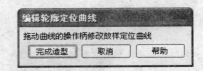

图 4.167 【编辑轮廓定位曲线】对话框

（4）创建的放样造型如图 4.168 所示。

（5）编辑各截面。在放样特征编辑状态，将鼠标置于截面编号按钮处并单击右键，弹出如图 4.169 所示的快捷菜单，选中【编辑截面】命令。

图 4.168 默认截面生成的放样造型

图 4.169 鼠标右键单击截面的快捷菜单

（6）编辑截面形状，如图 4.170 所示。用户还可以利用如图 4.171 所示的【编辑放样截面】对话框中的【下一个截面】和【上一个截面】按钮到相应的截面进行编辑。编辑完成后单击【完成造型】按钮。

116

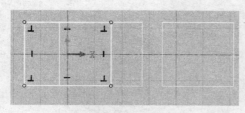

图 4.170　编辑截面形状

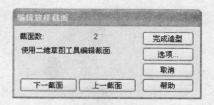

图 4.171　【编辑放样截面】对话框

（7）最后得到的放样造型特征如图 4.172 所示。

2. 编辑放样特征

1）编辑截面放样轮廓

当放样特征处于智能编辑状态时，放样特征的各草图轮廓截面上显示按钮编号，单击其中的一个编号按钮，则会随光标所在位置出现该草图轮廓截面的某操作手柄，如图 4.173 所示。使用鼠标拖动其操作手柄，可以快速地编辑截面轮廓。

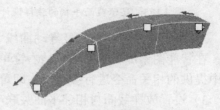

图 4.172　放样造型特征

另外，在智能图素编辑状态下，用鼠标右键单击放样特征的草图轮廓截面上显示的某按钮编号，弹出一个快捷菜单，如图 4.174 所示，可以利用快捷菜单中的命令选项进行相关的截面编辑。

修改放样设计截面的操作步骤如下：

（1）在智能图素编辑状态下，单击放样设计，随即显示带有编号的放样设计截面手柄，如图 4.175 所示。

（2）用鼠标右键单击 1 号截面手柄，在弹出的菜单上选择【编辑截面】，显示【编辑放样截面】对话框。

（3）用鼠标右键单击该截面上的"圆"，从弹出的菜单中选择【曲线属性】。

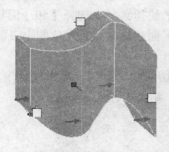

图 4.173　放样轮廓截面的某一操作手柄

图 4.174　用鼠标右键单击编号按钮快捷菜单

（4）输入【长轴半径】5，单击【确定】。

（5）在【编辑放样截面】对话框上选择【下一截面】，进入截面 2，输入【长轴半径】8，单击【确定】按钮。

（6）重复第（4）步、第（5）步操作。并把截面 3 和截面 4 上圆的半径分别修改为10 和 11。

（7）在【编辑放样截面】对话框选择【完成造型】。效果如图 4.176 所示。

117

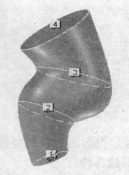

图 4.175　显示截面手柄的放样设计　　　　　　图 4.176　完成放样的图素

2）编辑轮廓定位曲线及导动曲线

在智能图素编辑状态下鼠桔右键单击放样特征，弹出一个快捷菜单，利用该快捷菜单中提供的相关命令进行编辑操作即可。

3）设置放样截面与相邻平面关联

CAXA 实体设计 2009 能够在同一个模型上，把放样设计的起始截面或末尾截面与相邻平面相关联。即在图素或零件状态下，对自定义放样设计进行编辑，指定切线系数值，把截面与它所依附的平面相匹配。操作步骤如下：

（1）把【长方体】从【图素】设计元素库中拖放至设计环境。

（2）在【图素】设计元素库中选中【L3 旋转体】，把它拖放到长方体的上表面。L3 旋转体是预先定义好的放样智能图素。当把它置于长方体之上时，两个图素变成同一零件的部件，需要把放样图素与相邻平面关联。

（3）在智能图素编辑状态下，选择长方体。利用长方体的包围盒编辑手柄，设置长方体的尺寸，使它的表面超出 L3 旋转体图素的整个底面，如图 4.177 所示。

（4）为了关联放样图素，必须选中其相邻平面。在智能图素编辑状态下，单击 L3 旋转体图素。

（5）用鼠标右键单击 1 号截面手柄，在弹出的快捷菜单上选择【和一面相关联】。

（6）单击长方体的上表面，确定它是被关联平面。此时，长方体的上表面外框呈绿色加亮显示，【切线因子】对话框出现。

（7）切线因子决定切线矢量的长度。输入【切线因子】15，单击【确定】，放样图素的起始截面就与长方体上的相邻平面实现匹配，结果如图 4.178 所示。

图 4.177　使长方体的相邻平面超
出整个 L3 旋转体底面

图 4.178　放样图素的起始截面与
长方体上的相邻平面相匹配

4.6.5 螺纹特征

新设计模式下，通过填写螺纹参数表以及选择要生成螺纹的曲面，可以快速地在圆柱面或圆锥面上生成逼真的螺纹特征，该螺纹特征可以具有螺纹收尾的效果，螺纹截面可以在设计环境的任何一个位置绘制。

绘制螺纹截面时，要注意 X 轴正向的草图曲线，它定义即将生成的真实螺纹的形状，而 Y 轴与螺纹面重合。

创建螺纹特征的具体操作步骤如下：

（1）在设计环境下，创建一个生成螺纹的原始零件，该圆柱体零件直径为 12，高度为 80，如图 4.179 所示。

（2）在功能区的【草图】选项卡中单击 ◰【在 X-Y 基准面】按钮，进入草图绘制模式，绘制如图 4.180 所示的草图截面。绘制完成后，在【草图】面板中单击 ✓【完成】按钮。

图 4.179　绘制的原始零件

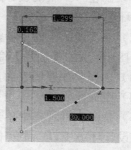

图 4.180　绘制螺纹截面轮廓

（3）在功能区中切换到【特征】选项卡，在【特征】面板中单击 ▤【螺纹】按钮，在设计环境左侧即出现【螺纹特征】命令管理栏。

（4）在【螺纹特征】命令管理栏中分别设置螺纹的【材料】、【螺距】、【螺纹选项】、【起始螺距】、【螺纹长度】、【起始距离】等参数，并选中【草图过轴线】和【收尾圈数】复选框，设置收尾圈数为 0.5，如图 4.181 所示。

（5）【螺纹特征】命令管理栏中的【螺纹曲面】按钮用于定义螺纹曲面。在"拾取一个圆柱面或者圆锥面来创建螺纹"的提示下选择如图 4.182 所示的圆柱曲面。

（6）在【螺纹特征】命令管理栏中选中【反转方向】复选框，使得螺纹开始方向如图 4.183 所示。

（7）【螺纹特征】命令管理栏中的【螺纹截面】按钮用于指定螺纹截面草图，此时系统自动选中该按钮。选择之前绘制的草图轮廓作为螺纹截面草图。

（8）在【螺纹特征】命令管理栏中单击 ✓【完成】按钮，系统完成的零件效果如图 4.184 所示。如果螺纹长度不符合要求，则需要打开设计树，用鼠标右键单击【螺纹特征】，从弹出的快捷菜单中选择【编辑】命令，在其命令管理栏中

图 4.181　设置螺纹
特征参数

119

重新设置参数，单击 ✓【完成】按钮，重新生成即可。

图 4.182　选择圆柱面　　图 4.183　反转获得螺纹开始方向　图 4.184　完成螺纹特征的零件效果

4.6.6　加厚特征

在 CAXA 实体设计 2009 中，可以单击【特征】面板中的 ✎【加厚】按钮，通过选择面来进行加厚操作。加厚操作的具体步骤如下：

（1）创建一个新的设计文档，从【高级图素】设计元素库中将【工字梁】图素拖入到设计环境中。

（2）在功能区中的【特征】选项卡中的【特征】面板中单击 ✎【加厚】按钮，打开如图 4.185 所示的【加厚】命令管理栏。

（3）选择要加厚的表面，如图 4.186 所示。

（4）在命令管理栏中设置【厚度】为 80，方向为【向上】。

（5）在命令管理栏中单击 ✓【确定】按钮，结果如图 4.187 所示，选定表面加厚的图素在设计环境中以一个实体零件显示。

 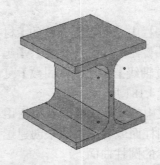 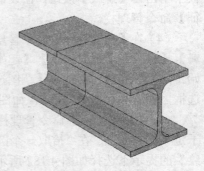

图 4.185　【加厚】命令管理栏　　图 4.186　选择要加厚的表面　　图 4.187　创建加厚特征的效果

4.7　利用表面重构属性生成自定义图素

本章介绍了利用拉伸、旋转、扫描和放样等手段生成自定义智能图素的方法，本节向用户介绍定义图素的另一种方法，即重构图素表面方法。

实体设计提供了以下两种类型的表面（或曲面）重构方法：

（1）【拔模】。向图素上增加材料，使其形成锥形。

（2）【变形】。向图素上增加材料，形成一个光滑的拱顶式的"盖"。

两次单击待作曲面重构的图素使其进入智能图素编辑状态，单击鼠标右键，弹出如图 4.188 所示的快捷菜单，选择【表面编辑】命令，弹出如图 4.189 所示的【拉伸特征】→【表面编辑】选项卡。利用该选项卡的相关选项，可以在图素表面上拔模或变形。

图 4.188　快捷菜单

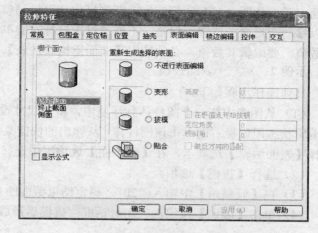

图 4.189　【表面编辑】选项卡

各选项的功能含义如下：

（1）【哪个面】从以下选项中选择需要进行重构的面。

①【起始截面】。选择该选项表示对图素的起始截面进行拔模或加盖。

②【终止截面】。选择该选项表示对图素的结束截面进行拔模或加盖。

③【侧面】。选择该选项表示对图素的侧面进行拔模或加盖。

（2）【重新生成选择的表面】。

①【不进行表面编辑】。不进行表面重构。

②【变形】。在图素上加一个圆形顶部。在【高度】文本框中输入所需要的高度。

③【拔模】。对一个表面进行拔模。拔模效果根据【哪个面】的设定而定。

　　当对侧面拔模时，【倾斜角】决定着侧面沿着图素扫描轴线从起始截面到结束截面收敛或发散的速度。负值锥角对应于收敛方式，正值锥角对应于发散方式。起始截面保持不变，但结束截面要按比例变化以形成锥形。

　　当对起始截面或结束截面进行拔模时，【倾斜角】和【定位角度】决定着倾斜的方向和坡度。拔模结果使结束截面成凿子的形状。拔模的方向由【定位角度】决定。

　　【倾斜角】。输入的角度值，结束截面倾斜成这一角度，形成一个凿子的形状。侧面向结束截面也倾斜成这一角度。

　　【定位角度】。输入的角度值，决定着拔模方向的起始点。

④【贴合】。规定一个图素的起始截面或结束截面与放置于其上的另一个图素的表面相匹配。如将一个长方体放置于一个圆柱体上，使用【贴合】便可实现长方体的相交面沿着圆柱面弯曲。如果选择【做相反向的匹配】，则使图素的起始截面和结束截面相匹配。使用这一选项，【匹配】选项只能用于起始截面或结束截面，不能同时用于两者。

　　下面举例说明表面重构中的变形和拔模操作。

示例 1：表面变形。

选择【变形】，输入"8"作为变形的高度。单击【确定】，关闭对话框。变形后的图素如图4.190所示。

如果单击【操作柄切换】来显示图素操作柄，会发现方形和圆形的操作柄显示在变形面上了，如图4.191所示。拖动圆形操作柄可以调整变形面的高度，拖动方形操作柄可以移动变形面的位置。但是，不能通过用鼠标右键单击操作柄弹出的快捷菜单来编辑其数值。要编辑其数值，必须使用【曲面重构属性表】。

示例2：对一个表面拔模。

具体操作步骤如下：

（1）从图素中拖一个圆柱体到环境中，将其尺寸设置为直径40，高50。在智能图素编辑状态用鼠标右键单击该圆柱体，从弹出的快捷菜单中选择【智能图素属性】命令。选择【表面编辑】选项卡，在【哪个面】选项组中选择【终止截面】。

（2）选择【拔模】选项。

（3）在【倾斜角】中输入"20"，确定结束截面的平面角度。

（4）单击【确定】按纽，关闭对话框，拔模后形成的图素如图4.192所示。

图4.190 表面变形

图4.191 切换操作柄

图4.192 表面拔模

可以看到，表面重构对于生成复杂自定义图素非常有用。

另外，智能图素属性表中的其他选项卡，如【常规】、【拉伸】、【交互】和【位置】等，也可以方便而有效地对智能图素的其他属性进行设置和修改。

思 考 题

1. 什么是二维草图设计环境？二维草图设计环境包括哪些内容？
2. 如何创建草图？建立草图基准面的方式主要有哪几种？
3. 如何快速在指定的基准平面上或其等距平面上生成草图轮廓？
4. 二维草图设计环境与二维绘图环境有什么区别？
5. 如何设定二维草图测量单位？
6. 如何使用二维草图的编辑工具进行镜像操作？
7. 二维截面的辅助工具有哪些？它们的作用是什么？如何操作？
8. 什么情况下需要使用扫描、旋转和放样等工具生成新的零件？
9. 通过二维设计获得三维实体的注意事项是什么？
10. 应用扫描、旋转和放样等特征工具时，为什么截面的图形必须封闭、不重合？
11. 试比较扫描、旋转和放样等特征工具中的增料与减料的区别？

12. 三维球是如何用于移动或旋转栅格辅助面的？

练 习 题

1. 绘制如图 4.193 所示的二维草图。

2. 使用旋转工具来构建如图 4.194 所示的轴零件，具体形状尺寸由练习者根据模型效果自行确定。

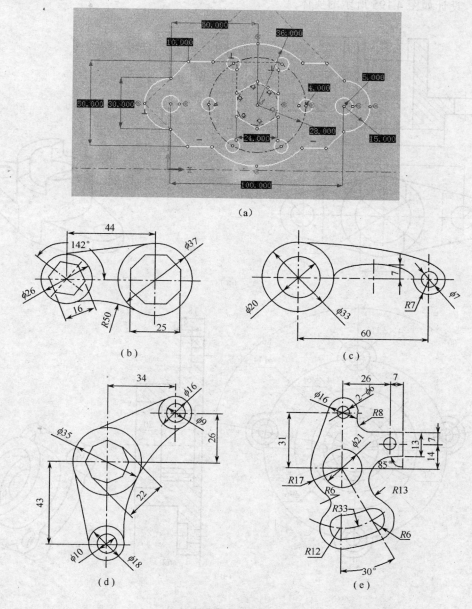

（a）

（b）

（c）

（d）

（e）

图 4.193 平面草图绘制练习

（a）练习题 1；（b）练习题 2；（c）练习题 3；（d）练习题 4；（e）练习题 5。

图 4.194 轴零件

3. 设计如图 4.195 所示的实体。

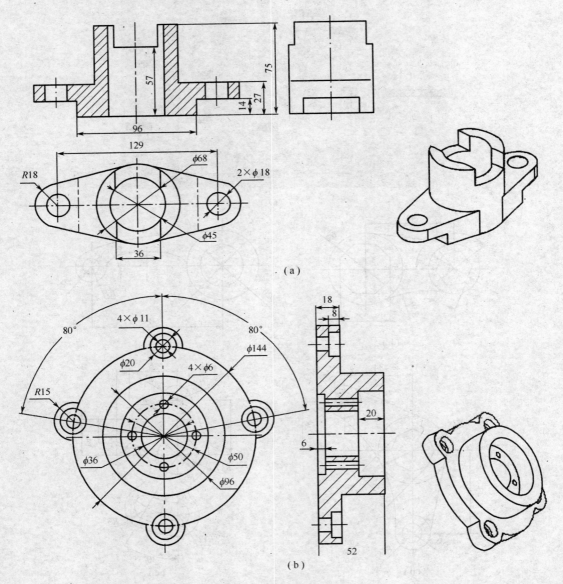

（a）

（b）

图 4.195 练习题 3 零件图

第 5 章 特征修改、变换及直接编辑

在 CAXA 实体设计 2009 中，除了可以轻松创建基本实体特征之外，还可以灵活地对实体特征的面和边进行修改、直接编辑和变换等深化设计或精确设计。

CAXA 实体设计 2009 提供的特征修改、变换及直接编辑的工具位于功能区的【特征】选项卡中，如图 5.1 所示。它们相应的命令位于菜单浏览器的【修改】菜单中。

图 5.1　特征修改、变换及直接编辑的工具

5.1　过　渡

对实体进行过渡包括圆角过渡和边倒角过渡。

5.1.1　圆角过渡

使用圆角过渡功能可对零件尖锐的边实施凸面过渡或凹面过渡，能够可见地检查当前设置值和实施需要的编辑操作以及添加新的过渡。

圆角过渡的类型包括【等半径】、【两个点】、【变半径】、【等半径面过渡】、【边线】和【三面过渡】。这些过渡类型由用户在【圆角过渡】命令管理器中选择。

激活圆角过渡命令的方式主要有以下几种。

（1）在功能区【特征】选项卡【修改】面板中单击 🔲【圆角过渡】按钮。

（2）从菜单浏览器中选择【修改】→【圆角过渡】命令。

（3）选择要过渡的边，然后单击鼠标右键，从弹出的快捷菜单中选择【圆角过渡】命令。

1．【等半径】圆角过渡

【等半径】圆角过渡是最常见的一种圆角过渡，创建等半径圆角特征的具体操作步骤如下：

（1）新建一个设计环境，将【长方体】图素从【图素】设计元素库中拖入设计环境，并设置长方体的长、宽、高分别为 30、26、12。

（2）在功能区【特征】选项卡【修改】面板中单击 🔲【圆角过渡】按钮。

（3）在【圆角过渡】命令管理栏中，选择【过渡类型】选项组中的【等半径】单选按钮，在【半径】文本框中设置半径为 4，如图 5.2 所示。在【高级操作】选项组中默认选中【光滑连接】复选框。

（4）在长方体上选择要圆角过渡的边，如图 5.3 所示的两条边。等半径过渡类型在零件上以绿色实心圆表示。

注意：所选择的边会收集在【圆角过渡】命令管理栏的【几何】收集器中，用户可以根据需要为不同的选定边重新指定等半径的半径值。其方法是选择要重新指定半径的边，然后在【半径】文本框中输入新的半径值即可。

（5）在【圆角过渡】命令管理栏中单击单击 ✓【确定】按钮。创建的等半径圆角过渡效果如图 5.4 所示。

 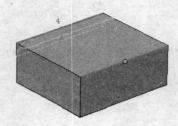 

图 5.2　【圆角过渡】命令管理栏　图 5.3　选择要圆角过渡的边　图 5.4　创建的等半径圆角过渡特征

2.【两个点】圆角过渡

【两个点】圆角过渡属于变半径圆角过渡，是最简单的一种变半径圆角过渡形式。具体操作步骤如下：

（1）在功能区【特征】选项卡【修改】面板中单击 🗔【圆角过渡】按钮。

（2）在【圆角过渡】命令管理栏中，选择【过渡类型】选项组中的【两个点】单选按钮。

（3）选择需要圆角过渡的边，如图 5.5 所示。

（4）在【圆角过渡】命令管理栏中为所选择的边设置起始半径和终止半径，如图 5.6 所示。

注意：如果在【圆角过渡】命令管理栏的【高级操作】选项组中选中【切换半径值】复选框，则将指定两点的半径值互换，如图 5.7 所示。

（5）不切换半径值。在【圆角过渡】命令管理栏中单击单击 ✓【确定】按钮。创建的两个点圆角过渡效果如图 5.8 所示。

3.【变半径】圆角过渡

【变半径】圆角过渡是指一条边上的圆角过渡具有若干个不同的半径。具体操作步骤如下：

（1）在功能区【特征】选项卡【修改】面板中单击 🗔【圆角过渡】按钮。

（2）选择需要圆角过渡的边，如图 5.9 所示。

（3）在【圆角过渡】命令管理栏中，选择【过渡类型】选项组中的【变半径】单选按钮，如图 5.10 所示。

图 5.5 选择要圆角过渡的边

图 5.7 切换半径值效果　　　　　图 5.6 设置起始半径和终止半径

图 5.8 两个点圆角过渡效果

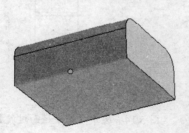

图 5.9 选择需要圆角过渡的边　　　图 5.10 选择【变半径】过渡类型

（4）在要增加变半径的边上单击一点（以黄色圆点显示），在【半径】文本框中输入半径值，在【百分比】文本框中设置变半径点至起始点的距离与长度的百分比，如图 5.11 所示。

使用同样的操作方法，可以添加其他变半径控制点，包括设置半径及位置百分比。

（5）在【圆角过渡】命令管理栏中单击 ✔ 【确定】按钮。创建的变半径圆角过渡效果如图 5.12 所示。

4.【等半径面过渡】圆角过渡

【等半径面过渡】圆角过渡可以在指定的两个相交面上生成等半径圆角过渡。具体操作步骤如下：

127

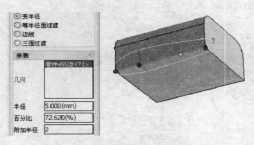
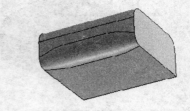

图 5.11　设置变半径点和位置　　　　图 5.12　创建变半径圆角过渡效果

（1）在设计环境中创建一个如图 5.13 所示的实体零件。

（2）在功能区【特征】选项卡【修改】面板中单击 ⬚ 【圆角过渡】按钮。

（3）在出现的【圆角过渡】命令管理栏中，选择【过渡类型】选项组中的【等半径面过渡】单选按钮。设置过渡半径为 10，如图 5.14 所示。

（4）【第一个面（顶面）】收集器被激活，选择如图 5.15 所示的第一个面。

图 5.13　实体零件设计

图 5.15　选择第一个面

图 5.14　选中【等半径面过渡】

（5）单击【第二个面（底面）】收集器的框，将其激活，选择如图 5.16 所示的第二个面。

（6）在【圆角过渡】命令管理栏中单击 ✔ 【确定】按钮。创建的等半径面过渡效果如图 5.17 所示。

5.【边线】圆角过渡

【边线】圆角过渡可以在指定的边线内生成面过渡。具体操作步骤如下：

（1）在功能区【特征】选项卡【修改】面板中单击 ⬚ 【圆角过渡】按钮。

（2）在出现的【圆角过渡】命令管理栏中，选择【过渡类型】选项组中的【边线】单选按钮，如图 5.18 所示。

（3）【第一个面（顶面）】此时处于激活状态（其标签文字以红色显示表示激活状态），在实体零件中选择如图 5.19 所示的一个实体面。

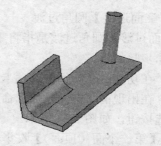

图 5.16　选择第二个面　　　　　　　　　图 5.17　创建等半径面过渡效果

（4）单击【第二个面（底面）】收集器的框，或者按 Tab 键将其激活，在实体零件中选择如图 5.20 所示的实体面。

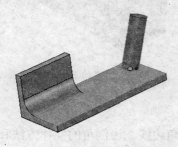

图 5.18　选择【边线】过渡　　　　图 5.19　选择第一个面　　　　　　图 5.20　选择第二个面

（5）在【边线】收集器的框中单击，或者按 Tab 键，选择圆柱体下端面的圆形边线，如图 5.21 所示。

（6）在命令管理栏的【过渡半径】文本框中输入"0"。单击 ✔【确定】按钮，创建的边线过渡效果如图 5.22 所示。

图 5.21　选择一条边　　　　　　　　　图 5.22　指定边线面过渡效果

129

6.【三面过渡】圆角过渡

【三面过渡】圆角过渡是指将零件中的某一个面，经由圆角过渡改变成一个圆曲面。具体操作步骤如下：

（1）在功能区【特征】选项卡【修改】面板中单击 【圆角过渡】按钮。

（2）在出现的【圆角过渡】命令管理栏中，选择【过渡类型】选项组中的【三面过渡】单选按钮，如图 5.23 所示。

（3）【第一个面（顶面）】收集器自动激活，在实体零件中选择如图 5.24 所示的第一个实体面。

（4）在【第二个面（底面）】收集器的框中单击，将其激活，在实体零件中选择如图 5.25 所示的第二个实体面。

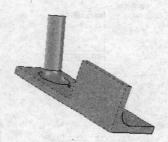

图 5.23　设置【三面过渡】类型　　　图 5.24　选择第一个面　　　图 5.25　选择第二个面

（5）在【中央面组】收集器的框中单击，将其激活，选择如图 5.26 所示的面。

（6）在命令管理栏中单击 ✔【确定】按钮，创建的三面过渡效果如图 5.27 所示。

图 5.26　选择中间面　　　　　　　图 5.27　创建的三面过渡效果

5.1.2　边倒角过渡

边倒角过渡是将尖锐的棱边线设计成平滑的斜角边线。边倒角的操作方法和圆角过渡的操作方法类似。

130

（1）在功能区【特征】选项卡【修改】面板中单击 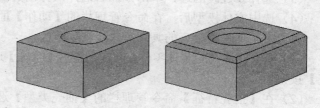【边倒角】按钮。

（2）出现如图 5.28 所示的【倒角】命令管理栏，系统提供了三种倒角类型，即【距离】、【两边距离】和【距离-角度】。本例中选择【距离-角度】单选按钮，并设置距离为 4，角度为 45°。

（3）选择需要倒角的边。

（4）在命令管理栏中单击 ✓【确定】按钮，创建的边倒角过渡效果如图 5.29 所示。

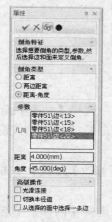

图 5.28 【边倒角】命令管理栏

图 5.29 边倒角过渡效果

5.2 抽 壳

抽壳是将一个实体零件挖空而保留指定壁厚的设计过程，如图 5.30 所示。CAXA 实体设计 2009 提供的抽壳方式有向内抽壳、向外抽壳和两侧抽壳。

（1）向内抽壳。向内生成抽壳特征，抽壳厚度从表面向实体内部测量。

（2）向外抽壳。向外生成抽壳特征，抽壳厚度从表面向外界定。

（3）两侧抽壳。向两侧生成抽壳特征，即以表面为中心分别向两侧形成壳厚。

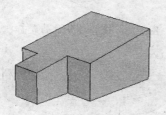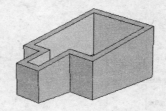

图 5.30 抽壳示例

在实体智能图素编辑状态下，单击鼠标右键，从弹出的快捷菜单中选择【智能图素属性】命令，打开【拉伸特征】对话框，利用【抽壳】选项卡可以对选定图素进行抽壳设置，如图 5.31 所示。

CAXA 实体设计 2009 提供了专门用于对零件进行抽壳设计的命令及工具。当选中要抽壳的对象后，激活抽壳命令主要有以下四种方式。

（1）在功能区【特征】选项卡【修改】面板中单击 ▣【抽壳】按钮。

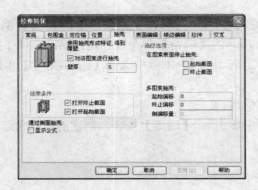

图 5.31 【抽壳】选项卡

（2）从菜单浏览器中选择【修改】→【抽壳】命令。

（3）选择要过渡的边，单击鼠标右键，从弹出的快捷菜单中选择【抽壳】命令。

（4）选中实体模型后，在命令管理栏的【动作】面板中单击 🔲【抽壳】按钮。

对选中实体进行抽壳的具体操作步骤如下：

（1）选中要抽壳的实体零件，并在功能区【特征】选项卡【修改】面板中单击 🔲【抽壳】按钮。

（2）在【抽壳特征】命令管理栏的【抽壳类型】选项组中选择【内部】单选按钮，如图 5.32 所示。

（3）在零件上选择要开口的表面，如图 5.33 所示.

（4）在命令管理栏的【参数】选项组的【厚度】文本框中设置壳体的厚度。

（5）在命令管理栏中单击【预览】按钮预览抽壳效果。单击【确定】按钮，确定生成抽壳特征，效果如图 5.34 所示。

图 5.32 【抽壳特征】命令管理栏

图 5.33 选择要开口的表面

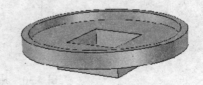

图 5.34 抽壳特征效果

5.3 分 裂 零 件

在 CAXA 实体设计 2009 中，可以使用缺省分割造型分裂零件，也可以使用其他零件来分割指定零件。但需要注意的是，【分裂零件】命令仅适用于创新模式下的零件。

5.3.1 使用缺省分割造型分裂零件

具体操作步骤如下：

（1）在零件设计模式下，选择需要分割的零件。

（2）在功能区【特征】选项卡【修改】面板中单击🖿【分裂零件】按钮，或者从菜单浏览器中选择【修改】→【分裂零件】命令；弹出【分裂零件】对话框，如图 5.35 所示。

（3）在零件上单击，选择用于定位分割造型的点。此时将出现一个带尺寸控制柄的灰色透明框，用以表示分割造型，如图 5.36 所示。

（4）利用分割造型上的尺寸控制柄或三维球重新设置分割造型的尺寸和位置，以包围住零件上需要分割的部分。

（5）在【分裂零件】对话框中，单击【完成造型】按钮。零件被分割成两个，移动其中的一个零件以便于观察，操作结果如图 5.37 所示。此时，零件的两个分割部分都出现在设计环境中，而在设计树中则出现一个新的备份零件。

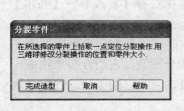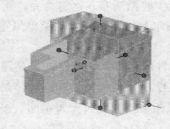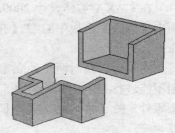

图 5.35 【分裂零件】对话框　　图 5.36 灰色透明框表示的分割造型　　图 5.37 分裂零件

5.3.2 使用其他零件来分割选定零件

使用其他零件来分割选定零件，需要创新模式下的两个相交零件，一个作为分隔零件，另外一个则作为被分隔零件。分隔零件的具体操作步骤如下：

（1）创建如图 5.38 所示的两个相交零件。

（2）选择第一个零件，如图 5.39 所示，该零件默认为被分割零件。按住 Shift 键选择另外一个零件作为分隔零件。

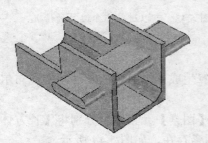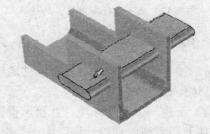

图 5.38 完成的两个零件　　　　　　　图 5.39 选择被分裂零件

（3）在功能区【特征】选项卡【修改】面板中单击🖿【分裂零件】按钮，完成分裂零件的操作。第一个零件被分割为两个零件，如图 5.40 所示。

（4）可以将其中一个小零件隐藏起来，得到的效果如图 5.41 所示。

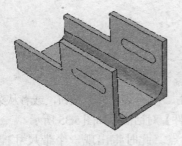

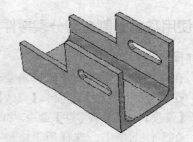

图 5.40 零件分割效果 　　　　　　　　　图 5.41 隐藏小零件效果

5.4 布 尔 运 算

在某些情况下，将独立的零件组合成一个零件或从其他零件中提取一个零件是一种很好的选择。组合零件和从其他零件提取一个零件的操作被称为"布尔运算"。

在 CAXA 实体设计 2009 中要激活布尔运算命令，可以通过单击功能区【特征】选项卡【修改】面板中的 ⬚【布尔】按钮，或者从菜单浏览器中选择【修改】→【布尔】命令。

布尔运算是对两个独立零件的运算。因此，如果是属于同一零件的两个不同图素，则不能进行布尔运算，如图 5.42 所示。长方体和圆柱体是两个图素，它们合起来构成一个零件。图 5.42 左边表示它们在实体设计树中属于同一零件，因此它们无法进行布尔运算。

在图 5.43 中，长方体和圆柱体分别属于两个零件，正如图 5.43 左边设计树中表现的那样，它们是两个零件，所以它们可以进行布尔运算。

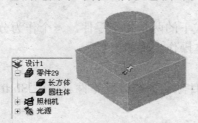

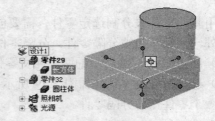

图 5.42 无法进行布尔运算的情况 　　　　图 5.43 可以进行布尔运算的情况

5.4.1 布尔加运算

布尔加运算的目的是将多个零件通过布尔运算生成一个单独的零件。实现布尔加运算的具体操作步骤如下：

（1）新建一个设计环境，并显示设计树。从【图素】元素库中分别将【长方体】和【圆柱体】图素拖放到设计环境中，并作为独立图素存在，如图 5.44 所示。

（2）选中圆柱体，并利用【三维球】工具进行重新定位，使其与长方体相交，如图 5.45 所示。

（3）取消【三维球】工具应用。按住 Shift 键，选中长方体图素和圆柱体图素。

（4）单击功能区【特征】选项卡【修改】面板中的 ⬚【布尔】按钮。

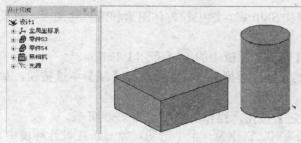

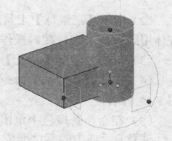

图 5.44　拖放图素生成两个零件　　　　　　　图 5.45　重定位零件

（5）在【布尔特征】命令管理栏的【操作类型】选项组中选择【加】单选按钮，如图 5.46 所示。

（6）在命令管理栏中单击 ✔ 【确定】按钮，则被选定的两个零件组合成一个独立的零件，如图 5.47 所示。

虽然在设计环境中，两个零件的结构没有发生明显变化，但是在零件编辑状态选择零件时被组合在一起的多个零件的外轮廓显示为一个零件。新组件显示蓝绿色轮廓。同时在设计树中可以发现两个零件被合成了一个零件，如图 5.47 所示。

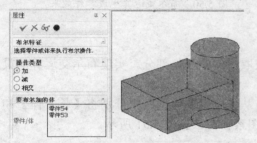

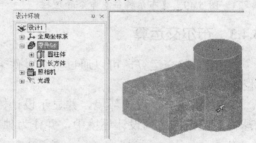

图 5.46　【布尔特征】命令管理栏　　　　　　图 5.47　布尔加运算生成零件效果

5.4.2　布尔减运算

通过布尔减运算，可以将一个零件与其他零件的交集部分裁剪掉，以此获得一个新的零件。实现布尔减运算的具体操作步骤如下：

（1）新建一个设计环境，并显示设计树。从【图素】元素库中分别将【长方体】和【圆柱体】图素拖放到设计环境中，并作为独立图素存在。利用【三维球】工具对它们进行重新定位，重定位结果如图 5.48 所示。

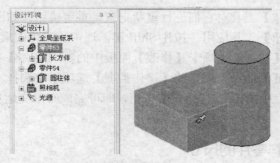

图 5.48　重定位后的两个零件

135

（2）取消【三维球】工具应用。按住 Shift 键，选中长方体图素和圆柱体图素。对长方体用圆柱体来进行减料操作。

（3）单击功能区【特征】选项卡【修改】面板中的⬡【布尔】按钮。

（4）在【布尔特征】命令管理栏的【操作类型】选项组中选择【减】单选按钮，如图 5.49 所示。

（5）在命令管理栏中单击✔【确定】按钮，操作的结果如图 5.50 所示。

注意：后选中的零件变成一个减料零件，它作为一个半透明对象显示在设计环境中。

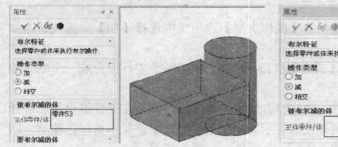 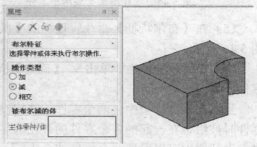

图 5.49　【布尔特征】命令管理栏　　　　　图 5.50　布尔减运算生成零件效果

5.4.3　布尔交运算

使用布尔交运算，可以通过多个零件来获取它们的交集部分。实现布尔交运算的具体操作步骤如下：

（1）新建一个设计环境，并显示设计树。从【图素】元素库中分别将【长方体】和【球体】图素拖放到设计环境中，并作为独立图素存在，如图 5.51 所示。

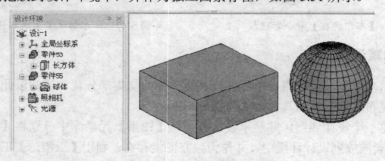

图 5.51　拖放图素生成两个零件

（2）利用【三维球】工具对它们进行重新定位，重定位结果如图 5.52 所示。

（3）取消【三维球】工具应用。按住 Shift 键，选中长方体图素和球体图素。

（4）单击功能区【特征】选项卡【修改】面板中的⬡【布尔】按钮。

（5）在【布尔特征】命令管理栏的【操作类型】选项组中选择【相交】单选按钮。

（6）在命令管理栏中单击✔【确定】按钮，即可完成布尔交运算，其结果如图 5.53 所示。

5.4.4　重新设定减料零件的尺寸

在完成长方体的减料操作之后，还可以对其进行编辑修改，编辑修改的具体操作步

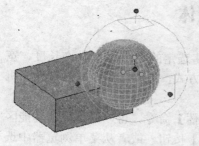

图 5.52　重新定位零件

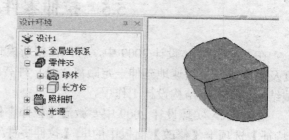

图 5.53　布尔交运算结果

骤如下：

（1）用鼠标选中圆柱体图素，如图 5.54 所示。此时在设计树中可以发现圆柱体作为图素放在长方体的下面。

（2）采用修改一般零件尺寸的方法修改圆柱体，如改变圆柱体的截面直径等。

（3）修改完成后，会发现长方体被减料部分的大小发生了变化，如图 5.55 所示。

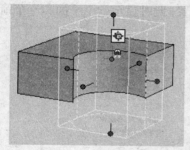

图 5.54　未修改尺寸前

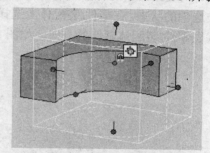

图 5.55　修改尺寸后

5.4.5　新零件在设计元素库中的保存

新生成的零件可能是一个经常使用的零件，因此可以把它放到图素库中保存起来，以备从图素库中调用。

保存的具体方法是，用鼠标选中零件，然后将其拖放至工作区右侧的图素库中。在拖放过程中，鼠标左键应保持按下状态。此时实体设计系统会根据光标的位置激活不同的图素库。当光标处在某一图素库内时，释放鼠标，则制作好的零件会自动放入图素库中，如图 5.56 所示。

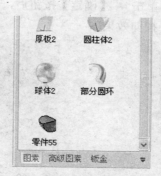

图 5.56　零件拖放到图素库中

5.5 拉伸零件/装配体

在 CAXA 实体设计 2009 中，可以在创新模式下，将选定的零件/装配体在长度、宽度及高度方向上快速地延伸一定距离，是一种智能延伸方式，通常应用在家居设计、机械结构设计及钢结构设计工作中。

在 CAXA 实体设计 2009 中要激活【拉伸零件/装配体】命令，可以通过单击功能区【特征】选项卡【修改】面板中的 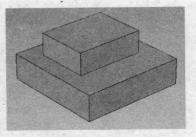 【拉伸零件/装配体】按钮，或者从菜单浏览器中选择【修改】→【拉伸零件/装配体】命令。

拉伸零件/装配体的具体操作步骤如下：

（1）选中在创新模式下绘制的零件/装配体。

（2）在功能区【特征】选项卡【修改】面板中单击 【拉伸零件/装配体】按钮。此时，被选中的零件/装配体轮廓呈白色，如图 5.57 所示。

（3）出现如图 5.58 所示的【拉伸零件/装配体】命令管理栏。该命令管理栏中的按钮处于被选中的状态。在零件/装配体上选择要拉伸的位置，此时显示一个平面和一个箭头，箭头代表零件/装配体延伸的方向，如图 5.59 所示。

图 5.57 被选中的零件/装配体轮廓

图 5.58 【拉伸零件/装配体】命令管理栏

（4）如果需要，可以在【拉伸零件/装配体】命令管理栏的【智能拉伸选项】中单击 按钮，以更改零件/装配体延伸的方向。

（5）在【拉伸距离】文本框中输入延伸距离值。

（6）在命令管理栏中单击 ✔【确定】按钮，完成操作，拉伸效果如图 5.60 所示。在对某些模型进行拉伸操作时，单击 ✔【确定】按钮后，可能会弹出【拉伸警告】对话框，单击【确定】按钮可以获得拉伸效果。

图 5.59 拉伸位置的显示

图 5.60 拉伸零件/装配体效果

5.6 删 除 体

【删除体】命令目前仅适用于工程模式下的零件。具体操作步骤如下：

（1）在功能区【特征】选项卡【修改】面板中单击 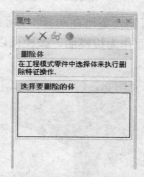【删除体】按钮，或者从菜单浏览器中选择【修改】→【删除体】命令。

（2）如果设计环境中没有激活的零件，则在图形窗口左侧会出现如图 5.61 所示的【删除体】命令管理栏，这时【在设计环境中选择一个工程模式零件】单选按钮处于被选中状态，需要从设计环境中选择一个工程模式零件，选择零件后命令管理栏将变成如图 5.62 所示的样式。

如果设计环境中有激活的零件，则会直接出现如图 5.62 所示的命令管理栏。

（3）在工程模式零件中选择要删除的体。

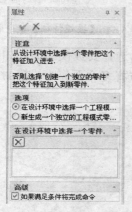

图 5.61 【删除体】命令管理栏（一）　　　　　　图 5.62 【删除体】命令管理栏（二）

（4）在命令管理栏中单击 ✔【确定】按钮，则该零件中的所选体被删除，删除后激活零件仍然保留。

5.7 面 拔 模

使用【面拔模】工具，可以在实体选定面上添加一个相对于草图平面的指定斜度，设计形成特定的拔模角度。在 CAXA 实体设计 2009 中，有【中性面】、【分模线】和【阶梯分模线】三种面拔模形式。拔模示例如图 5.63 所示。

在功能区【特征】选项卡【修改】面板中单击 📖【面拔模】按钮，或者从菜单浏览器中选择【修改】→【面拔模】命令，打开如图 5.64 所示的【拔模特征】命令管理栏。在该命令管理栏中可以指定拔模类型等内容。

5.7.1 中性面拔模

激活 📖【面拔模】命令后，在【拔模特征】命令管理栏的【拔模类型】选项组中选择【中性面】单选按钮，此时【中性面】收集器处于激活状态，选择一个平面确定中性面拔模方向，如选择如图 5.65 所示的实体面作为中性面，图中的箭头表示拔模角度的方向。

139

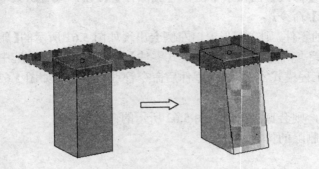

图 5.63　拔模示例　　　　　　　　　　　　　图 5.64　【拔模特征】命令管理栏

【拔模面】收集器在选择中性面后被自动激活，然后选择要拔模的面，如选择如图 5.66 所示的面作为拔模面，拔模面以棕蓝色表示。可以选择多个面作为拔模面。

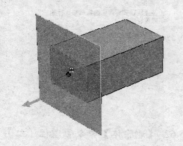
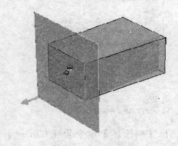

图 5.65　指定中性面　　　　　　　　　　　　　图 5.66　选择拔模面

指定拔模面后，在【拔模特征】命令管理栏的【拔模角度】文本框中输入拔模角度，如输入"7"（deg）。

单击 🔩【预览】按钮，可以在图形窗口预览到拔模的效果，如图 5.67 所示。如果需要，可以将鼠标置于表示拔模方向的箭头处并单击，则拔模角度变成相反方向，如图 5.68 所示。

在【拔模特征】命令管理栏中单击 ✓【确定】按钮，完成拔模操作，效果如图 5.69 所示。

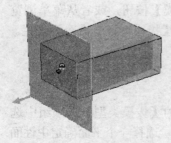

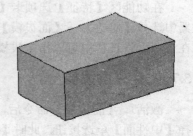

图 5.67　预览拔模效果　　　　图 5.68　切换拔模角度方向　　　　图 5.69　中性面拔模效果

5.7.2 分模线拔模

分模线拔模可以在模型分模线处形成拔模面，分模线可以在平面上，也可以不在平面上。已经存在的模型边可以作为分模线，也可以使用【分割实体表面】命令在模型表面插入一条分模线。分模线拔模的具体操作步骤如下：

（1）创建如图5.70所示的实体零件。在该实体零件上有一条围绕的分割线。

（2）在功能区【特征】选项卡【修改】面板中单击 🔲【面拔模】按钮。打开【拔模特征】命令管理栏，并在【拔模类型】选项组中选择【分模线】单选按钮。

（3）选择拔模的中性面，如图5.71所示，蓝色箭头表示拔模方向。如果需要，可以单击该箭头切换拔模方向。

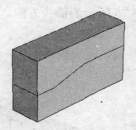

图5.70　创建带有分模线的零件

图5.71　选择中性面

（4）此时，【分模线】收集器自动激活。在【搜索选项】选项组中选择【连接】单选按钮，然后在模型中选择分割线，如图5.72所示。

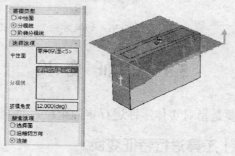

图5.72　选择分割线

（5）确定每一个分模线段处的拔模方向，并将拔模角度设置为12°。

（6）在【拔模特征】命令管理栏中单击 👓【预览】按钮，预览效果如图5.73所示。

（7）在【拔模特征】命令管理栏中单击 ✔【确定】按钮，完成拔模操作，效果如图5.74所示。

图5.73　预览效果

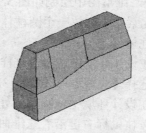

图5.74　分模线拔模效果

5.7.3 阶梯分模线拔模

阶梯分模线拔模是分模线拔模的一种变形，该拔模将生成选择面的旋转，产生小平面（小阶梯）。创建阶梯分模线拔模的具体操作步骤如下：

（1）在功能区【特征】选项卡【修改】面板中单击 🖾【面拔模】按钮。

（2）打开【拔模特征】命令管理栏，并在【拔模类型】选项组中选择【阶段分模线】单选按钮。

（3）选择顶面作为拔模的中性面，其蓝色箭头表示拔模方向。如果需要，可以单击该箭头切换拔模方向。

（4）在模型中选择部分分割线线段，如图 5.75 所示。

（5）分别单击每一个分模线段处的箭头，得到如图 5.76 所示的箭头方向。

（6）设置拔模角度为 10°。

（7）在【拔模特征】命令管理栏中单击 ✔【确定】按钮，完成拔模操作，效果如图 5.77 所示。

  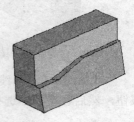

图 5.75 选择分模线   图 5.76 切换方向   图 5.77 阶梯分模线拔模效果

5.8 特 征 变 换

实体特征的变换主要是指对实体零件进行定向定位、复制、镜像、阵列和缩放等。

5.8.1 利用【三维球】工具进行特征变换

在第 3 章中已经介绍了利用【三维球】工具对实体特征进行移动、旋转、阵列、镜像等操作，具有灵活、快捷和可视化的特点，这里仅举一个示例，利用【三维球】工具对特征进行链接操作，其他不再赘述。

示例：沿着曲线拷贝/链接练习。

（1）在二维草图中绘制如图 5.78 所示的二维样条曲线。切换到实体设计环境，从【图素】设计元素库中拖放一个圆柱体到设计环境中，适当调整包围盒尺寸。利用【三维球】工具对圆柱体重定位。

（2）在设计环境中选择二维样条曲线并单击鼠标右键，弹出快捷菜单，如图 5.79 所示，从中选择【生成】→【提取 3D 曲线】命令。

（3）在设计环境中使圆柱体处于智能编辑状态，激活【三维球】工具。

（4）按住鼠标右键沿着三维曲线拖动三维球中心，直到三维曲线变成亮绿色显示，然后释放鼠标右键，弹出如图 5.80 所示的快捷菜单。

（5）选择【沿着曲线链接】选项，弹出如图 5.81 所示的【沿着曲线复制/链接】对话框。设置数量为 4，距离为 20，然后单击【确定】按钮。

图 5.78　绘制对象

图 5.79　生成三维曲线

图 5.80　拖动操作

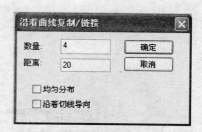

图 5.81　【沿着曲线复制/链接】对话框

（6）圆柱体沿着曲线链接的结果如图 5.82 所示。如果在【沿着曲线复制/链接】对话框中选中【均匀分布】复选框，则链接结果如图 5.83 所示。

图 5.82　沿着曲线链接结果

图 5.83　均匀分布的链接结果

5.8.2　阵列特征

　　CAXA 实体设计 2009 提供了一个实用的用于特征阵列的工具，即 【阵列特征】按钮，它所对应的命令为【修改】→【特征变换】→【阵列特征】。利用【阵列特征】工具实现阵列的具体操作步骤如下：

　　（1）在设计环境中创建一个如图 5.84 所示的实体零件。

　　（2）在功能区【特征】选项卡【变换】面板中单击 【阵列特征】按钮，或者从菜单浏览器中选择【修改】→【特征变换】→【阵列特征】命令。

　　（3）如果设计环境中没有选择零件，将出现如图 5.85（a）所示的【阵列特征】命令管理栏，此时需要在设计环境中选择一个零件，选择要阵列的零件后，命令管理栏变为

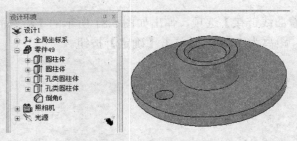

图 5.84 绘制的实体零件

如图 5.85（b）所示。如果在执行【阵列特征】命令前就选择了零件，则直接打开如图 5.85（b）所示的命令管理栏。

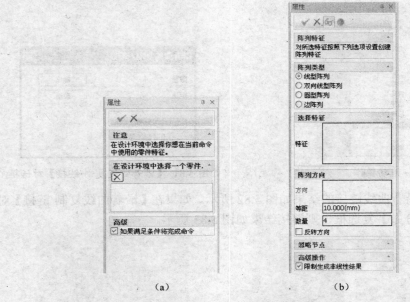

（a）　　　　　　　　　　　　　　（b）

图 5.85 【阵列特征】命令管理栏

（a）未选零件时；（b）选择零件后。

　　（4）在【阵列类型】选项组中选择【圆型阵列】单选按钮。在该选项组中，线型阵列是指沿着直线单方向的阵列；双向线型阵列是指沿直线双方向的阵列；圆型阵列是指沿圆周方向的阵列；边阵列是指曲线驱动阵列，可以选择一条曲线或边，然后沿着此曲线方向阵列。

　　（5）在【选择特征】选项组中激活【特征】收集器，选择如图 5.86 所示的孔类圆柱体作为要阵列的特征。

　　（6）在【轴】选项组的【轴】收集器框中单击，激活【轴】收集器，选择如图 5.87 所示的孔类圆柱体轴线以定义轴。

　　（7）在【轴】选项组中选择【指定间距和个数】单选按钮，设置数量为 6，角度为 60°，如图 5.88 所示。

　　（8）在【阵列特征】命令管理栏中单击 ✔【确定】按钮，完成圆型阵列操作，效果如图 5.89 所示。

144

图 5.86　选择要阵列的特征

图 5.87　定义轴

图 5.88　设置圆型阵列参数

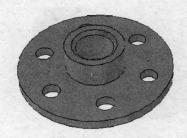

图 5.89　圆型阵列结果

5.8.3　缩放体

【缩放体】功能可以对原来的对象作等比例缩放，具体操作步骤如下：

（1）在功能区【特征】选项卡【变换】面板中单击 🔲【缩放体】按钮，或者从菜单浏览器中选择【修改】→【特征变换】→【缩放体】命令。

（2）打开如图 5.90 所示的【缩放体】命令管理栏，在【缩放参数】选项组的【体】收集器框中单击，激活【体】收集器，选中要等比例缩放的实体零件。

（3）在【缩放参数】选项组中设置好【参考点】、【统一转换】、【缩放比例】等参数。

（4）在【缩放体】命令管理栏中单击 ✔【确定】按钮，完成等比例缩放操作。

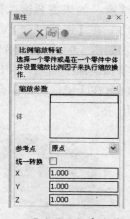

图 5.90　【缩放体】命令管理栏

5.8.4　拷贝体与对称移动

拷贝体可以拷贝激活零件下的体，拷贝以后与原体位置重合。

对称移动的工具包括 🔁【相对长度】、🔁【相对高度】和 🔁【相对宽度】按钮。对于选定的零件或特征，使用这些对称移动工具能够使零件或特征相对于定位锚的长、高或宽作对称的移动。

5.8.5　镜像特征

利用系统提供的【镜像特征】功能，可以使实体对某一个基准面镜像，产生左右对称的两个零件，而原来的实体保留。镜像特征的具体操作步骤如下：

（1）创建一个如图 5.91 所示的工程模式零件。

（2）鼠标左键单击以激活该零件。

（3）在功能区【特征】选项卡【变换】面板中单击  【镜像特征】按钮，或者从菜单浏览器中选择【修改】→【特征变换】→【镜像】→【镜像特征】命令，打开如图 5.92 所示的【镜像特征】命令管理栏。

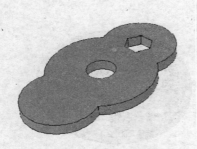

图 5.91　绘制工程模式零件

图 5.92　【镜像特征】命令管理栏

（4）在【选择特征】选项组的【特征】收集器框中单击，将其激活，然后选择要镜像的特征，如图 5.93 所示。

注意： 如果需要镜像体，则应单击激活【选择体】选项组中的【体】收集器。

（5）在【镜像平面】选项组的【平面】收集器框中单击，将其激活，然后选择镜像平面，如图 5.94 所示。镜像平面与镜像特征要属于同一个零件，或者是基准面。选择镜像对象和镜像平面后，会出现镜像的预览。

（6）在【镜像特征】命令管理栏中单击 ✔ 【确定】按钮，完成镜像操作，结果如图 5.95 所示。

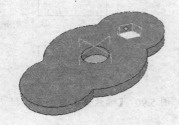

图 5.93　选择要镜像的特征

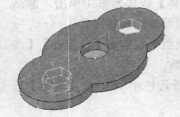

图 5.94　选择镜像平面

图 5.95　镜像结果

5.9　截　面

【截面】工具提供了利用剖视平面或块对零件/装配体进行剖视的工具。对象剖视后显示在设计环境中，以供参考或测量之用。

选择要剖视的零件/装配体后，从菜单浏览器中选择【修改】→【截面】命令，打开如图 5.96 所示的【生成截面】命令管理栏，在【截面工具类型】下拉列表框中提供了以下几种截面工具类型选项。

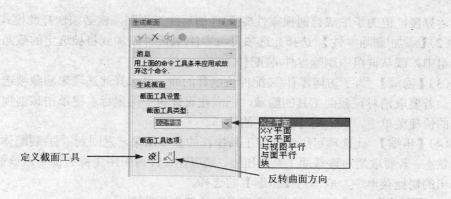

图 5.96 【生成截面】命令管理栏

（1）【X-Z 平面】。沿设计环境的长度和高度方向生成一个无穷大的剖视平面。

（2）【X-Y 平面】。沿设计环境的长度和宽度方向生成一个无穷大的剖视平面。

（3）【Y-Z 平面】。沿设计环境的宽度和高度方向生成一个无穷大的剖视平面。

（4）【与视图平行】。生成与当前视图平行的无穷大剖视平面。

（5）【与面平行】。生成与指定面平行的无穷大剖视平面。

（6）【块】。生成一个可编辑的剖视长方体。

在【生成截面】命令管理栏的【截面工具选项】选项组中还提供了以下两个实用按钮。

（1）✖【定义截面工具】按钮。此项用于确定放置剖视工具的点、面或零件。

（2）✎【反转曲面方向】按钮。利用此项改变当前剖视平面的方向。

示例：零件剖视。

（1）选择需要剖视的零件/装配体。

（2）从菜单浏览器中选择【修改】→【截面】命令。

（3）从【截面工具类型】下拉列表框中选择剖视操作需要使用的截面工具。

（4）单击【定义截面工具】按钮。

（5）根据选定的截面工具，将光标移动到该工具应放置的点、面或零件处，直至出现绿色提示区。

（6）单击，放置剖视工具。在指定位置将显示截面工具。

（7）如果【块】被指定为截面工具，则可通过拖动其控制柄重新设置其尺寸。需要时，可激活三维球并重定位截面工具。

（8）如果需要截面工具的表面反向，可在【截面工具选项】选项组中单击【反转曲面方向】按钮。截面工具将保留箭头所指的零件段。

（9）单击●【应用】或✔【应用并退出】按钮（如果不用本操作，可单击【退出】按钮）。

（10）如果单击了●【应用】按钮，就可以多次重复步骤（3）～步骤（9），以将其他的截面工具添加到选定对象上。

在零件编辑状态下选择剖视平面，然后用鼠标右键单击剖视平面，弹出相应的快捷菜单。根据截面工具类型的不同，快捷菜单将显示以下选项的全部或其中几个。

（1）【精度模式】。此选项可从图形（缺省）模式切换到精度模式。精度模式比图形模式运算慢，但为了生成已剖视零件/装配件的后续工程图，就必须选择此模式。

（2）【添加/删除零件】。选择此选项可将零件/装配件添加到将被选定的截面工具剖视的群组中，或从群组中删除零件/装配件。

（3）【隐藏】。为了访问零件/装配件被剖开的面，可选择此选项来隐藏被选定的截面工具。若要取消对该截面工具的隐藏，则应在设计树中用鼠标右键单击该剖视工具，在弹出的快捷菜单中，取消对【隐藏】的选择。

（4）【压缩】。此选项可压缩剖视工具操作的显示结果，返回到零件/装配体未剖视的显示状态。若要取消对该截面工具的压缩，则应在设计树中用鼠标右键单击该截面工具，在弹出的快捷菜单中，取消对【压缩】的选择。

（5）【删除】。此选项可从设计环境中删除选定的截面工具。

（6）【反向】。此选项可使选定截面工具的剖视方向反向，并显示零件/装配件在设计环境中的另一段。

（7）【生成截面轮廓】。此选项可在被选定截面工具定义的平面上生成一个截面轮廓的二维造型。

（8）【生成截面几何】。此项可在被选定截面工具定义的平面上生成一个表面造型。

（9）【零件属性】。此选项可访问截面工具所在零件的属性。

图 5.97 显示了在中空块上应用【X-Z 平面】截面工具和隐藏截面工具后分别得到的结果。

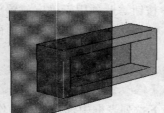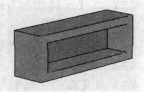

图 5.97　应用截面工具前、后以及隐藏截面工具后的中空块

5.10　直 接 编 辑

直接编辑包括表面移动、表面匹配、表面等距、删除表面、编辑表面半径和分割实体表面等操作。

5.10.1　表面移动

使用【表面移动】命令可以让单个零件的面独立于智能图素结构面而移动或旋转，从而获得新的零件造型。

执行表面移动的一般方法及操作步骤如下：

（1）从【图素】元素库中把一个多棱体拖放到设计环境中。

（2）在功能区【特征】选项卡【直接编辑】面板中单击 【表面移动】按钮，或者从菜单浏览器中选择【修改】→【面操作】→【表面移动】命令，或者用鼠标右键单击选定的面，从弹出的快捷菜单中选择【表面移动】命令。

（3）选择要移动的面，如选择如图 5.98 所示的表面。

（4）出现如图 5.99 所示的【移动面】命令管理栏。该命令管理栏中主要的【移动面工具】和【移动面选项】有以下主要选项。

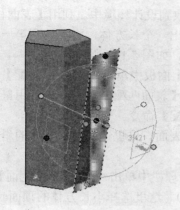

图 5.98　选择要移动的表面

图 5.99　【移动面】命令管理栏

①【三维球】。利用三维球为操作面实施自由重定位。

②【应用上次移动】。在同一次命令执行过程中，对不同的操作面实施上一次定义的表面移动。

③【重建正交】。此选项可通过从零件表面延展新垂直面重新生成以移动面为基准的零件。

④【无延伸移动特征】。利用此选项可移动特征面而不延伸到相交面。

⑤【特征拷贝】。利用此选项可复制特征的选定面。

（5）在【移动面工具】选项组中单击【三维球】按钮，激活的三维球将显示在选定面的定位锚上。利用三维球的操作将选定面重新定位（图 5.98）。

（6）在命令管理栏中单击 🐦 【预览】按钮，在设计环境中预览操作的结果。

（7）在命令管理栏中单击 ● 【应用】或 ✔ 【应用并退出】按钮，弹出如图 5.100 所示的【面编辑通知】对话框。

（8）在【面编辑通知】对话框中单击【是】按钮。如果想以后不再弹出该对话框，则可以在该对话框中选中【总是组合智能图素，不再显示通知】复选框。

该多棱体经过表面移动操作后的结果如图 5.101 所示。

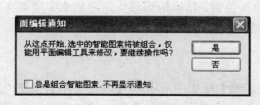

图 5.100　【面编辑通知】对话框

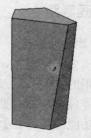

图 5.101　表面移动的结果

5.10.2　表面匹配

使用【表面匹配】命令可以使零件上选定的面同指定面相匹配。匹配的方法是修剪或延展零件上需要匹配的面，使其与匹配面的下表面匹配。

执行表面匹配的一般方法及操作步骤如下：

（1）从【图素】元素库中把一个长方体拖放到设计环境中。利用【表面移动】，使长方体的上表面倾斜。再从【图素】元素库中拖出一个长方体，将其放到第一个长方体的前部，并在智能图素编辑状态下调整它的大小，如图 5.102 所示。

（2）在功能区【特征】选项卡【直接编辑】面板中单击 🖋【表面匹配】按钮，或者从菜单浏览器中选择【修改】→【面操作】→【表面匹配】命令，或者用鼠标右键单击选定的面，从弹出的快捷菜单中选择【表面匹配】命令。

（3）选择要匹配的表面，即选择被匹配的表面。这里选择大长方体的斜面作为匹配面。

（4）在如图 5.103 所示的【匹配面】命令管理栏中单击 ◇【选择匹配面】单选按钮，然后选择要匹配到的面（将与选定面匹配的面）。这里选择小长方体的顶面。

（5）在命令管理栏中单击 🔍【预览】按钮，预览操作的结果。

（6）在命令管理栏中单击 ●【应用】或 ✔【应用并退出】按钮，完成操作。

操作结束时，【面编辑通知】对话框将出现在屏幕上，在该对话框中单击【是】按钮。操作结果如图 5.104 所示。

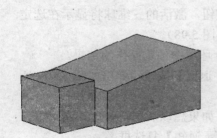
图 5.102　表面匹配前的零件

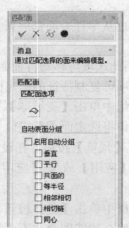
图 5.103　【匹配面】命令管理栏

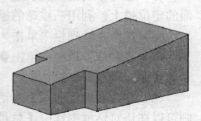
图 5.104　表面匹配操作结果

5.10.3　表面等距

【表面等距】是指使一个面相对于其原来位置，精确地偏移一定距离来实现对实体特征的修改。需要注意的是，【表面等距】功能仅适用于创新模式零件。

表面等距的操作方法及步骤如下：

（1）在零件上选择需要偏移的表面。

（2）在功能区【特征】选项卡【直接编辑】面板中单击 🖋【表面等距】按钮，或者从菜单浏览器中选择【修改】→【面操作】→【表面等距】命令，或者用鼠标右键单击选定的面，从弹出的快捷菜单中选择【表面等距】命令。

（3）出现【偏移面】命令管理栏，在【距离】文本框中输入所需的距离值，如图 5.105 所示。距离值为正，表面向外等距偏移，反之则向内等距偏移。

（4）在命令管理栏中单击 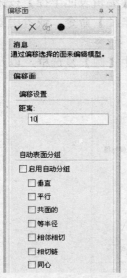【预览】按钮，预览操作的结果。

（5）在命令管理栏中单击●【应用】或 ✔【应用并退出】按钮，完成操作。结果如图 5.106 所示。

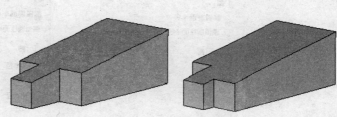

图 5.105　【偏移面】命令管理栏　　　　　图 5.106　　偏移零件的一个侧面

5.10.4　删除表面

利用删除表面功能可以删除零件的一个面。删除一个面后，其相邻面将延伸，以弥合形成的开口。如果相邻面的延伸无法弥合开口，表明操作失败。

示例： 删除表面。

（1）选择需要删除的面。

（2）在功能区【特征】选项卡【直接编辑】面板中单击 🗙【删除表面】按钮，或者从菜单浏览器中选择【修改】→【面操作】→【删除表面】命令，或者用鼠标右键单击选定的面，从弹出的快捷菜单中选择【删除表面】命令，即可完成对所选表面的删除。操作结果如图 5.107 所示。

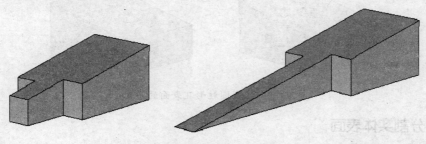

图 5.107　　删除一个侧面

5.10.5 编辑表面半径

【编辑表面半径】功能可用于编辑圆柱面的半径和椭圆面的长轴半径/短轴半径，以实现对实体特征的编辑操作。【编辑表面半径】功能仅适用于创新模式零件。具体操作步骤如下：

（1）选择一个圆柱面或椭圆面。

（2）在功能区【特征】选项卡【直接编辑】面板中单击🔘【编辑表面半径】按钮，或者从菜单浏览器中选择【修改】→【面操作】→【编辑表面半径】命令，或者用鼠标右键单击选定的面，从弹出的快捷菜单中选择【编辑表面半径】命令。

（3）在弹出的【编辑表面半径】命令管理栏中设置是否选中【圆】复选框，以及相应的半径尺寸，如图 5.108 所示。

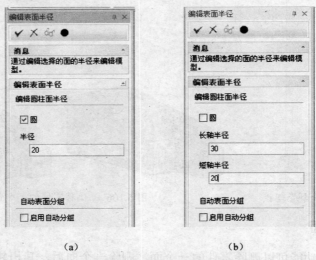

（a）　　　　　　（b）

图 5.108 【编辑表面半径】命令管理栏

（a）圆柱面；（b）椭圆面。

（4）在命令管理栏中单击●【应用】按钮或 ✓【应用并退出】按钮，完成操作。

操作结束时，【面编辑通知】对话框将出现在屏幕上，提示："从这点开始，选中的智能图素将被组合，仅能用平面编辑工具来修改"，单击【是】按钮完成操作。操作结果如图 5.109 所示。

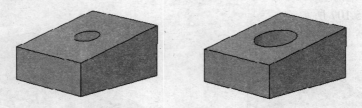

图 5.109 编辑圆柱形孔表面的半径

5.10.6 分割实体表面

【分割实体表面】命令可以将合适的图形（二维草图、已存在的边或三维曲线）投影到表面上，将指定面分割成多个可以单独选择的小面。该功能仅适用于创新模式零件。

在功能区【特征】选项卡【直接编辑】面板中单击 ✑【分割实体表面】按钮，或者从菜单浏览器中选择【修改】→【面操作】→【分割实体表面】命令，将打开如图 5.110 所示的【分割特征】命令管理栏。在该命令管理栏的【分割面】下拉列表框中提供了【投影】、【轮廓】和【用零件分割】三个选项。

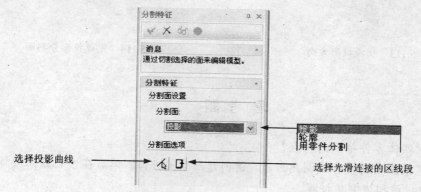

图 5.110 【分割特征】命令管理栏

投影方式用于将线投影到表面/面上，然后沿着投影线将此表面分割成多个部分。具体操作步骤如下：

（1）绘制如图 5.111 所示的零件和平面曲线。

（2）在功能区【特征】选项卡【直接编辑】面板中单击 ✑【分割实体表面】按钮，或者从菜单浏览器中选择【修改】→【面操作】→【分割实体表面】命令。

（3）在【分割特征】命令管理栏的【分割面】下拉列表框中选择【投影】选项。

（4）选择零件的上表面作为要投影分割的实体表面。

（5）在【分割特征】命令管理栏的【分割面选项】选项组中单击 ⌒【选择投影曲线】按钮，然后在图形窗口中选择平面曲线，如图 5.112 所示。

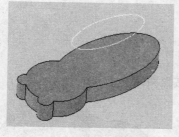

图 5.111 绘制原始图形

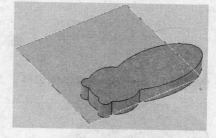

图 5.112 选择投影曲线

（6）在投影平面上单击箭头，切换投影方向，如图 5.113 所示。

（7）在【分割特征】命令管理栏中单击 ✔【应用并退出】按钮，完成操作。结果如图 5.114 所示。

轮廓方式可以将实体的轮廓投影到表面上来分割表面。用零件分割方式与分裂零件比较类似，用零件分割时，选择的第二个零件将确定分离第一个零件的分模线。这两种分割方式请自行练习，这里不再讲述。

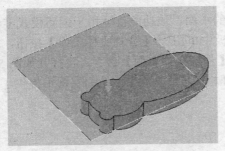

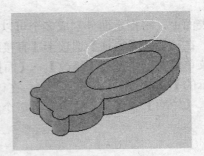

图 5.113　切换投影方向　　　　　　　　　图 5.114　完成投影分割面

思 考 题

1. 简述对实体零件抽壳的特点？

2. 过渡包括圆角过渡和边倒角过渡。请创建一个长方体，然后在该长方体中练习创建各式的圆角过渡和边倒角过渡。

3. 在 CAXA 实体设计 2009 中，可以做出哪几种面拔模形式？

4. 表面修改主要包括哪些操作？

5. 分裂零件主要有哪两种操作？如何调整分裂零件的范围和位置？

6. 利用截面工具可以进行哪些工作？

7. "表面移动"和"拔模斜度"有何异同点？

8. 特征拷贝与特征链接主要区别在什么方面？

9. 布尔运算中的加运算、交运算和减运算分别具有什么样的应用特点？请举例说明布尔运算的操作方法及步骤。

10. 简述使用【阵列特征】命令阵列零件中指定特征的操作步骤（以创建圆型阵列为例进行说明）。

练 习 题

1. 创建如图 5.115 所示的实体零件，具体尺寸按照效果自行确定。

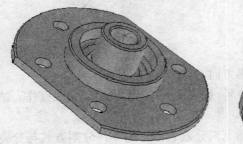

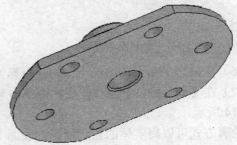

图 5.115　练习题 1 零件图

2. 创建如图 5.116 所示的工程模式零件，具体尺寸按照效果自行确定。

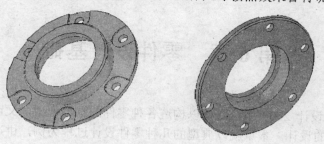

图 5.116　练习题 2 零件图

3. 完成如图 5.117 所示实体零件设计。

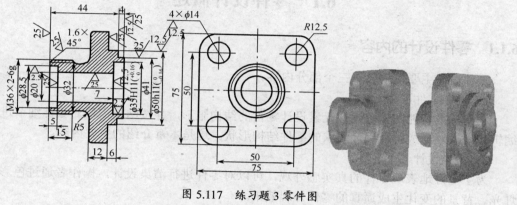

图 5.117　练习题 3 零件图

第6章　零件设计基础

CAXA 实体设计 2009 系统既可以构造各种零件的三维模型，又可以一边设计一边修改，实现创新的设计。本章就以典型的几种零件设计过程为例，讲述基本零件的造型设计方法。

6.1　零件设计概述

6.1.1　零件设计的内容

零件设计主要包括以下三个部分内容。

1．构造零件形体

利用标准智能图素等设计元素设计零件的结构雏形，并按结构需要对零件细节进行编辑和修改，形成符合设计要求的零件结构形状。这是本章介绍的主要内容。

2．渲染设计

为了更好地表现零件的真实感外观，可以对零件进行渲染设计，操作者通过色彩、灯光、背景的变化生成逼真的零件外观效果。

3．动画设计

对于某些可运动的零件或机构，可以通过动画形式展现零件或机构的运动状态和过程，也可以通过动画对运动零件进行干涉检查。本书将在第14章介绍动画设计的详细内容。

6.1.2　构造零件的基本方法

实体设计系统提供了构造零件的多种设计方法，其中常用的基本方法有以下四种。

1．堆垒叠加法

根据需要，利用设计元素库中不同的标准智慧图素，像搭积木一样搭建出所需的零件，这是零件结构可视化设计(初步设计)采用的主要方法。

2．自定义智慧图素法

利用自定义智能图素功能，按零件结构需要先绘制二维截面图形，然后通过拉伸、旋转、扫描或放样等手段生成所需的三维零件。

3．导入法

通过菜单浏览器【文件】菜单下【输入】的操作，将其他软件中生成的零件模型直接导入到 CAXA 实体设计 2009 系统作为实体设计环境下的零件加以使用。

4．修改编辑法

根据设计需要对现有零件进行编辑和修改，如改变零件的尺寸、增加新的结构等，从而生成新的实体零件。

6.2 图素的定位

一些简单的零件可以直接从设计元素库中调用相关的智能图素实现零件设计。但在多数情况下，一个零件都是由多个基本图素组合而成的。在构造零件的过程中，解决图素在零件中的定位问题成为零件设计的关键。本书在前面章节中介绍了在拖放图素过程中如何通过智能捕捉功能实现图素在零件特殊位置上的定位方法。例如，将图素定位于零件表面中心、将图素某表面与零件表面对齐等。本节将进一步向读者介绍图素的定位方法。

6.2.1 三维球定位

三维球是实体设计系统独特而灵活的空间定位工具，利用三维球既可以实现图素在零件中距离的定位，也可以实现图素的方向定位。

1．距离定位

利用三维球的移动功能，可以将三维球中心控制手柄定位在所需的特定位置上，从而确定图素的确切位置。常用的方法有以下三种。

1）直接利用三维球中心控制手柄

如果要将三维球中心控制手柄定位于零件上的一个智能捕捉点，例如，将图 6.1（a）中的棱柱体底面中心定位于长方体右下角点，则可以在智能图素编辑状态下选定圆柱体，然后单击快速启动工具栏上的 ⬡【三维球】按钮或 F10 快捷键，显示三维球工具。再用鼠标右键单击中心控制手柄，在弹出的快捷菜单中选择【到点】命令，如图 6.1（b）所示。将鼠标移动到长方体的右下角点处，待显示出绿色的智能捕捉点后，单击该点，此时棱柱体即可完成定位，如图 6.1（c）所示。如果在图 6.1（b）中选择菜单中的【到中心点】，则可以将图素平移到指定对象端面或侧面的中心位置上。

当然，最简单的办法是直接拖动三维球中心控制手柄进行移动定位。

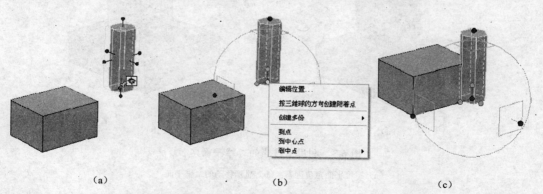

（a）　　　　　　　　　　（b）　　　　　　　　　　（c）

图 6.1　直接利用三维球中心控制柄的中心点定位

（a）定位三维球中心；（b）鼠标右键单击三维球心；（c）圆柱体中心定位。

2）利用外控制手柄

利用外控制手柄移动图素，完成图素的定位。在智能图素编辑状态下选定图 6.1 中的多棱体，启动三维球工具。单击三维球左侧的外控制柄，沿该控制手柄形成一条亮黄色的轴线，该轴线将图素的移动限制在该方向上，如图6.2（a）所示。在鼠标显示为 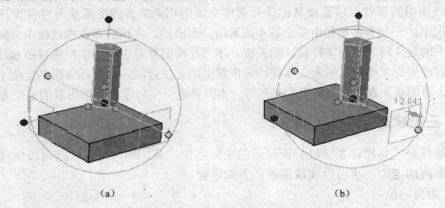 的情况下，拖动鼠标移动图素的同时会显示出移动的距离值，如图6.2（b）所示。若要精确地移动图素，在距离值上单击鼠标右键，在弹出的对话框中对距离值进行编辑即可。

（a）　　　　　　　　　　　　（b）

图 6.2　利用外控制手柄定位

（a）外控制手柄定位图素；（b）显示移动的距离。

3）利用三维球的二维平面

利用三维球的二维平面移动图素，完成图素的定位。如图6.3（a）所示，在智能图素编辑状态下选定上方的长方体，然后启动三维球工具。当将鼠标移动到上部的二维平面时，该平面以亮黄色显示，同时鼠标显示为 形式。此时拖动鼠标，长方体将在二维平面内移动，同时显示出沿互相垂直的两个方向移动的距离值，如图6.3（b）所示。若要精确地移动图素，可用鼠标右键单击距离值，在弹出的对话框中编辑距离值即可。

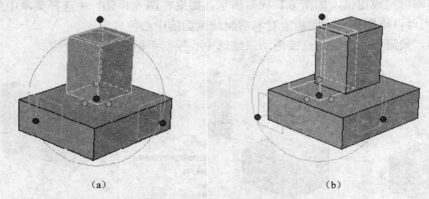

（a）　　　　　　　　　　　　（b）

图 6.3　利用三维球的二维平面定位

（a）二维平面定位因素；（b）显示移动的二维平面。

2．方向定位

在构造零件的过程中，除了需要确定图素的定位点之外，有时还需要调整图素的方向，利用三维球可以方便地对图素进行方向定位。

1）利用外控制手柄

在智能图素编辑状态下选定图6.1中的多棱体，启动三维球工具。然后单击三维球左侧的外控制柄，则沿该控制手柄会形成一条亮黄色的轴线；将鼠标移动到该轴线，鼠标显示为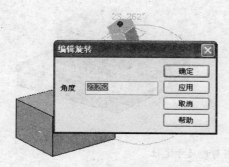形式。此时，可拖动鼠标使图素绕该轴线旋转，并在旋转的同时显示出旋转的角度值。若要精确地旋转图素，可用鼠标右键单击角度值，在弹出的菜单中单击【编辑值】命令，即可在弹出的【编辑旋转】对话框中进行角度值编辑，如图6.4所示。

2）利用定向控制手柄

三维球上有三个通过中心且彼此垂直的定向控制柄。用鼠标左键拖动定向控制柄，可使三维球连同图素一起旋转，从而可以实现方向定位操作，但这种定位是不精确的。

如果要想精确地控制方向，可以用鼠标右键单击某个定向控制柄，弹出如图6.5所示的快捷菜单。通过选择不同的菜单项，来实现图素方向的定位。例如，如果选择【与边平行】命令，可以将选定的定向控制柄与选定的边平行，从而实现三维球与图素的复位。

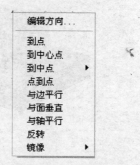

图6.4　外控制手柄定位　　　　　　图6.5　快捷菜单

6.2.2　智能尺寸定位

智能尺寸定位是标注在图素或零件上的尺寸，可以利用智能尺寸实现图素在零件上的定位。如图6.6所示的【智能图素】工具栏给出了智能标注的各种工具。也可以在功能区的【工程标注】选项卡的【尺寸】面板中单击相应按钮。各选项的含义如下所示：

（1）【线性标注】。测量并标注两个点之间的线性距离。

（2）【水平标注】。测量并标注两个点之间的水平距离。

（3）【垂直标注】。测量并标注两个点之间的垂直距离。

图6.6　【智能标注】工具栏

（4）【角度标注】。测量并标注两个平角之间的角度。

（5）【半径标注】。测量并标注曲线、圆柱曲面的半径。

（6）【直径标注】。测量并标注曲线、圆柱曲面的直径。

在零件编辑状态下，如果在组成同一零件的不同图素之间使用智能尺寸功能，可以实现尺寸的标注，但不能对智能尺寸进行编辑或锁定。如果在零件的编辑状态下，在不同零件之间使用智能尺寸功能，就可以对智能尺寸进行编辑或锁定。因此，对图素在零件中的定位操作，应该在智能图素状态下进行。

1．使用智能尺寸定位

通过在构成图素的点、边和面元素之间标注智能尺寸，可以方便地实现图素定位。

如图 6.7（a）所示，底板和长方体两个图素已经组合成为一个零件，如果要将长方体在底板上准确定位，想确定长方体与底板左右两个侧面之间的距离，操作步骤如下：

（1）在智能图素编辑状态下选定长方体。

（2）单击线性标注按钮 ，利用智能捕捉拾取长方体侧面底边中心，如图 6.7（a）所示。

（3）将鼠标移动到底板上表面的左侧棱边上，待该棱边呈亮绿色显示时单击鼠标左键，从而标出长方体与厚板两侧之间的距离，如图 6.7（b）所示。

（4）拖动尺寸值，将尺寸放置到适当的位置。从设计树中也可以看到长方体图素的下面增加了一个尺寸项。

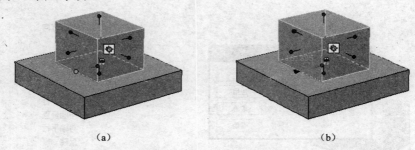

（a） （b）

图 6.7　用智能尺寸定位

（a）利用智能捕捉拾取点；（b）尺寸标注。

2．修改图素的位置

在智能图素编辑状态下，拖动图素即可改变图素的位置。要实现图素精确定位，可将鼠标移到相应的智能尺寸上，尺寸加亮，用鼠标右键单击该尺寸，在弹出的快捷菜单中选择【编辑智能尺寸】命令，然后在打开的【编辑智能标注】对话框中修改该尺寸值，如图 6.8 所示。如果在该快捷菜单中选择【编辑所有智慧尺寸】命令，则打开【编辑所有智能尺寸】对话框，就可以同时修改全部尺寸值，如图 6.9 所示。

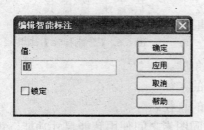

图 6.8　【编辑智能标注】对话框

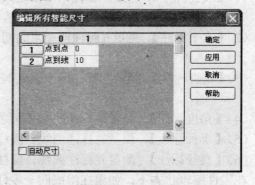

图 6.9　【编辑所有智能尺寸】对话框

3．锁定图素的位置

在构造零件的过程中，如果希望保持图素的某个定位尺寸始终不变，则需要将该智

160

能尺寸锁定。锁定智能尺寸的步骤如下：

（1）在智能图素状态下用鼠标右键单击某尺寸，在弹出的快捷菜单中选中【锁定】选项。

（2）或者在【编辑智能尺寸】对话框中选中【锁定】，也可将该尺寸锁定。

（3）此时，被锁定的尺寸值旁出现一个星号，同时还可从设计树中看到被锁定的尺寸前显示一个锁形图标 🔒 。

6.2.3 附着点定位

尽管在缺省状态下，CAXA 实体设计 2009 是以对象的定位锚为结合点的，但是通过添加附着点，就可以使操作对象在其他位置结合。可以把附着点添加到图素或零件的任意位置，然后直接将其他图素贴附在该点。

1．利用附着点组合图素和零件

（1）从【图素】元素库中把一个图素拖到设计环境中。

（2）从菜单浏览器中选择【设计工具】→【附着点】命令。

（3）在零件编辑状态下选定零件，然后把鼠标移到该图素上，在要添加附着点的相应位置处单击，图素的表面就出现一个新添加的附着点的标记。

（4）从【图素】元素库中拖出另一个图素，移到附着点附近，当附着点变绿时，释放新图素。此时，新图素的定位锚就与第一个图素的附着点连在一起。

（5）也可以将附着点放置在两个零件上，并用这些点将两个零件组合在一起。拖动其中一个零件的附着点，把它释放到另一个零件的附着点上，就可完成。

2．附着点的重定位和复制

在零件编辑状态下选择附着点，显示其黄色提示区，启动【三维球】工具，就可以利用三维球对附着点进行重定位和复制。

3．删除附着点

选定某个附着点，显示黄色的提示区，然后按下 Delete 键，或者单击鼠标右键，从弹出的菜单中选择【删除附着点】命令，就可删除附着点。

6.2.4 智能捕捉反馈定位

智能捕捉具有强大的定位功能。智能捕捉反馈定位的各种操作方法如下：

（1）从元素库中拖出一个新的图素，光标指向已有图素或零件的主控曲面，主控曲面的棱边显示为绿色，如图 6.10 所示，释放拖入的图素，系统将图素的锚点定位到主控图素的表面上，如图 6.11 所示。

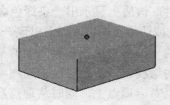

图 6.10　主控图素的主控曲面

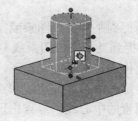

图 6.11　定位到面上

（2）如果要从元素库中拖一个新的图素到主控曲面的中心，则应将该图素拖动到曲面中心的深绿色中心点上。当该点后面出现一个更大更亮的绿点时，才可把新图素释放到主控图素上，如图 6.12 所示。

（3）使用同样的方法可以捕捉到主控图素的棱边（图 6.13）以及棱边的中点（图 6.14）和端点（图 6.15）。

图 6.12　捕捉到主控面中点

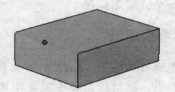

图 6.13　捕捉到棱边

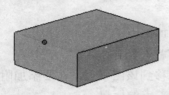

图 6.14　捕捉到棱边的中点

图 6.15　捕捉到棱边的端点

（4）在同一零件中，若要使一个图素的侧面与另一个图素（主控图素)的侧面对齐，则应在智能图素编辑状态下，按下 Shift 键(激活智能捕捉)，朝着主控图素的侧面拖动图素需要对齐的侧面，直至出现与两侧面的相邻边平行的绿色虚线，释放拖动的图素，如图 6.16 所示。拖动图素的另一侧面，还可使它与主控图素的另一侧面对齐，如果图素的一个角与主控图素一角的顶端对齐，就会出现一组相交的绿色虚线，如图 6.17 所示。

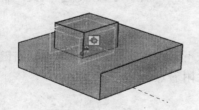

图 6.16　侧面对齐

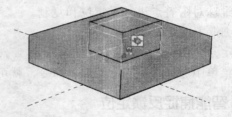

图 6.17　角对齐

上述列举的是最常用的利用智能捕捉反馈定位的方法，另外，在拖动图素的定位锚时也可以利用智能捕捉反馈进行定位。在智能图素编辑状态下，单击图素的定位锚，使它处于激活状态（显示为黄色），按下 Shift 键（激活智能捕捉），然后拖动图素的定位锚：

（1）当捕捉到某个主控图素或零件的相关边时，该边上显示出一条绿色虚线。

（2）当捕捉到某个主控图素或零件的相关顶点或边中点时，该点上出现一个绿色点。

（3）在定位锚被激活的状态下，当拖动图素的一侧与主控图素表面上的某条直线对齐时，将出现绿色的智能捕捉线和点。末端带点的绿线表示的是与被拖动图素选定侧面平行的主控图素的中心线。绿点出现在被拖动图素对应顶点上，同时从顶点沿其与主控图素中心线垂直的轴发射出绿色加亮区。

智能捕捉反馈还可与其他定位工具结合使用，如【三维球】、【智能尺寸】、【无约束装配】工具以及【约束装配】工具等，从而确保了图素在零件中的准确定位。

6.3 轴类零件设计

轴类零件是机械产品中最常见的零件之一。轴类零件的主体结构为若干段相互连接的圆柱体，而各圆柱体的直径、长度各不相同。常用轴的各段圆柱体有共同的轴线。轴上常有键槽、花键、退刀槽、螺纹、销孔、倒角和中心孔等局部结构。

6.3.1 构造主体结构

设计一个轴类零件，先要构造主体结构，即设计出若干段圆柱体。最简单实用的方法是调用设计元素库中的圆柱体图素，然后像搭积木一样依次将它们拼接起来。

1. 构造基本形体

在最初的零件设计中，可以先构造零件的形状，而无须考虑它的精确尺寸。具体操作方法如下：

（1）从设计元素库的【图素】中选择圆柱体图素，并将其拖放到设计环境中。为了符合观察习惯，可改变视向，使轴接近于水平显示位置，如图 6.18 所示。

（2）再次从设计元素库中选择圆柱体图素，然后利用智能捕捉功能，将第二个圆柱体定位于第一个圆柱体左端面的中心位置。在智能图素状态下，拖动包围盒手柄，近似地修改圆柱体的尺寸。

（3）继续使用圆柱体图素，向轴的左端不断添加新的轴段，近似地构造出如图 6.19 所示的具有六段不同直径和长度的轴。

图 6.18　在图素中选择圆柱体

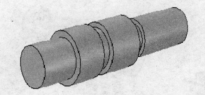

图 6.19　六段直径和长度不同的轴体

2. 精确修改轴段各部分的尺寸

在近似构造出轴的结构之后，可以随时修改其各部分的结构尺寸。在智能图素编辑状态下，选定要修改的某个轴段，用鼠标右键单击包围盒手柄，在弹出的菜单中选中【编辑包围盒】，在其对话框中修改直径和长度。按照表 6.1 的数据对各轴段的尺寸进行编辑修改，其初步结果如图 6.20 所示。

表 6.1　各轴段的直径和长度（图中从左起依次为轴段 1，2…）

轴　段	1	2	3	4	5	6
直径/mm	22	25	20	25	16	17
长度/mm	32	28	3	60	3	10

图 6.20　初步设计结果

6.3.2　构造退刀槽

退刀槽或砂轮越程槽是轴类零件中常见的工艺结构。构造退刀槽有多种方法，而调用圆柱体图素构造退刀槽是简单的方法之一。在 6.3.1 节讲述构造主体结构时，曾利用圆柱体图素直接构造了两个退刀槽，如图 6.20 中的第 3 段和第 5 段。随着设计的不断深入，有时需要在现有结构中增加新的退刀槽，例如，希望在第 1 段、第 2 段之间再增加一段直径为 21、长度为 3 的退刀槽，则可按下列步骤完成其操作。

（1）将第 1 段圆柱体与第 2 段圆柱体分离。在智能图素编辑状态下选定第 1 段圆柱体，启动【三维球】工具，将圆柱体沿其轴线方向向左拖动一段距离，如图 6.21 所示。

（2）调用设计元素库中的圆柱体图素，在如图 6.22 所示的位置增加一段直径为 21、长度为 3 的圆柱体。

（3）将第 1 段圆柱体重新定位到新增圆柱体上。在智能图素编辑状态下选定第 1 段圆柱体并启动三维球工具，用鼠标右键单击中心控制柄，在弹出的快捷菜单中单击【到中心点】，将鼠标移动到新增圆柱体端面中心附近，待中心点呈亮绿色显示后，单击中心点，如图 6.23 所示，从而将第 1 段圆柱体重新定位到新增圆柱体上，如图 6.24 所示。

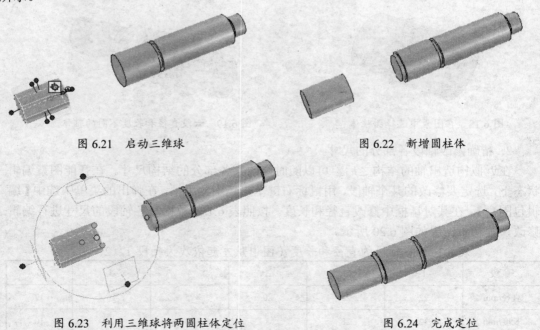

图 6.21　启动三维球　　　　　　　　　　　　　　图 6.22　新增圆柱体

图 6.23　利用三维球将两圆柱体定位　　　　　　图 6.24　完成定位

6.3.3　倒直角

　　轴类零件的两端常常需要做出倒角。CAXA 实体设计 2009 提供了【边倒角】功能来构造轴端的倒角。在功能区【特征】选项卡【修改】面板中单击⬡【边倒角】按钮。在【倒角】命令管理栏中选择【距离-角度】单选按钮，并设置距离为 1，角度为 45°。然后拾取轴左端的棱线，则该棱线呈亮绿色显示，如图 6.25（a）所示。在命令管理栏中单击 ✓【确定】按钮，边倒角操作结果如图 6.25（b）所示。可以按需要对其他轴端棱线进行边倒角操作。

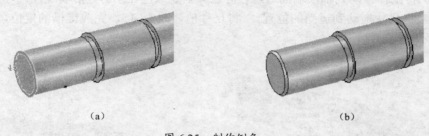

（a）　　　　　　　　　　　　　　　　　　（b）

图 6.25　制作倒角

（a）拾取倒角边线；（b）操作结果。

6.3.4　生成键槽

　　键槽是轴类零件中的常见结构，CAXA 实体设计 2009 系统提供了减料的【孔类键】图素来构造键槽。在使用孔类键图素构造键槽时，关键的问题是如何将孔类键图素在轴上进行准确的定位。

　　1．调入孔类键图素

　　具体方法如下所述：

　　从设计元素库的【图素】中选中孔类键，将孔类键拖动到轴段 2 表面上。在智能图素编辑状态下，利用包围盒设置孔类键的长度、宽度和高度分别为 25、6 和 4，结果如图 6.26 所示。

　　2．孔类键准确定位

　　1）调整键槽的方向

　　方法 1：在智能图素编辑状态下，启动三维球，绕如图 6.27 所示轴线旋转一定角度。编辑角度值为 90°，使键槽方向与轴线平行，调整键槽的方向。

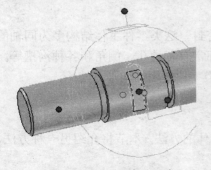

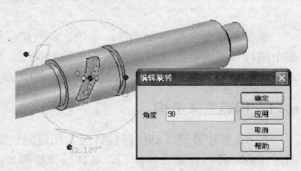

图 6.26　调用孔类键图素　　　　　　图 6.27　调整键槽的方向 1

方法 2：在智能图素编辑状态下，启动三维球，单击右侧的定向控制柄，在弹出的快捷菜单中选中【与轴平行】，拾取任意一段轴段表面，键槽即可自动与轴线平行，如图6.28 所示。

2）确定键槽的轴向位置

具体操作步骤如下所述：

（1）在智能图素编辑状态下，单击智能标注工具栏中的【线性标注】命令。

（2）按下 Ctrl 键，捕捉键槽的中心点作为线性尺寸的第一点，如图 6.29 所示。

（3）将鼠标移动到轴段端面边缘，待边缘呈亮绿色显示时，拾取线性尺寸的第二点。

（4）将尺寸拖动到适当的位置。 将尺寸值修改为 15，完成键槽的定位，结果如图6.29 所示。

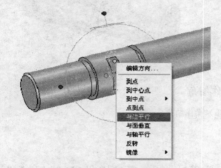

图 6.28 调整键槽的方向 2

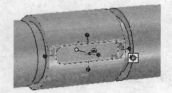

图 6.29 修改键槽尺寸

轴的完成效果如图 6.30 所示。

图 6.30 轴的设计结果

6.4 盘盖类零件设计

盘盖类零件主要用于支撑、连接、轴向定位及密封。这类零件主体结构多为同轴的多个圆柱体或圆柱孔，直径明显大于轴向长度。局部常有各种孔、倒角和各种沟槽等。本节将以如图 6.31 所示法兰盘零件为例，介绍盘盖类零件常用的构形方法。

6.4.1 构造主体结构

在 6.3 节中介绍了利用圆柱体图素构造同轴圆柱体的方法，本节将介绍另一种方法，即通过旋转特性构造主体结构。具体操作步骤如下：

（1）在功能区的【特征】选项卡中，单击【特征】面板上的 【旋转向导】按钮，

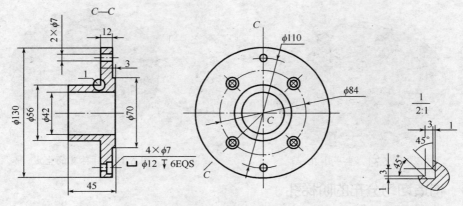

图 6.31　法兰盘零件

在弹出的【旋转特征向导】对话框中连续单击【下一步】→【下一步】→【下一步】→【完成】命令，进入草图绘制环境。

（2）根据图绘制待旋转的二维截面草图，如图 6.32 所示。图中尺寸 21 表示图形距 *Y* 轴的距离。

（3）在【草图】面板中单击 ✔【完成】按钮，经旋转后形成法兰盘主体结构，如图 6.33 所示。

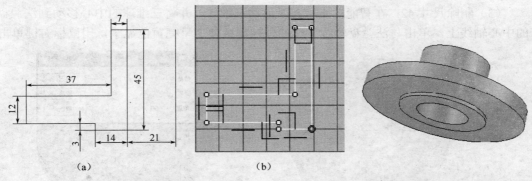

（a）	（b）

图 6.32　绘制二维截面图形　　　　　图 6.33　生成法兰盘主体结构

6.4.2　生成销孔

法兰盘上有两个直径为 7 的销孔，可以采用先构造一个孔，然后再进行复制的方法生成。具体步骤如下：

（1）从【图素】设计元素库中拖动【孔类圆柱体】到法兰盘表面 A 上，修改孔的大小，使直径为 7、高度为 12。利用【线性标注】功能标注小孔顶面中心到所在表面中心的距离，并将其修改为 55。生成的小孔如图 6.34 所示。

（2）在智能图素编辑状态下选定孔，启动三维球，并将三维球中的一个定向控制柄的方向指向法兰盘中心，

（3）用鼠标右键单击外控制柄并按住右键向右拖动，释放鼠标，在弹出的快捷菜单中单击【链接】命令，将【重复拷贝／链接】对话框中的【数量】设为 1、【距离】设为 110。在左侧对应位置构造了一个同样的孔，如图 6.35 所示。

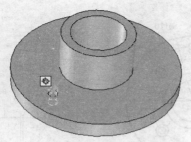

图 6.34　生成小孔

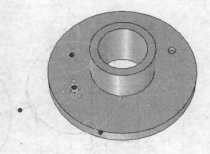

图 6.35　对称孔的生成

6.4.3　构造均匀分布的阶梯孔

为了构造四个均匀分布的阶梯孔，可以先构造出一个，然后再复制出其他三个。在构造第一个孔时，为了准确地定位，可使该孔与两个销孔的连线成 45°夹角。具体方法是先将孔定位于一个销孔上，然后再将其旋转 45°。具体步骤如下：

（1）在左侧的销孔位置构造一个直径 12、高度 6 的孔，如图 6.36（a）所示。

（2）在智能图素状态下启动三维球，将三维球中心移到法兰盘中心轴线上，绕垂直轴线旋转 45°。利用【线性标注】工具，将孔中心到法兰盘中心的距离修改为 42，并将该尺寸锁定，如图 6.36（b）所示。

（3）删除尺寸 42。在智能图素状态下启动三维球，并将三维球的中心移动到法兰盘的中心轴线上，单击与法兰盘轴线共线的外控制柄使之呈亮黄色显示，用鼠标右键单击

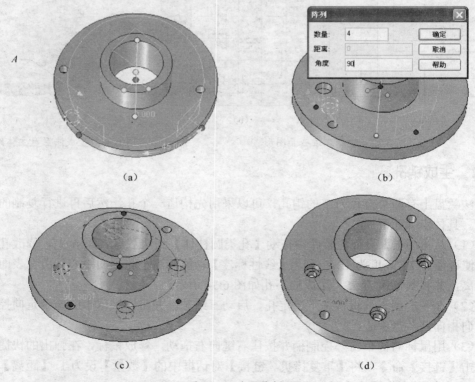

（a）　　　　　　　　　　　　　　　（b）

（c）　　　　　　　　　　　　　　　（d）

图 6.36　阵列阶梯孔

168

并拖动该控制柄，使孔绕该轴旋转。松开鼠标后在弹出的快捷菜单中选中【生成圆形阵列】选项。在【阵列】对话框中将数量值设为 4、角度值设为 90，其阵列结果如图 6.36（c）所示。

（4）在一个直径 12 的孔的底部构造一个直径为 7、高度为 6 的孔，并按上述方法将其进行阵列操作，结果如图 6.36（d）所示。

6.4.4　生成砂轮越程槽

在 6.3 节中介绍了通过圆柱体图素构造退刀槽的方法，本节将介绍通过编辑截面来构造形态较为复杂的砂轮越程槽。具体操作步骤如下：

（1）在智能图素编辑状态下选中图 6.33 中经旋转特征构造的法兰盘主体结构并单击鼠标右键，在弹出的快捷菜单中单击【编辑草图截面】选项。

（2）进入草图截面绘制环境，显示出旋转特征的草图截面轮廓。

（3）修改右侧圆柱体根部的截面，如图 6.37 所示。草图截面修改后，在【草图】面板中单击 ✓【完成】按钮，其造型结果如图 6.38 所示。

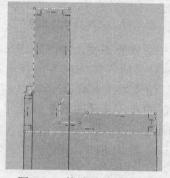

图 6.37　构造砂轮越程槽

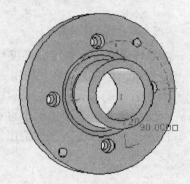

图 6.38　造型结果

6.5　支架类零件设计

支架类零件是典型的常用机械零件，它的主要功能是支撑和连接。在构造上常有底板、支承板、凸台和肋板等结构。本节将以如图 6.39 所示支架类零件为例介绍支架类零件的生成方法。

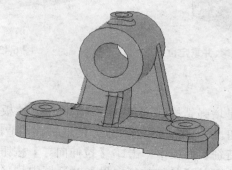

图 6.39　典型的支架类零件

169

6.5.1　构造底板和圆筒

构造支架类零件的底板和圆筒，其关键是如何解决圆筒与底板之间的定位问题。下面举例说明构造过程。

（1）从【图素】设计元素库中拖动出一个长方体图素，并将其长度、宽度和高度分别设为30、90和10，形成底板雏形，如图6.40所示。

（2）从【图素】设计元素库中拖动出一个圆柱体图素，将其定位于长方体左下棱的中点处，如图6.41所示。

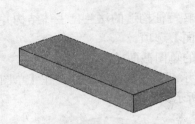 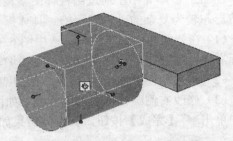

图6.40　长方体图素　　　　　　　　　　　图6.41　定位圆柱体图素

（3）将圆柱体长度、宽度和高度均设定为30。利用智能捕捉，将圆柱体左、右端面分别与底板的左、右端面对齐。利用三维球将圆柱体沿手柄A的方向向上移动40，沿手柄B的方向向右移动5，从而完成圆柱体的定位。其结果如图6.42所示。

（4）在圆柱体的中心添加一个直径16、高度30的孔。从【图素】设计元素库中拖动出孔类长方体，在底板下部构造出宽35、高2的通槽，如图6.43所示。

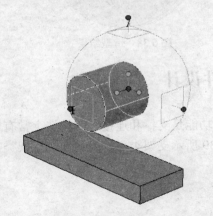 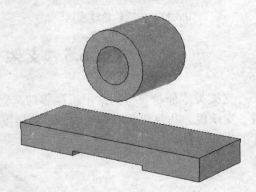

图6.42　设置圆柱体参数并重定位　　　　　图6.43　添加孔和通槽

6.5.2　构造支撑板

支撑板的主要作用是增强结构强度和刚度，本例中支撑板的特点是，与底板后表面对齐，并与圆筒表面相切。采用拉伸特征可以方便地将其构造出来。具体操作步骤如下：

（1）在功能区的【特征】面板中单击 ![icon] 【拉伸向导】按钮，启用智能捕捉拾取底板上棱线的中点，在接续出现的【拉伸特征向导】对话框中均采用默认的设置，在【拉伸特征向导-第 3 步】中设置距离为 8。

（2）绘制支撑板的截面草图，其中底边长度为 45。在绘制过程中，可以通过【投影】工具将圆柱端面的大圆、底板上棱边进行投影，并用 ✎【相切约束】工具作圆的切线。利用【裁剪】工具将多余的线条修剪掉，如图 6.44 所示。

（3）利用【三维球】工具将支撑板向内移动 8mm。完成造型后的结果如图 6.45 所示。

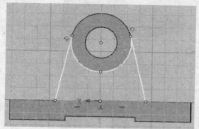

图 6.44　支撑板的截面草图

图 6.45　生成支撑板

6.5.3　构造肋板

在本例中，支架肋板的基本形状是一个直角梯形，其上方与圆柱体相交。为此，可以先构造一个与圆柱体底部相切的梯形，并以此来控制肋板的基本形状和尺寸，然后再利用表面匹配功能，使肋板与圆柱体相交。具体操作方法如下：

（1）以图 6.45 中支撑板下棱边中点为定位点，利用 🗗【拉伸向导】构造形体。

（2）在图 6.46【拉伸特征向导-第 2 步】对话框中和图 6.47【拉伸特征向导-第 3 步】对话框中设置相关内容。

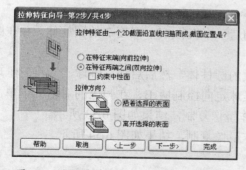

图 6.46　【拉伸特征向导-第 2 步】对话框

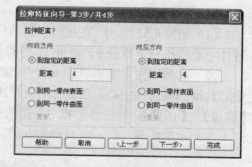

图 6.47　【拉伸特征向导-第 3 步】对话框

（3）利用【三维球】工具调整草图面的位置，并在指定面上通过【投影】、【裁剪】工具绘制如图 6.48 所示的直角梯形。在【草图】面板中单击 ✓【完成】按钮，完成造型后的结果如图 6.49 所示。此时，肋板的顶面为平面，且与圆柱体底部相切。

（4）在【特征】选项卡【直接编辑】面板中单击 ❖【表面匹配】按钮。拾取肋板的顶面，由于该表面比较窄小，不易直接拾取，为此可以在选择工具栏中单击 ◻【框选】按钮，以框选方式拾取所需表面，如图 6.50 所示。

（5）在【匹配面】命令管理栏中单击 ◇【匹配面选择】按钮，拾取圆柱表面，单击 ✓【应用并退出】按钮后，在弹出的【面编辑通知】对话框中单击【是】按钮，肋板顶面将与圆柱表面匹配，肋板的造型结果如图 6.51 所示。

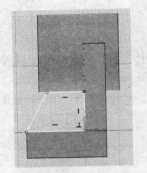

图 6.48　直角梯形草图轮廓

图 6.49　肋板造型

图 6.50　拾取肋板的顶面

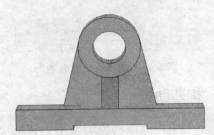

图 6.51　生成的肋板

6.5.4　构造凸台

在底板上有两个带孔的凸台，生成这两个凸台的方法是，先做出其中一个，然后通过镜像工具得到另一个。在圆筒顶部有一个凸台，这个凸台可以通过表面匹配得到。

1．构造底板上的凸台

（1）如图 6.52 所示，在底板上适当位置构造一个直径 13、高度 2 的圆柱体。并在圆柱体中心构造一个直径 6、高度 12 的圆孔。

（2）在智能图素编辑状态下选中刚刚生成的圆柱体，然后启动三维球，并将三维球中心移动到圆筒的中心，用鼠标右键单击三维球定向控制柄 B，在弹出的对话框中单击【镜像】/【拷贝】，圆柱体将相对于圆筒中心作镜像复制，结果如图 6.53 所示。

（3）参照步骤（2），将直径为 6 的孔也作镜像复制，结果如图 6.54 所示。

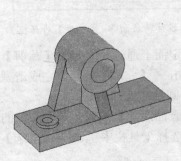

图 6.52　构造圆柱体

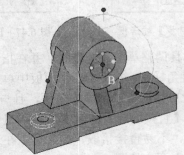

图 6.53　镜像复制圆柱体

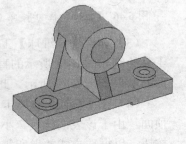

图 6.54　镜像复制小孔

2．构造圆筒顶部的凸台

具体操作步骤如下：

172

（1）在圆筒顶部适当位置构造一个直径为 10、高度为 3 的圆柱体作为凸台，并使其底面与圆筒相切，如图 6.55 所示。

（2）参照 6.5.3 小节中的步骤（4）、步骤（5），将凸台底面与圆筒表面进行匹配。

3．构造顶部凸台中的孔

从【图素】设计元素库中拖出孔类圆柱体，在圆筒顶部凸台上构造一个直径为 6 的孔，该孔应穿过凸台和大圆筒的上部。完成造型后的结果如图 6.56 所示。

图 6.55　构造圆筒顶部的凸台

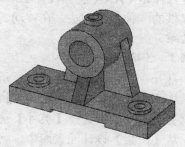

图 6.56　构造圆筒顶部凸台的孔

6.5.5　构造铸造圆角

铸造圆角是铸造零件上常见的结构要素。本例中底板的四个角都是半径为 7 的圆角，其他位置也有多处半径为 2 的铸造圆角。这些圆角都可以利用【圆角过渡】工具构造出来。

1．构造底板上的圆角

通过下述步骤可以方便地生成底板上的圆角：

（1）在功能区【特征】选项卡【修改】面板中单击 ⬜【圆角过渡】按钮。

（2）在【圆角过渡】命令管理栏中，选择【过渡类型】选项组中的【等半径】单选按钮，在【半径】文本框中设置半径为 7。在【高级操作】选项组中默认选中【光滑连接】复选框。

（3）依次拾取底板上的四条侧棱。

（4）在【圆角过渡】命令管理栏中单击 ✓【确定】按钮。创建的等半径圆角过渡效果如图 6.57 所示。

2．构造铸造圆角

再次利用【圆角过渡】工具，以等半径 2 生成铸造圆角。生成的零件结果如图 6.58 所示。

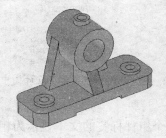

图 6.57　生成铸造圆角

图 6.58　生成的零件

6.6 零件设计的其他技巧

在零件设计过程中合理使用组合、隐藏图素等设计技巧可以提高设计效率。

6.6.1 组合操作

组合操作是 CAXA 实体设计 2009 为组织多个造型、零件或装配件以满足特殊设计需要而提供的一种备选方法。在移动、复制、隐藏或删除多个图素时，组合操作可以提高设计效率。

示例 1：生成一个组合。

（1）打开一个新的设计环境，显示设计树。

（2）从菜单浏览器中选择【设置】→【单位】,打开【单位】对话框，在该对话框中，从【长度】下拉列表中选择【英寸】选项，将当前长度单位设置成英寸。

（3）从【图素】设计元素库中，将【厚板】拖放到设计环境中，并指定其包围盒尺寸为长 4.35、宽 3.90、高 0.20。

（4）将【孔类圆柱】图素拖放到板的一角，重设其尺寸为长 0.15、宽 0.15、高 0.20，如图 6.59 所示。

（5）在设计树中选定【孔类圆柱】。激活【三维球】工具，单击鼠标右键并按住鼠标右键向前拖动三维球的前部外控制柄，释放鼠标并从弹出的快捷菜单中选择【拷贝】选项，然后在【重复拷贝/链接】对话框中，输入 11 作为复制份数，输入 0.345 作为复制间距，单击【确定】按钮。该孔沿着板边缘被复制 11 次，共 12 个孔，如图 6.60 所示。取消对三维球工具的选择。

（6）在设计树中，选择列举出的第一个孔，按住 Shift 键，然后选中最后一个孔，即可选中全部 12 个孔，孔的文本框以深蓝色加亮显示，表明它们已被选中。

（7）在菜单浏览器中选择【设计工具】→【组合操作】命令。此时，所有被选中的孔类圆柱就被组合成一个群组，如图 6.61 所示。

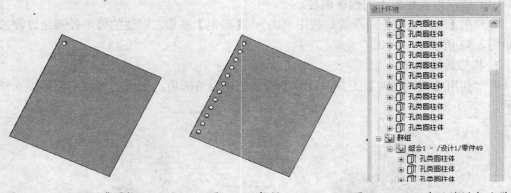

图 6.59　添加"孔类圆柱"　　图 6.60　复制孔　　图 6.61　显示在设计树中的群组

示例 2：群组的复制与移动。

（1）在设计树中，单击【组合 1】。选中的群组中各个组件标签的文本显示为粗体字，作为原零件组件的各个单独的群组图素的文本框则以深蓝色加亮显示。

（2）激活【三维球】工具。用鼠标右键单击水平外控制柄，按住鼠标右键沿板宽方向拖动外控制柄，然后释放鼠标右键。

（3）从弹出的快捷菜单中选择【链接】命令，在再次弹出的【重复拷贝／链接】对话框中的【距离】文本框中输入 3.47，然后单击【确定】按钮。

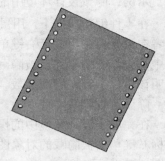

（4）取消对【三维球】工具的选定。现在，孔的群组被链接到板的对面，如图 6.62 所示。

在本例的第（3）步中，应注意【拷贝】与【链接】的区别。虽然它们都生成了新的图素，但链接的图素与原图素之间有双向的尺寸关联。可以在智能图素编辑状态修改某个原孔的大小，同时观察链接孔的变化；或反之。

图 6.62　链接群组

6.6.2　组合图素

组合图素可以将组成零件的所有智能图素组合成一个图素。

示例：组合图素。

（1）在一个新的设计环境中，用一个"板"、一个"长方体"和一个"圆柱体"图素构成一个零件。注意将每个图素拖放到其他图素的表面上，就可以自动将它们指定为零件的组件。

（2）显示设计树。这时，在设计树中只有一个零件图标可见。单击零件附近的"+"号，以显示构成该零件的三个子图素。

（3）在设计环境中，在零件编辑状态下选定该零件。

（4）在菜单浏览器中选择【设计工具】→【组合图素】选项。

零件上将出现一个紫色提示，同时弹出【面编辑通知】对话框，如图 6.63 所示，提示"组合图素" 命令的应用结果。单击【是】按钮，零件的图素组件将被转换成一个基于面的图素。如果在智能图素编辑状态选定设计环境中三个图素中的某个图素，三个图素周围都将出现一个新的深黄色包围盒，原来的图素将不能再单独选中。此后，图素就只能通过面编辑控制柄和工具进行修改。设计树中原来的三个图素的图标将被一个"造型"图标所取代，它表明智能图素已经组合。

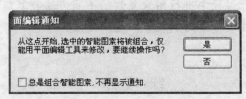

图 6.63　【面编辑通知】对话框

6.6.3　隐藏设计环境中的图件

在设计过程中，随着零件越来越复杂，它们在设计环境中的操作将变得困难。为了简化设计环境并使设计易于操作，可以将某些零件隐藏掉。当某个零件被隐藏时，它就会在设计环境中消失或在任何附加零件设计操作中被忽略掉，直至取消隐藏。被隐藏的零件在设计树中的图标显示为无色。如果在设计树中选择隐藏零件的图标，被隐藏零件的位置就会在设计环境中呈背景加亮状态显示。

示例：隐藏设计环境中的零件。

在零件编辑状态下，用鼠标右键单击零件，从弹出的快捷菜单中选择【压缩】选项，或者在设计树中用鼠标右键单击要隐藏对象的图标，如图 6.64 所示。该零件将从设计环境中消失，表明零件已被隐藏。如果【压缩】选项在零件的弹出菜单中呈灰色显示，则表明该零件上存在隐藏参数。

除了可以隐藏零件以外，还可以隐藏图素、装配件、联组、光源和尺寸。

在完成了设计环境中的操作以后，可以恢复被隐藏的零件，其方法是在设计树中用鼠标右键单击被隐藏的对象图标，然后从弹出的快捷菜单中取消对【压缩】选项的选择，如图 6.65 所示。

图 6.64　隐藏设计环境中的零件

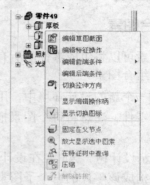

图 6.65　恢复被隐藏的零件

思 考 题

1. 设计零件有哪些基本方法，试用实例加以说明。
2. 在成组螺栓孔的设计中，采用链接和复制有什么区别？
3. 图素的定位方法有几种？如何进行操作？
4. 请总结在零件设计过程中进行图素复制的不同方法及其应用条件。
5. 请总结在零件设计过程中图素定位的不同方法。

练 习 题

设计如图 6.66 所示的零件。

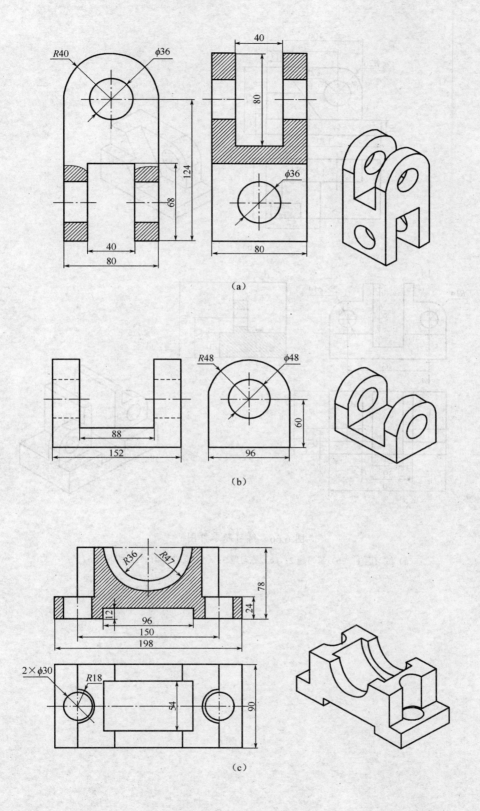

(a)

(b)

(c)

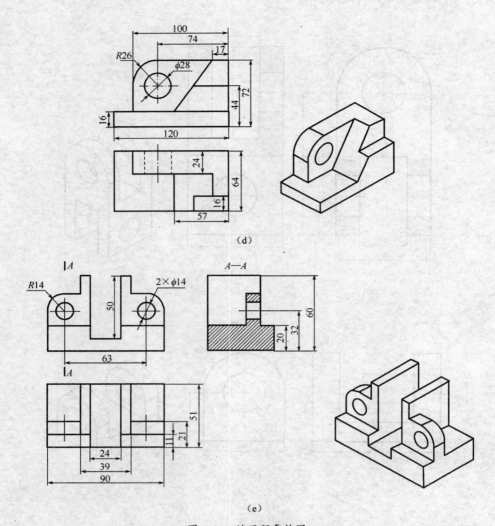

（d）

（e）

图 6.66　练习题零件图

（a）练习题 1；（b）练习题 2；（c）练习题 3；（d）练习题 4；（e）练习题 5。

第 7 章　智　能　标　注

　　CAXA 实体设计 2009 提供了智能标注工具，用于零件编辑状态或智能图素状态下标注智能尺寸。

　　从菜单浏览器【生成】→【智能标注】子菜单，可以调用智能标注的命令，如图 7.1 所示。在如图 7.2 所示的功能区【工程标注】选项卡的【尺寸】面板中也提供了相应的智能标注工具按钮。或者在菜单浏览器的【显示】→【工具条】子菜单中调用智能标注工具栏，如图 7.3 所示。

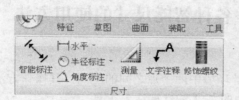

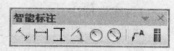

图 7.1　【智能标注】　　　　图 7.2　智能标注工具按钮　　　　图 7.3　智能标注工具栏
　　　子菜单

7.1　智能标注的概念与作用

　　CAXA 实体设计系统提供了六种智能标注工具和一种文字注释工具，用于标注尺寸（或约束零件之间的距离）和添加文字说明。每一种工具都有特定的功能和用途，下面分别予以介绍。

　　1. 【线性标注】

　　【线性标注】工具用于测量设计环境中两个点之间的距离和定位图素，测量方向随尺寸末端显示的拓扑单元不同而不同。

　　2. 【水平标注】

　　【水平标注】工具用于测量设计环境中两个点之间的水平距离并且定位图素，它最适用于标注正交的尺寸。

　　3. 【垂直标注】

　　【垂直标注】工具用于测量设计环境中两个点之间的垂直距离并且定位图素，它最适用于标注正交的尺寸。

　　4. 【角度标注】

　　【角度标注】工具用于测量两个平面之间的角度和定位图素。

　　5. 【半径标注】

　　【半径标注】工具用于测量圆心或轴与曲线或圆形曲面上第二个点之间的半径距离。

6. ⊘【直径标注】

【直径标注】工具用于测量圆形曲面的直径距离。

7. ⌖【增加文字注释】

【增加文字注释】工具用来增加对零件的文字说明。

以上除【增加文字注释】外的所有智能标注均可在零件或智能图素编辑状态下使用。

注意： 当智能标注在零件编辑状态下，并且是在同一零件的组件上使用时，它们的功能仅相当于标注尺寸，不能被编辑或锁定。

当智能标注用于零件编辑状态下的两个单独零件之间，或者是智能图素编辑状态下相同零件的组件之间情况时，都是功能完全的智能标注，即可按需要进行编辑或锁定。智能标注显示可利用其【风格属性】自定义并进行重定位，以获取最佳的视觉效果和尺寸的可见度。

7.2   各种智能尺寸的使用方法

1. 线性标注

线性标注是用于测量设计环境中两个点之间的距离，其操作方法如下：

（1）用鼠标单击图 7.3 中的 ↘【线性标注】工具。

（2）在如图 7.4 所示的左侧零件上标注尺寸。此时，由于该线性标注是在同一零件的组件上进行的，所以此时线性标注的功能仅限于标注尺寸，不能被编辑或锁定。用户可通过鼠标将该标注工具激活，然后单击鼠标右键，在弹出的快捷菜单中，其【编辑所有智能尺寸】和【锁定】选项是不可用的，如图 7.5 所示。

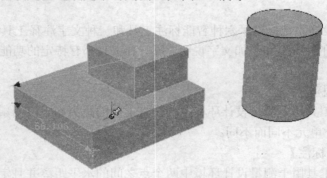

图 7.4   线性标注

（3）在如图 7.5 所示的右侧零件上标注尺寸。此时，由于该线性标注是在不同零件上进行的，所以既可以标注尺寸，也可以按需要进行编辑或锁定。用户可以通过鼠标将标注工具激活，然后单击鼠标右键，弹出的快捷菜单中的【编辑所有智能尺寸】和【锁定】选项是可用的，如图 7.6 所示。智能标注的这种性质在每个标注工具中都存在，为此以后不再一一叙述。

（4）如需改变标注的位置，可以用鼠标单击零件，使零件进入零件编辑状态，然后选中标注，此时标注呈黄色显示。这时用鼠标拖动标注的箭头，即可改变标注的位置。

180

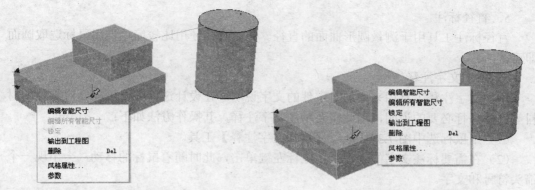

图 7.5　智能标注的弹出菜单 1　　　　　　图 7.6　智能标注的弹出菜单 2

当标注位置改变后，标注的尺寸也会自动改变。

　　2．水平标注与垂直标注

　　水平标注工具和垂直标注工具分别用于测量设计环境中两个点之间的水平距离和垂直距离。这两种尺寸最适用于标注正交的尺寸。

　　3．角度标注

　　角度标注工具用于测量两个平面之间的角度。具体操作方法如下：

　　（1）用鼠标选中图 7.3 中的 △【角度标注】工具。

　　（2）用鼠标选中第一个面。

　　（3）用鼠标选中第二个面。

　　（4）此时，系统计算出两平面间的夹角，并显示之。

　　（5）标注的结果如图 7.7 所示。

　　4．半径标注

　　半径标注工具用于测量圆心或轴与曲线或圆形曲面上第二个点之间的半径距离。其操作方法如下：

　　（1）用鼠标选中图 7.3 中的 ◌【半径标注】工具。

　　（2）用鼠标选中圆弧或圆弧面上的一点。

　　（3）此时系统自动生成半径标注，如图 7.8 所示。此处表示的是该圆弧面的半径，其圆弧面的半径值为 5.586。

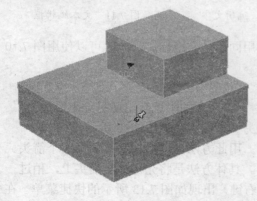

图 7.7　角度标注

图 7.8　半径标注

5. 直径标注

直径标注工具用于测量圆形曲面的直径。该工具的使用比较简单，用鼠标选取圆面即可。

6. 增加文字注释

增加文字注释工具用来增加对零件的文字说明。在设计过程中，可能会对零件的材料等属性进行必要的说明，因此需要增加文字注释。其操作方法如下：

（1）用鼠标选中图 7.3 中的 【增加文字注释】工具。

（2）在需要标注文字的零件上用鼠标左键单击，此时随着鼠标的移动，会出现一个箭头符号和文字。

（3）再次单击鼠标，以便确定文字摆放的位置。至此，一个文字标注完成，如图 7.9 所示。

（4）如果需调整文字注释的位置，则用鼠标选中并拖动文字即可。

对于如图 7.9 中所示的文字，可以修改其具体内容，填上用户想要的符号或数字等。下面介绍修改文字内容的具体操作方法：

（1）在零件上用鼠标单击，使零件处于零件编辑状态。这时图中的箭头和文字呈黄色显示。

（2）将光标移至文字上，单击鼠标右键，弹出快捷菜单，如图 7.10 所示。

（3）在快捷菜单中，选中菜单项【编辑文字】，随后出现如图 7.11 所示的文本编辑框，用户可以在此修改文字内容。

（4）修改完毕，用鼠标单击工作区中任意一点，则标注的文字随之改变。

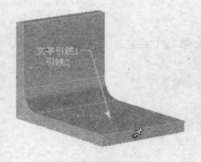

图 7.9　增加文字注释

图 7.10　编辑文字

图 7.11　文本编辑框

在某些情况下，需要将两个不同的图素采用同一个文字标注，此时可以使用图 7.10 中的【增加引线】功能来实现。

具体操作如下：

（1）用鼠标选中菜单项【增加引线】。此时，在文字的附近会出现另一个箭头。

（2）用鼠标调整该箭头的位置，使之指向另一个图素，如图 7.12 所示。

（3）这样就完成了第二个箭头的添加操作。用此方法可以增加第三、第四个箭头。

增加箭头之后，还可以删除不需要的箭头。具体方法是将光标移至箭头上，稍过一会儿后，光标会变成小手形状，此时单击鼠标右键，出现如图 7.13 所示的快捷菜单。在该菜单中选择【删除引线】即可。

182

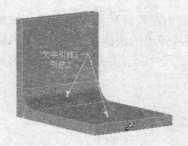

图 7.12　增加引线

图 7.13　删除引线

7.3　智能标注的属性以及其他应用

智能标注不仅可以精确定位图素，还具有下面介绍的各种功能。

（1）如果在当前的设计环境中并没有选中智能标注的主控图素，则智能标注值的显示信息就只可作为标注。此时，直线和测量值都以绿色显示。

（2）在设计环境背景上单击鼠标右键，从出现的【设计环境属性】快捷菜单中选择【显示】选项，然后取消对显示.【智能标注】选项的选定，这样就可禁止智能标注的显示。如果此功能选项被禁止，用户仍然可以在对应位置上单击鼠标左键来显示某个单独的智能标注。在图 7.14 中，用户可以控制选择是否隐藏智能标注的显示信息。

图 7.14　隐藏智能标注的显示

（3）智能标注既可以应用于图素和零件，也可以应用于附着点和定位锚，以便实现精确定位。

（4）把某个零件保存到目录中时，与该零件的组成图素相关的智能标注将同时得到保存，尽管它们与末尾元素的索引可能被丢失。

（5）智能标注的【风格属性】选项可以定义它们在设计环境中的表现。如果要访问它们，可在相应的智能标注上单击鼠标右键，然后从弹出的快捷菜单中选择【风格属性】。利用【风格属性】，可以添加前缀或后缀文字、显示尺寸公差并指定尺寸公差的风格和上下限等。

具体操作方法如下：

（1）在智能标注上单击鼠标右键，出现如图 7.15 所示的快捷菜单。

（2）在弹出的快捷菜单中选择【风格属性】。

（3）此时出现如图 7.16 所示的【智能标注风格】对话框，此时操作者可以在其中加入前缀文字或后缀文字，也可以显示尺寸公差。

图 7.15　智能标注的风格属性　　　　　　图 7.16　【智能标注风格】对话框

（4）智能标注可输出到工程图中。如果要指定把某个选定的智能标注输出到某个工程图中，可单击鼠标右键显示其快捷菜单，然后选择【输出到工程图】，如图 7.15 所示。被选定的智能标注就会被输出到当前或即将生成的工程图中的适当视图中。要取消该命令，可取消为某个智能尺寸而选定的【输出到工程图】选项。

被锁定的智能标注可自动添加到实体设计的【参数表】中，它们的参数则可以关联到同一参数表中的其他参数，以提高零件设计中修改结果的应用效率。关于这部分内容，将在后续章节中介绍。

7.4　对除料的圆形添加智能标注

智能标注功能还可以用于增料设计和除料设计的点、边和面等几何元素上，下面举例说明。

例 1：在圆柱孔中心上添加智能标注。

在圆柱孔中心上添加智能标注，可按以下所述的步骤进行：

（1）选择【线性标注】工具。

（2）把光标移到圆柱孔的边缘，当边缘出现绿点时，单击鼠标左键。

（3）移动鼠标，利用智能捕捉功能，捕捉圆柱孔中心点，单击鼠标左键。

（4）标注结果如图 7.17 所示。在该图中，中间的空洞是被除料的圆柱形。

例 2：在不对称的造型中心上添加智能标注。

在不对称的造型中心上添加智能标注，可以选择【直线标注】工具，按下 Ctrl 键，然后选择目标形体的边缘，不对称造型的中心点会呈加亮显示，然后单击左键确定即可。

7.5　智能标注定位

有些情况下，用户可能需要根据相对于同一零件或多个零件上的点或面的精确距离和角度对图素和零件进行定位。如可能需要让两个圆柱零件准确地相距一定距离，在零件设计中对距离或角度有精确度要求的情况下，可以采用实体设计的智能标注功能来实现。

例如：用智能标注来相对定位零件。

在图 7.18 中，有两个圆柱形零件，现在要将它们之间的相对位置定位在某一距离，操作步骤如下：

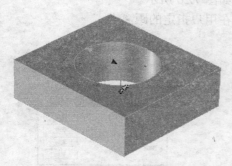

图 7.17　对除料的零件添加线性标注

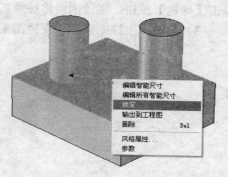

图 7.18　用智能标注来相对定位零件

（1）选择【线性标注】工具按钮。

（2）将鼠标移至第一个圆柱上，利用智能捕捉功能捕捉圆柱体底面圆圆心，单击鼠标左键。

（3）移动鼠标到第二个圆柱上，利用智能捕捉功能捕捉圆柱体底面圆圆心，单击鼠标左键。

（4）出现线性标注后，在智能尺寸的距离值上单击鼠标右键，并在其快捷菜单中选中【锁定】选项，将这两个零件的距离进行锁定。

（5）锁定完毕，则两零件之间的距离不能再改变，除非进行解锁。

（6）此时，可以选择其中一个零件进行移动，会发现第二个零件也跟着一起移动。

有些情况下，用户还可以用线性标注方法使两个零件保持一定距离，或用角度标注使其中一个零件相对于另一零件呈现某一角度。由此可见，通过智能标注的综合应用，能够实现多种复杂的定位功能。

7.6　智能标注定位的编辑

智能标注在两个零件之间标注时，第一个被选中的零件称为主控图素。

当生成一个智能标注时，必须选择一个要重新定位的主控图素。当编辑一个智能标注的尺寸时，则非主控图素将会重新定位。下面介绍两种重定位的方法。

1. 拖动主控图素定位

具体方法如下：

（1）在智能图素编辑状态选取主控图素并把它拖到新位置。

（2）从原位置拖拉时，其离开原位置的距离值不断改变，一旦显示出符合要求的距离值时，即释放主控图素。

（3）此时，主控图素会停留在用户希望的距离上。

2. 编辑距离值进行定位

具体方法如下：

（1）在智能图素编辑状态选择主控图素。

（2）在智能尺寸的距离值上单击鼠标右键，从弹出的快捷菜单中选择【编辑智能尺寸】，如图 7.19 所示，并在【编辑智能标注】对话框的【值】文本框中输入期望数值并单击【确定】按钮，则该图素将被重新定位，如图 7.20 所示。

（3）此时，主控图素和非主控图素会停留在用户指定的距离上。

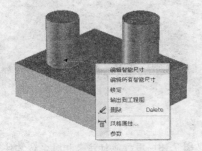

图 7.19　选择编辑智能标注

图 7.20　编辑标注尺寸

思 考 题

1. 组合设计一般应用于工程设计中的哪些情况？
2. 结合设计实例，掌握各种智能尺寸的使用方法。

练 习 题

设计如图 7.21 所示零件。

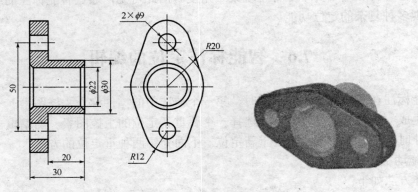

（a）

186

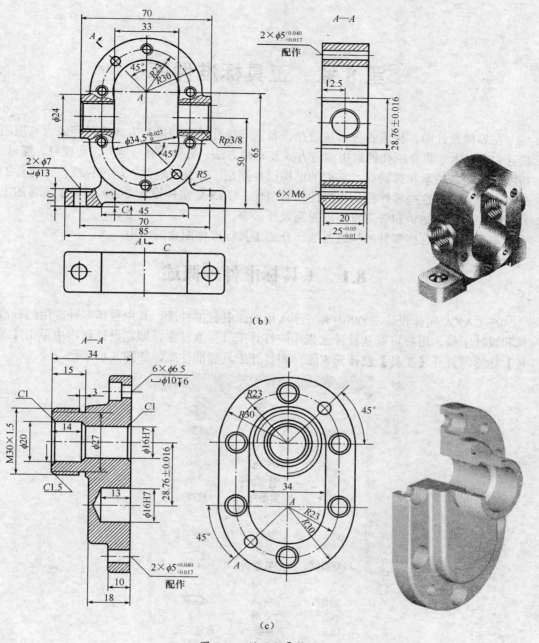

图 7.21 练习题零件图

(a) 练习题 1;(b) 练习题 2;(c) 练习题 3。

第8章 工具标准件库

在零件设计中，构造各种形状的孔、布置安排孔的不同排列方式等已经成为典型的设计内容，本章将介绍孔的常用构造方式及布局方法。另外，有些零件，如螺钉、螺母、垫圈、齿轮、轴承和弹簧等，它们的结构已经固定，并且已经纳入国家标准，在零件的分类中，一般将这些零件称为标准件和常用件。CAXA 实体设计 2009 提供了丰富的工具标准件库，使知识和资源重用以提高设计效率。

本章将结合这些零件的构造方法，介绍工具标准件图素的应用。

8.1 工具标准件库概述

在 CAXA 实体设计 2009 中有一个实用的工具标准件库，其中包括多种专用的标准件和设计工具。用户可以从设计元素库中打开工具标准件库，即在设计环境中单击【工具】标签，打开【工具】设计元素库，即打开工具标准件库，如图 8.1 所示。

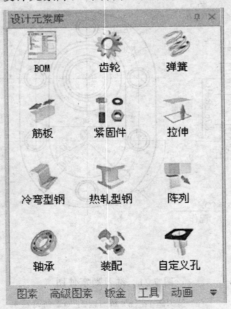

图 8.1 【工具】设计元素库

【工具】设计元素库中包含的工具有【BOM】、【齿轮】、【弹簧】、【筋板】、【紧固件】、【拉伸】、【冷弯型钢】、【热轧型钢】、【阵列】、【轴承】、【装配】和【自定义孔】等。这些工具的使用和其他智能图素类似，但要注意其中有些工具需要与设计环境中的现有零件、图素或装配件配合使用。

8.2 【自定义孔】工具

8.2.1 生成一个孔

对实体设计而言，生成一个孔是很容易的事情，将二维图形以除料方式拉伸或旋转都可以生成孔。不过，生成孔的最简便方法还是利用设计元素库的"减料"图素。

在设计元素库的【图素】和【高级图素】中，系统提供了多种不同结构截面的常用孔图素。直接拖动所需的孔图素，然后将其定位在零件上，再根据需要修改尺寸即可生成所需要的孔结构。特别说明的是，可以在智能图素状态下，用鼠标右键单击该孔类图素，从弹出的快捷菜单中选择【智能图素属性】选项，如图 8.2 所示。在出现的【拉伸特征】对话框中选择【变量】属性表，通过修改其边的数量或截面的其他参数得到需要的多棱柱或多棱锥形状的孔，如图 8.3 所示。

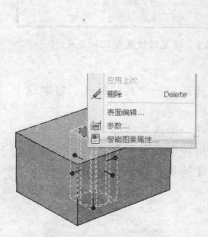

图 8.2 【智能图素属性】选项

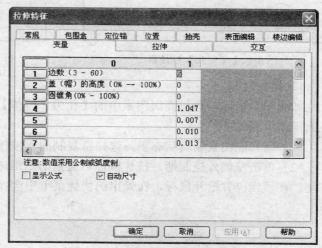

图 8.3 【变量】属性表

8.2.2 自定义孔

在设计元素库的【工具】选项卡中，提供了一种【自定义孔】的功能。将【自定义孔】图素拖放到零件表面并释放鼠标左键以后，弹出如图 8.4 所示的【定制孔】对话框。通过该对话框可以定义简单孔、沉头孔、锥形沉头孔、复合孔和管螺纹孔等五种常用孔。选择所需孔的类型，然后在对话框中设定相应的尺寸，即可构造出所需的孔。

如需构造螺纹孔，则应单击【螺纹选项】下的【螺纹线】，并设置螺纹类型及相关尺寸，如图 8.5 所示。设置完成后单击【确定】按钮，构造出螺纹孔。

8.2.3 生成多个相同的孔

在零件上，常常会有形状和大小相同且按一定规律排列的多个孔。为了快速生成这些孔，可先构造出一个孔，然后采用复制方法生成多个相同的孔。CAXA 实体设计 2009 系统提供了如下复制方法。

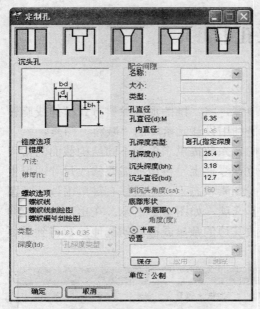

图 8.4 【定制孔】对话框

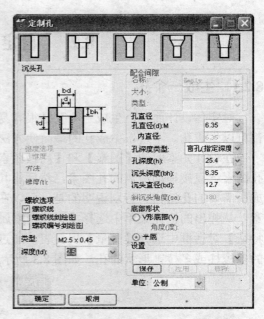

图 8.5 设置螺纹类型及相关尺寸

1. 拷贝复制

如图 8.6 所示，通过高级图素中的【孔类多棱体】构造出一个六棱柱孔。复制这个孔的操作步骤如下：

（1）在智能图素编辑状态下，选择待复制的六棱柱孔，激活三维球。

（2）单击左侧外控制柄，按住鼠标右键拖动三维球外控制手柄，则孔与三维球一起移动。在适当位置松开鼠标，在弹出的快捷菜单中选择【拷贝】命令，如图 8.7 所示。

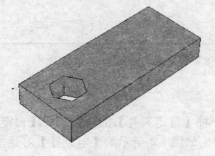

图 8.6 构造六棱柱孔

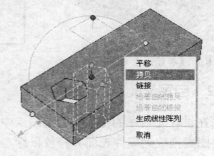

图 8.7 选择【拷贝】命令

（3）在弹出的【重复复制／链接】对话框中设定拷贝的数量和距离，如图 8.8 所示。

（4）六棱柱孔按需要进行复制。复制两个孔的结果如图 8.9 所示。

用【拷贝】选项复制出来的孔与原有的孔可以独立进行修改而互不影响。

2. 链接复制

链接复制的操作方法与拷贝复制的方法基本相同。如果在如图 8.7 所示的快捷菜单中选择【链接】，同样可以复制出如图 8.9 所示的两个孔。但与拷贝复制操作所不同的是，链接复制出来的孔与原有的孔是相互关联的，只要修改其中任何一个，另外一个也会被随之修改。

190

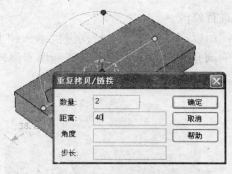

图 8.8　设定拷贝的数量和距离

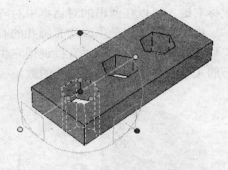

图 8.9　复制两个孔

3．线性阵列复制

线性阵列复制是生成纵横两个方向多个孔的有效方法。具体操作步骤如下：

（1）在如图 8.7 所示的快捷菜单中选择【生成线性阵列】。

（2）在弹出的【阵列】对话框中输入数量和距离，然后按【确定】即可实现阵列，其结果如图 8.10 所示。

（3）阵列设置完成后，复制出来的孔也与原有的孔相关联，并将在阵列的方向上出现蓝色虚线，同时显示阵列的距离。

（4）选中该距离值后单击鼠标右键，可以在弹出的对话框中对阵列进行修改。

由于经常使用线性阵列的圆孔，所以在高级图素中提供了【孔类环布块】，可以直接调用它生成线性阵列的圆孔，如图 8.11 所示，并通过【智能图素属性】下的【变量】属性表修改圆孔的行数、列数等参数。

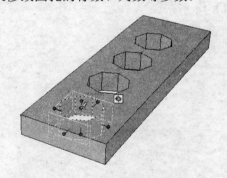

图 8.10　线性阵列复制

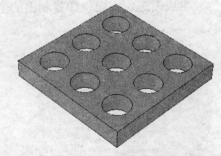

图 8.11　用【孔类环布块】图素阵列复制

4．圆形阵列复制

通过圆形阵列可以将孔绕着某个旋转轴作阵列复制。其操作方法如下：

（1）在智能图素编辑状态下选中待复制的孔。激活三维球，并将三维球的中心移动到旋转轴上。

（2）用鼠标右键拖动旋转轴，释放鼠标后在弹出的快捷菜单中选择【生成圆形阵列】，如图 8.12 所示。

（3）在【阵列】对话框中输入阵列的数量和彼此之间的角度，单击【确定】按钮。

（4）阵列完成后，复制出来的孔与原有的孔相关联。在阵列后的圆孔所在的圆周上显示其中心线位置、半径值及阵列的角度，如图 8.13 所示。选中该半径或角度值后单击

191

鼠标右键，可以在弹出的对话框中对阵列结果进行修改。

由于圆形阵列是生成均布圆孔的有效方法，所以在高级图素中特别提供了一种【孔类环布圆柱】图素，可以直接调用它生成均布的圆孔。同时可以通过【智能图素属性】下的【变量】属性表修改圆孔的数量等参数值。

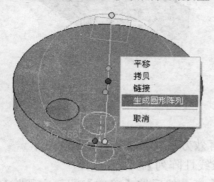

图 8.12　选择【生成圆形阵列】

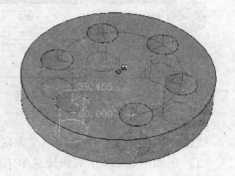

图 8.13　圆形阵列复制结果

5．镜像复制

镜像复制与拷贝复制的区别是，拷贝复制是将被复制对象平移复制，而镜像复制则像照镜子一样复制出一个对称的对象。用镜像复制方法生成半圆孔的对称图素步骤如下：

（1）在智能图素状态下选中待复制的半圆孔，激活三维球，并将三维球中心移到镜像的对称中心。

（2）鼠标右键单击镜像方向所在的定向控制柄，在弹出的快捷菜单中选择【镜像】，在下一级菜单中选择【拷贝】或【链接】，如图 8.14 所示。

（3）生成沿选定方向镜像复制出的半圆孔，如图 8.15 所示。

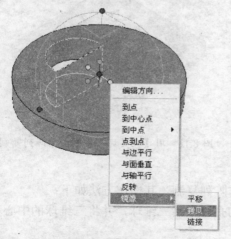

图 8.14　选择【镜像】

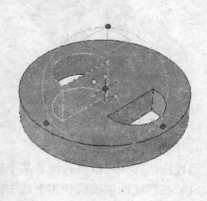

图 8.15　镜像复制结果

8.3　【拉伸】工具

【工具】设计元素库中的【拉伸】工具是比较实用的，它与设计环境中的一个或多个已有的二维草图轮廓一起配合使用，通过设置相关参数将选定的二维草图轮廓图形拉伸成三维实体。

使用【拉伸】工具的操作方法比较简单，即从【工具】设计元素库中选择【拉伸】工具的图标，按住鼠标左键将它拖出，然后把它释放到设计环境中被选定用于拉伸的单个图素上，或直接把它释放到设计环境背景中，以选择设计环境中的某个现有二维草图轮廓来实现拉伸操作，系统将打开如图 8.16 所示的【拉伸】对话框，同时在设计环境中也显示选定的二维草图轮廓按照当前默认拉伸参数的预览拉伸效果。

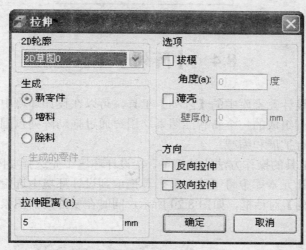

图 8.16 【拉伸】对话框

下面对【拉伸】对话框中的一些选项进行简要介绍。

（1）【2D 轮廓】。若将【拉伸】工具释放在设计环境中的某个单独图素或零件上，在该字段将显示二维草图名称。若将【拉伸】工具释放在设计环境背景中，则用户可以在该字段中选择设计环境中包含的所有图素中的一个。

（2）【生成】。在该选项组，可以设置零件的生成方式。可供选择的单选按钮有【新零件】、【增料】和【除料】。当选择【增料】或【除料】单选按钮时，【生成的零件】下拉列表框可用，该列表框提供了设计环境中的零件列表，从中可选择增料或除料操作的对象。

（3）【选项】。在该选项组中可以设置是否进行拔模和薄壳操作，并根据具体情况设置相应的拔模角度和壁厚。

（4）【方向】。确定拉伸方向，包括【反向拉伸】和【双向拉伸】复选框。

（5）【拉伸距离】。在该文本框中可以设置拉伸的距离。

示例：使用【拉伸】工具创建三维实体模型。

（1）创建如图 8.17 所示的二维草图，并切换到设计环境。

（2）打开【工具】设计元素库，选择【拉伸】工具，按住鼠标左键将它拖入设计环境中，在二维草图附近释放。

（3）系统自动弹出【拉伸】对话框，设置如图 8.18 所示的拉伸参数。

（4）在【拉伸】对话框中单击【确定】按钮，完成的拉伸实体零件如图 8.19 所示。

图 8.17　已有草图　　　　图 8.18　设置拉伸参数　　　图 8.19　完成的拉伸实体零件

8.4　【阵列】工具

　　使用【工具】设计元素库中的【阵列】工具，可以在设计环境中生成由选定图素或零件的指定矩形阵列组成的一个新智能图素。用户通过拖动阵列包围盒手柄或编辑包围盒尺寸来对阵列进行扩展和缩减。

　　使用【阵列】工具的操作方法比较简单，在设计环境中先选择要阵列的图素或零件，然后从【工具】设计元素库中将【阵列】工具拖放到设计环境中选定的图素或零件上，系统弹出【矩形阵列】对话框，如图 8.20 所示，同时在要阵列的图素或零件上显示两个阵列方向。

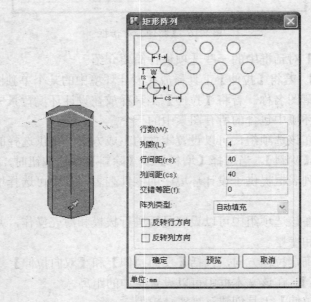

图 8.20　【矩形阵列】对话框

　　在【矩形阵列】对话框设置如下参数。

　　（1）【行数】。用于设置选定图素或零件的阵列行数。

　　（2）【列数】。用于设置选定图素或零件的阵列列数。

　　（3）【行间距】。用于设置当前单位下各行相对于被阵列图素或零件的中心点的相邻间隔距离。

194

（4）【列间距】。用于设置各列相邻间距距离。

（5）【交错等距】。如果要求各行之间有交错，则可以设置此值。

（6）【阵列类型】。在该下拉列表框中选定阵列类型来定义包围盒尺寸重设时阵列的操作特征，可供选择的阵列类型选项包括【自动填充】和【自动间隔】。

（7）【反转行方向】。选中此复选框时，可反转行方向。

（8）【反转列方向】。选中此复选框时，可反转列方向。

在【矩形阵列】对话框中设置好相关参数后，单击【预览】按钮在设计环境中预览阵列效果，满意后单击【确定】按钮。阵列效果如图 8.21 所示。

图 8.21　阵列效果

8.5　【筋板】工具

如果要在同一个零件上相对的两个面之间生成筋板，可以使用【工具】设计元素库中的【筋板】工具。使用【筋板】工具的具体操作步骤如下：

（1）在设计环境中生成如图 8.22 所示的实体零件。

（2）使用鼠标将【工具】设计元素库中的【筋板】工具拖放到设计环境中的零件表面上，如图 8.23 所示。

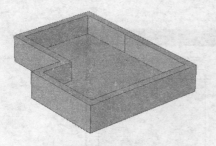

图 8.22　绘制实体零件

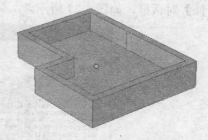

图 8.23　拖入【筋板】工具

（3）系统弹出【筋板】对话框，从中设置如图 8.24 所示的筋板参数。

（4）在【筋板】对话框中单击【确定】按钮，生成的筋板如图 8.25 所示。

如果利用【三维球】工具对筋板进行重新定位，则筋板会根据调整的位置自动将长度调整至与新位置匹配，如图 8.26 所示。

195

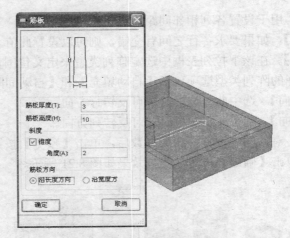

图 8.24　设置筋板参数

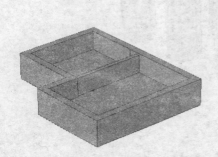

图 8.25　创建的筋板

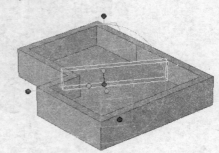

图 8.26　利用三维球调整筋板位置

8.6　【紧固件】工具

螺栓、螺钉、螺母和垫圈等紧固件是应用非常广泛的标准件，设计元素库的【工具】选项卡中提供了构造这些标准紧固件的方法。具体操作如下：

（1）将【工具】设计元素库中的【紧固件】拖放到设计环境中，释放鼠标后将弹出【紧固件】对话框，如图 8.27 所示。

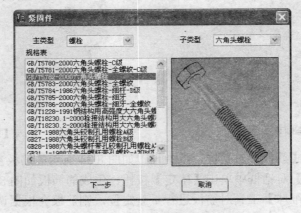

图 8.27　【紧固件】对话框

（2）在【主类型】下拉列表框中选择【螺栓】，在子类型下拉列表框选择【六角头螺栓】，在【规格表】选项组中选择六角头螺栓。单击【下一步】按钮。

（3）打开含有相应标准参数设置的对话框，在该对话框中选择螺栓规格为 M20，如图 8.28 所示。

（4）单击【确定】按钮，即可构造出相应的螺栓，如图 8.29 所示。

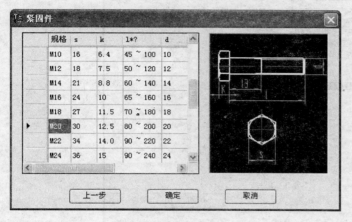

图 8.28　标准参数设置的对话框

图 8.29　六角头螺栓

若在图 8.27【主类型】列表框中选择螺钉、螺母或垫圈等标准件，并设定其规格和相应的尺寸，即可构造出所需要的不同螺钉、螺母或垫圈，如图 8.30 所示。

图 8.30　几种螺纹紧固件

8.7　【齿轮】工具

齿轮是常用的机械传动零件。齿轮有直齿、斜齿、圆锥齿以及齿条和蜗杆等不同结构形式。齿轮的齿形有渐开线、梯形、圆弧、样条曲线、双曲线以及棘齿等不同轮廓。使用【工具】设计元素库中【齿轮】工具，可以很方便地根据指定的参数配置和选项来生成三维齿轮。其操作方法如下：

（1）从【工具】设计元素库中将【齿轮】工具拖放到设计环境中。

（2）弹出如图 8.31 所示的【齿轮】对话框。

（3）对话框中的五个选项卡可以分别定义直齿轮、斜齿轮、圆锥齿轮、蜗杆和齿条。

（4）选择所需的齿轮类型后，在【尺寸属性】选项组的各框中设定齿轮各个部分的结构尺寸。

（5）在【齿属性】选项组的各框中，设置齿轮的齿数、齿廓(直齿、圆弧、样条、棘齿、双曲线和渐开线)、压力角、螺旋角等参数值。

（6）单击【确认】按钮，则在设计环境中生成所需齿轮。

对生成后的齿轮可以编辑修改，方法是在零件编辑状态下选中齿轮，单击鼠标右键，并从弹出的快捷菜单中选择【加载属性】，然后可以在如图 8.31 所示的对话框中编辑修改相应的参数。

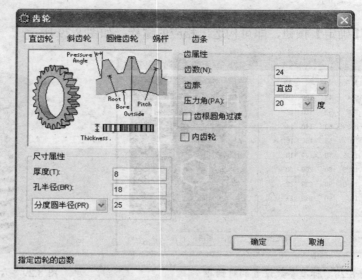

图 8.31 【齿轮】对话框

图 8.32 为通过齿轮图素构造的直齿圆柱齿轮、斜齿圆柱齿轮、直齿圆锥齿轮、蜗杆和齿条的实例。

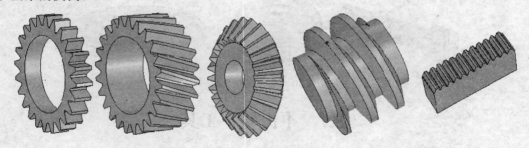

图 8.32 构造出的齿轮、蜗杆和齿条实例

8.8 【轴承】工具

轴承是机械产品中的典型零件。常见的滚动轴承由内圈、外圈、滚动体和保持架等部分组成。使用【工具】设计元素库中的【轴承】工具可以便捷地构造出所需轴承。其中常用的球轴承、滚子轴承和推力轴承都可以通过【轴承】工具直接构造出来，具体操作方法如下：

（1）在【工具】设计元素库中选择【轴承】工具图素，按住鼠标左键将其拖入到设计环境中，释放鼠标左键后系统将弹出如图 8.33 所示的【轴承】对话框。

（2）在该对话框中，有【球轴承】、【滚子轴承】和【推力轴承】三个选项卡，通过它们可以构造不同类型的轴承。选定某个选项后，选择其下面的某种轴承结构，并设定

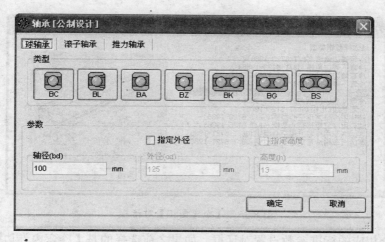

图 8.33 【轴承】对话框

轴径的数值。

（3）如果未选中【指定外径】，则系统将以默认的数值作为轴承的外径。若选中【指定外径】，则需输入外径值，并通过【指定高度】文本框输入轴承的高度。

（4）最后单击【确定】按钮，即可构造出符合设计要求的轴承。

（5）在零件编辑状态下选中轴承，单击鼠标右键，在弹出的快捷菜单中选择【加载属性】，弹出如图 8.33 所示的对话框，可以对构造出的轴承进行修改。

图 8.34 表示了用上述方法构造出的几种结构形式不同的轴承实例。

图 8.34 构造出的轴承实例

8.9 【冷弯型钢】与【热轧型钢】工具

8.9.1 【冷弯型钢】工具

CAXA 实体设计 2009 为用户提供了丰富的【冷弯型钢】标准库。在设计工作中，用户可以从该库中选择型钢来快速建立框架结构。

在【工具】设计元素库中选择【冷弯型钢】工具图素，按住鼠标左键将其拖入到设计环境中的指定位置，释放鼠标左键后系统将弹出如图 8.35 所示的【冷弯型钢】对话框。

在【冷弯型钢】对话框的类型列表中选择冷弯型钢的类型，然后单击【下一步】按

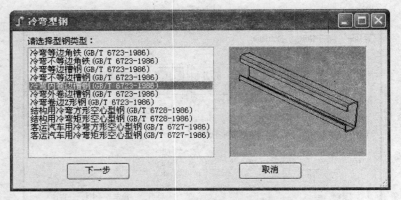

图 8.35　【冷弯型钢】对话框

钮，打开一个相应的标准参数设置对话框。如果之前选择的是【冷弯内卷边槽钢（GB/T 6723-1986）】型钢类型，则会弹出如图 8.36 所示的参数设置对话框。在参数设置对话框中根据设计需要设定型钢的规格型号与尺寸参数，然后单击【确定】按钮，生成的冷弯型钢如图 8.37 所示。

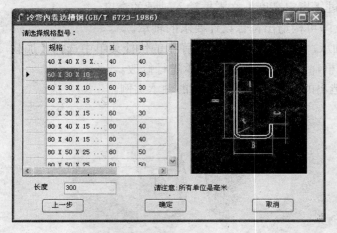

图 8.36　参数设置对话框　　　　　　　　图 8.37　生成的冷弯型钢

8.9.2　【热轧型钢】工具

　　CAXA 实体设计 2009 同样提供了实用的【热轧型钢】标准库，该库的调用方法和【冷弯型钢】标准库的调用方法是一样的。

　　在【工具】设计元素库中选择【热轧型钢】工具图素，按住鼠标左键将其拖入到设计环境中的指定位置，释放鼠标左键后系统将弹出如图 8.38 所示的【热轧型钢】对话框。

　　在【热轧型钢】对话框的类型列表中选择热轧型钢的类型，然后单击【下一步】按钮，打开一个相应的标准参数设置对话框。如果之前选择的是【热轧工字钢（GB/T 706-1988）】型钢类型，则会弹出如图 8.39 所示的参数设置对话框。在参数设置对话框中根据设计需要设定型钢的规格型号与尺寸参数，然后单击【确定】按钮，生成的热轧型钢如图 8.40 所示。

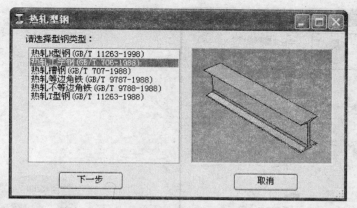

图 8.38 【热轧型钢】对话框

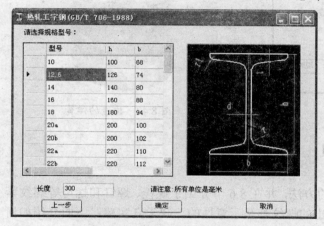

图 8.39 参数设置对话框

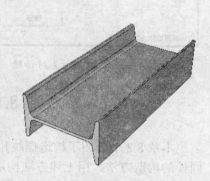

图 8.40 生成的热轧型钢

8.10 【弹簧】工具

在 CAXA 实体设计 2009 中，生成螺旋弹簧是很方便的，因为系统提供了大量可用于生成螺旋弹簧的属性选项，即集成了一个实用的弹簧库。利用【弹簧】工具生成弹簧的方法如下：

（1）按住鼠标左键，将【工具】设计元素库中的【弹簧】拖放到设计环境中,释放鼠标之后将出现一个只有一圈的弹簧造型。

（2）在智能编辑状态下选中该弹簧并单击鼠标右键，在弹出的快捷菜单中选择【加载属性】命令，则出现如图 8.41 所示的【弹簧】对话框。通过该对话框可以设置弹簧的参数。

（3）在【高度】选项中，可以直接给定弹簧的高度值，也可以通过给定弹簧圈数来确定弹簧的高度；在【螺距】选项中，选择等螺距或者变螺距，并输入螺距值；在【截面】选项中，选定弹簧丝截面形状为圆形，并输入其半径值；在【半径】选项中设定弹簧半径的类型和数值；在【属性】选项中可以设定螺旋方向、除料等。

（4）单击【确定】按钮，即构造出所需的弹簧，如图 8.42 所示。

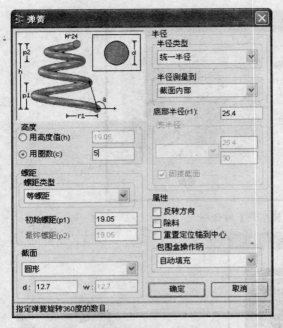

图 8.41 【弹簧】对话框

图 8.42 构造的弹簧

<h1 style="text-align:center">8.11 构造螺纹</h1>

本章 8.2 节介绍了构造螺纹孔的方法，并在 8.6 节介绍了螺栓、螺钉和螺母等螺纹紧固件的构造方法。用上述方法构造出的螺纹都是示意性的，缺乏真实感。下面介绍如何利用弹簧图素来构造真正的实体螺纹。

8.11.1 构造外螺纹

如果要在一个圆柱体的外表面构造螺纹，可以采用增料的方式。

示例：在半径为 20、高度为 100 的圆柱体表面增加螺纹。

具体操作步骤如下：

（1）先将弹簧图素拖放到圆柱体端面中心，如图 8.43 所示。

（2）打开【弹簧】对话框，将螺旋的高度设定为 80。截面选择三角形，并将 L 和 ω 均设为 6。设定等螺距为 12。选择【半径测量到】为截面中心，并将底部半径设为 22，如图 8.44 所示。

（3）单击【确定】按钮，则生成如图 8.45 所示的螺纹。

（4）将其沿着圆柱体轴线方向移动到适当位置，构造的实体外螺纹如图 8.46 所示。

（5）如果构造左旋螺纹，则在【属性】栏中选中【反转方向】。

8.11.2 构造内螺纹

要在一个圆柱孔的内表面构造螺纹，可以采用除料的方式。其构造方法与构造外螺纹相似。

202

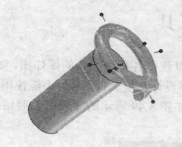

图 8.43 拖放弹簧图素

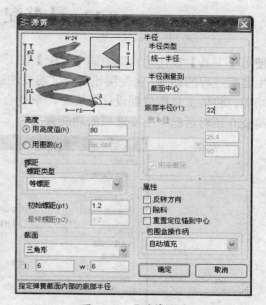

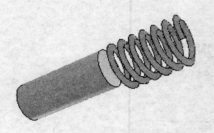

图 8.45 生成螺纹

图 8.44 【弹簧】对话框

示例：要在半径为 20、高度为 100 的圆孔表面增加螺纹。

具体操作步骤如下：

（1）先将弹簧图素拖放到圆柱孔端面中心。

（2）打开【弹簧】对话框，将螺旋的高度设定为 100。截面选择三角形，并将 L 和 ω 均设为 6。设定等螺距为 12。选择【半径测量到】为截面内部，并将底部半径设为 24。【属性】栏中选中【除料】，如图 8.47 所示。

（3）单击【确定】按钮，则生成除料螺纹。将其沿着圆孔轴线方向移动到适当位置，构造的实体内螺纹如图 8.48 所示。

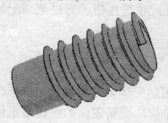

图 8.46 构造外螺纹

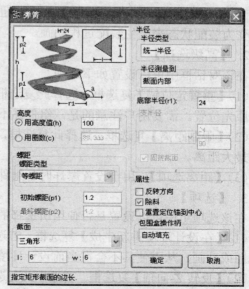

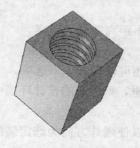

图 8.48 构造内螺纹

图 8.47 设定弹簧参数

8.12 【装配】工具

使用【工具】设计元素库中的【装配】工具，可以获得各种装配体的爆炸图，并可以产生装配过程的动画。在使用该工具之前要注意保存设计环境文件，因为不能使用【撤消】功能。将该工具拖放到设计环境中，系统会打开如图 8.49 所示的【装配】对话框。下面简要介绍对话框中主要选项的功能含义。

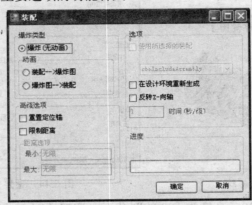

图 8.49 【装配】对话框

1.【爆炸类型】

在该对话框中可以设置爆炸类型选项。

(1)【爆炸（无动画）】单选按钮。选择此单选按钮，只能观察到装配爆炸后的效果，而不产生动画。

(2)【动画】/【装配→爆炸图】单选按钮。选择此单选按钮，通过把装配体从原来的装配体状态变为爆炸状态来产生装配的动画效果。

(3)【动画】/【爆炸图→装配】单选按钮。选择此单选按钮，通过把装配体从爆炸状态变为装配状态来产生装配过程动画。

2.【高级选项】

在该对话框中可以设置如下选项。

(1)【重置定位锚】复选框。选择此复选框，可把装配体中各组件的定位锚恢复到各自的原先位置。需要用户注意的是，组件并不重新定位，重新定位的仅仅是定位锚。

(2)【限制距离】复选框。选择此复选框，将限制爆炸时装配体各组件移动的最小距离或最大距离。

(3)【距离选项】。用于设置爆炸时各组件移动的最小距离或最大距离。

3.【选项】

在该选项组中可以设置是否使用所选择的装配等，还可以设置如下选项。

(1)【在设计环境重新生成】复选框。若选中此复选框，则在新的设计环境中生成爆炸视图或动画，从而使其不会在当前设计环境中被破坏。

(2)【反转 Z-向轴】复选框。若选中此复选框，则可以使爆炸方向为选定装配件的高度方向的反向。

8.13 BOM 工 具

使用【工具】设计元素库中的【BOM】工具,可以在当前的设计环境中建立和修改 BOM 信息。在使用该工具之前,先要建立一个带有子装配的装配文件,通过用鼠标右键单击零件,从弹出的快捷菜单中选择【零件属性】命令,打开一个对话框,在【常规】选项卡的【明细表(BOM)】选项组中选择【在明细表中输出这个零件】复选框,并输入其代号(名称)、备注和数量,如图 8.50 所示。如果用鼠标右键单击的是装配件并从弹出的快捷菜单中选择【装配属性】命令,则在打开的【装配】对话框中还需要设置在明细表中装配是否展开,如图 8.51 所示。

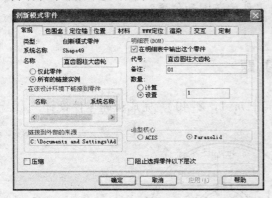
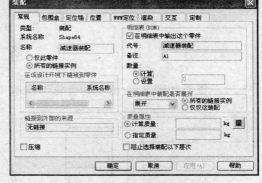

图 8.50　零件属性　　　　　　　　　　　　　图 8.51　装配属性

将【工具】设计元素库中的【BOM】工具图素拖放到设计环境中,系统会弹出一个窗口,该窗口的左窗格中显示了当前设计环境中产品的结构图,如图 8.52 所示,从中可以查看装配体中关于相应零件和子装配的代号和其他描述等 BOM 信息。

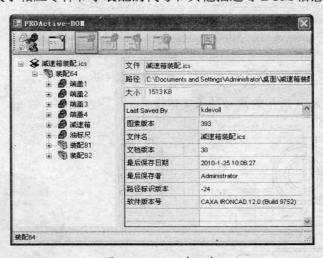

图 8.52　BOM 窗口表

窗口中的一些实用功能按钮,其功能用途的说明可以参考 CAXA 实体设计 2009 的帮助文件。

思 考 题

1. 自定义孔的设计时要考虑哪些工艺因素？如何创建自定义孔？
2. 如何使用【工具】设计元素库中的【拉伸】工具创建实体零件？
3. 如何创建外螺纹、内螺纹？
4. 举例说明如何创建一个渐开线内啮合齿轮？
5. 举例说明如何创建一个热轧型钢？
6. 如何使用【工具】设计元素库中的【阵列】工具来创建某零件的矩形阵列？
7. 如何使用【工具】设计元素库中的【轴承】工具创建轴承？
8. 分裂零件有哪些步骤？如何调整分裂零件的范围和位置？

练 习 题

1. 根据如图 8.53 所示的齿轮工作图（其中 $m=1$，$Z=40$），完成齿轮零件设计。

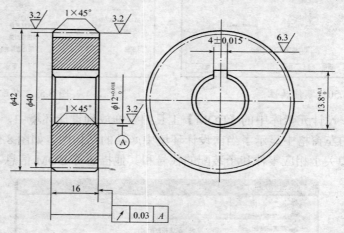

图 8.53 练习题 1 零件图

2. 完成如图 8.54 所示的滑动轴承实体设计。

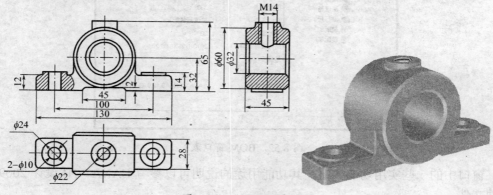

图 8.54 练习题 2 零件图

206

第9章 三维曲线构建与曲面设计

CAXA 实体设计 2009 提供了多种曲面设计的手段，其中包括网格面、放样面、直纹面、旋转面、边界面、导动面的生成方式以及多种曲面编辑的方法。这些曲面的生成都是以三维曲线为基础，所以在介绍曲面的生成方式之前，先介绍一下三维曲线的生成方式。

9.1 三维点应用

在 CAXA 实体设计 2009 中，创建三维空间点（简称三维点）是创建三维曲线的基础。三维点是造型中的最小单位，是三维曲线下的一种几何单元，它通常作为参考点来搭建线构架。

在创建三维曲线时，可以通过输入坐标的方式来插入所需的参考点，输入三维点坐标的格式为"X, Y, Z"或"XYZ"，即 X、Y 和 Z 坐标值之间用逗号或空格隔开，按 Enter 键即可确定点。在绘制三维点时，可以配合使用"智能捕捉"和"三维球变换"功能。

如果要读入点数据文件（点数据文件是指按照一定格式输入的文本文件），可以按照如下方法进行。

（1）在功能区【曲线】选项卡的【三维曲线】面板中单击 ⊠【三维曲线】按钮。

（2）打开菜单浏览器，选择【文件】→【输入】→【3D 曲线中输入】→【导入参考点】命令。

（3）系统弹出如图 9.1 所示的【导入参考点】对话框，通过单击【浏览】按钮，选择所需的点数据文件（即指定点数据文件所在的路径），可以根据需要选中【全局坐标系中的点】复选框。然后单击【确定】按钮，即可读入点数据文件并生成相应的三维点。

用户可以通过多种方式编辑建立好的三维点。例如，在曲线编辑状态下，选中三维点，单击鼠标右键，然后从弹出的快捷菜单中选择相应的命令修改选定点的坐标值；或者选中三维点后，激活三维球，将鼠标指针置于三维球中心点，单击鼠标右键，从弹出的快捷菜单中选择【编辑位置】命令，然后利用打开的【编辑中心位置】对话框来修改点的坐标，如图 9.2 所示。另外，由于 CAXA 实体设计 2009 中的三维点属于三维曲线

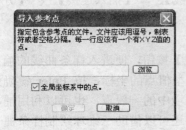

图 9.1 【导入参考点】对话框

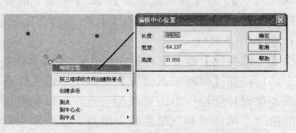

图 9.2 利用三维球编辑点坐标

中的几何元素，因此还可以通过三维曲线属性表对其进行位置编辑。

9.2 三 维 曲 线

在功能区【曲面】选项卡的【三维曲线】面板中，集中了多种创建三维曲线的工具按钮，包括 ◻【三维曲线】、 ◻【提取曲线】、 ◻【曲面交线】、 ◻【公式曲线】、 ◻【曲面投影线】、 ◻【等参数线】、 ◻【组合投影曲线】和 ◻【包裹曲线】，如图 9.3 所示。在【3D 曲线】工具条上也集中了创建三维曲线的工具按钮，如图 9.4 所示。在菜单浏览器【生成】→【曲线】的相应子菜单中也集中了生成三维曲线的对应的命令选项，如图 9.5 所示。

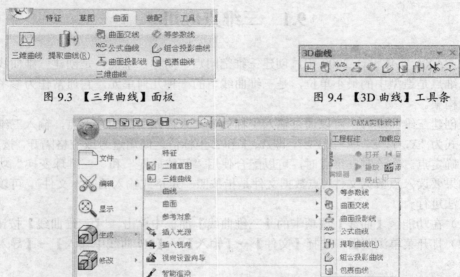

图 9.3 【三维曲线】面板 　　　　　　　　图 9.4 【3D 曲线】工具条

图 9.5 生成三维曲线的命令

9.2.1 生成三维曲线

要生成三维曲线，可以在功能区【曲面】选项卡的【三维曲线】面板中单击 ◻【三维曲线】按钮，出现如图 9.6 所示的【三维曲线】命令管理栏。该命令管理栏提供的三维曲线工具包括 ◻【插入样条曲线】、 ◻【插入直线】、 ◻【插入多义线】、 ◻【插入圆弧】、 ◻【插入圆】、 ◻【插入圆角过渡】、 ◻【插入参考点】、 ◻【显示参考点】、 ◻【用三维球插入点】、 ◻【插入螺旋线】、 ◻【曲面上的样条曲线】、 ◻【插入连接】、 ◻【分割曲线】和 ◻【生成光滑连接曲线】。

1. 插入样条曲线

在【三维曲线】命令管理栏中选中 ◻【插入样条曲线】按钮，便进入样条曲线的输入状态。可以在【坐标输入位置】文本框中输入样条曲线型值点的坐标，按 Enter 键确定；或者在设计环境中单击拾取型值点，可以拾取设计环境中的一般点，也可以利用捕捉功能拾取二维曲线和三维曲线上的点、端点和中点等，还可以借助三维球绘制样条曲线，以及读入文本文件绘制样条曲线。型值点输入完成后，单击 ◻【应用并退出】按钮，

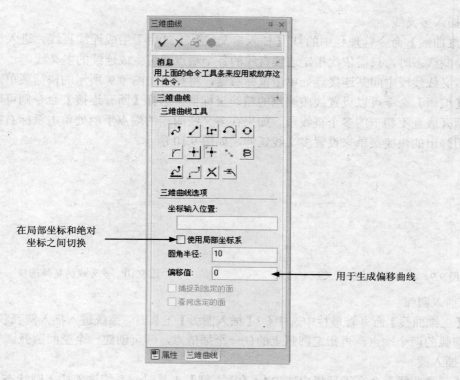

图 9.6 【三维曲线】命令管理栏

完成样条曲线设计，样条曲线示例如图 9.7 所示。如果需要输入其他样条曲线，可再次按下【插入样条曲线】按钮，重复以上操作。

2．插入直线

在【三维曲线】命令管理栏中选中 ✎ 【插入直线】工具时，可通过指定两个不同的空间点来绘制空间直线。这两个点可以通过输入坐标值精确确定，也可以拾取绘制的已有三维点、实体或其他曲线上的点。

如果在选中 ✎ 【插入直线】工具后，按住 Shift 键选择曲面上任意一点或曲面上线的交点作为直线的第一点，则可以很方便地绘制出曲面上选定点的法线，如图 9.8 所示。可以利用鼠标右键快捷菜单对法线进行【延伸】等编辑操作。

图 9.7 生成的三维样条曲线

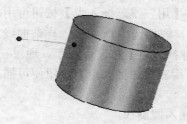

图 9.8 绘制曲面上指定点的法线

209

3．插入多义线

【三维曲线】命令管理栏中的 ↳ 【插入多义线】工具用于生成连续直线。进入该连续直线绘制状态时，只需依次指定连续直线的各个端点即可生成连续的多义线。

在多义线线段中间某连接点处单击鼠标右键，将弹出如图 9.9 所示的快捷菜单，从中选择【编辑】命令可以设置线段端点的精确坐标值；选择【断开连接】命令则可以将多义线断开成互不相干的多个直线段。如果在多义线两端的端点手柄处单击鼠标右键，可以利用弹出的快捷菜单来设置多义线延伸，如图 9.10 所示。

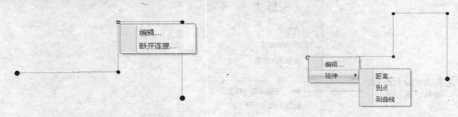

图 9.9　单击鼠标右键多义线中间点　　　　图 9.10　多义线的延伸选项

4．插入圆弧

在【三维曲线】命令管理栏中选中 ⌒ 【插入圆弧】工具时，系统进入插入圆弧状态。先指定圆弧的两个端点，再指定圆弧上的任一个插值点，即可创建一个空间圆弧。

5．插入圆

在【三维曲线】命令管理栏中选中 ◯ 【插入圆】工具时，系统进入插入圆状态。可通过指定圆上三点来创建一个空间圆。

6．插入圆角过渡

使用【三维曲线】命令管理栏中的 ⌐ 【插入圆角过渡】工具，可以为具有公共端点的两条空间曲线插入圆角过渡。其具体操作步骤是，在命令管理栏的【圆角半径】文本框中输入圆角半径值，然后选择要进行圆角过渡的两条直线即可。

需要注意的时，当两条曲线分别作为两个零件存在时，则要先将这两条曲线组合到一个零件下才能进行圆角过渡。

7．插入参考点与显示参考点

在【三维曲线】命令管理栏中单击 ⊹ 【插入参考点】按钮时，可以通过在【坐标输入位置】文本框中输入坐标值来插入三维点。

【三维曲线】命令管理栏中的 ⊹ 【显示参考点】按钮用于设置是否显示参考点。

8．用三维球插入点

在绘制三维曲线时若激活了用于辅助设计的三维球工具，则【三维曲线】命令管理栏中的 ⬚ 【用三维球插入点】按钮可用，以配合三维球实现空间布线的功能。

例如，假如选中 ⌢ 【插入样条曲线】工具，并按 F10 键激活三维球，这时可发现 ⬚ 【用三维球插入点】按钮可用了。通过三维球操作使三维球所处的点位于设计目标点处，单击 ⬚ 【用三维球插入点】按钮便可插入线条的一个端点，如此操作可获得线条的另一个端点。

9．插入螺旋线

在【三维曲线】命令管理栏中单击 ⛒ 【插入螺旋线】按钮，然后在设计环境中指定

210

一个点作为螺旋线的放置中心，系统将弹出如图 9.11 所示的【螺旋线】对话框。在该对话框中设置好相关参数后，单击【确定】按钮，即可创建螺旋线。创建的螺旋线如图 9.12 所示。

图 9.11　【螺旋线】对话框

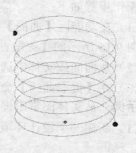

图 9.12　创建螺旋线示例

10．曲面上的样条曲线

在【三维曲线】命令管理栏中单击 ⌒ 【曲面上的样条曲线】按钮，可以在曲面或平面上绘制样条曲线。

11．插入连接

在【三维曲线】命令管理栏中单击 ⌒ 【插入连接】按钮，系统进入插入连接状态。在设计环境中单击选择两条互不相连的曲线，在这两条曲线之间会生成光滑的连接。所谓的"连接"分两种情况，一种是平面连接，另一种是非平面连接。系统会根据两曲线的客观情况自动处理，并弹出相应的对话框，由用户进行选择设置。

（1）平面连接。当两条直线位于同一平面内，进入连接状态并在提示下选择要连接的第一个顶点和第二个顶点，系统会弹出如图 9.13 所示的【平面连接选项】对话框，从中设置相关选项及参数，然后单击【确定】按钮，即可完成平面连接。

（2）非平面连接。当两条直线不在同一平面内，进入连接状态并在提示下选择要连接的第一个顶点和第二个顶点，系统会弹出如图 9.14 所示的【非平面连接选项】对话框，从中设置相关选项及参数，然后单击【确定】按钮，即可完成非平面连接。

12．分割曲线

选择【三维曲线】命令管理栏中的 ✕ 【分割曲线】按钮，然后选择第一条曲线，并选择裁剪者（曲线或表面），然后单击【确定】按钮即可实现所选曲线的分割。

13．生成光滑连接曲线

生成光滑连接曲线又称为"曲线光滑搭接"。要实现此功能，可以使用【三维曲线】命令管理栏中的 ⌒ 【生成光滑连接曲线】按钮。

211

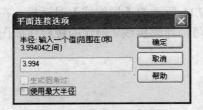

图 9.13 【平面连接选项】对话框

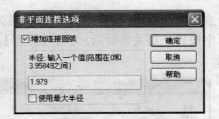

图 9.14 【非平面连接选项】对话框

9.2.2 提取曲线

在设计过程中，可以通过【提取曲线】命令由曲面及实体的边界来创建三维曲线。具体操作步骤如下：

（1）在功能区【曲面】选项卡的【三维曲线】面板中单击 【提取曲线】按钮，打开如图 9.15 所示的【提取曲线】命令管理栏。

（2）从曲面或实体中选取所需的边、面，也可以选取二维草图。

（3）在【提取曲线】命令管理栏中单击 ✔【确定】按钮。

示例：从实体图素中提取相关曲线。

（1）新建一个设计环境，并创建如图 9.16 所示的"星形体"。

图 9.15 【提取曲线】命令管理栏

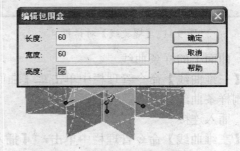

图 9.16 创建的"星形体"

（2）在功能区【曲面】选项卡的【三维曲线】面板中单击 【提取曲线】按钮，打开【提取曲线】命令管理栏。

（3）选取如图 9.17 所示的实体面。

（4）在【提取曲线】命令管理栏中单击 ✔【确定】按钮，完成"星形体"轮廓曲线的提取操作，如图 9.18 所示。为了更清晰地看到提取到的曲线，将实体智能图素隐藏了起来，只显示提取到的曲线。

注意：可以在面边编辑状态下，利用鼠标右键快捷菜单，选择【提取曲线】命令来生成三维曲线，如图 9.19 所示。

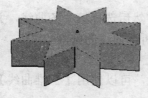

图 9.17 选取面

图 9.18 提取曲线的结果

图 9.19 鼠标右键快捷菜单

9.2.3　生成曲面交线

可以选择相交的两组曲面生成它们的交线。具体操作步骤如下：

（1）创建如图 9.20 所示的两个相交曲面。

（2）在功能区【曲面】选项卡的【三维曲线】面板中单击 🖱 【曲面交线】按钮，打开如图 9.21 所示的【曲面交线】命令管理栏。

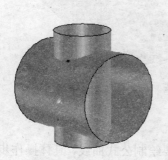

图 9.20　两个相交曲面

图 9.21　【曲面交线】命令管理栏

（3）选择如图 9.22 所示的第一个面。

（4）在【曲面交线】命令管理栏中单击【第二个面】收集器的框，将其激活，然后选择另一个曲面作为第二个面。

（5）在【曲面交线】命令管理栏中单击 ✔【确定】按钮，创建的两曲面交线如图 9.23 所示。

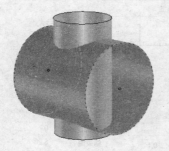

图 9.22　选择第一个面

图 9.23　创建的曲面交线

9.2.4　生成等参数线

可以将曲面看成是由 U、V 两个方向的参数建立的，对于 U、V 每一个确定的参数，都有一条曲面上确定的曲线与之对应。这就是等参数线的实际概念。

在功能区【曲面】选项卡的【三维曲线】面板中单击 🔘 【等参数线】按钮，打开如图 9.24 所示的【等参数曲线】命令管理栏。选择曲面，系统会在所选曲面上产生一条默认的等参数曲线，用户可以通过修改沿曲线百分比参数或指定过点的方式来获得满足要求的等参数线，如果需要修改 U、V 的方向，可单击【切换参数方向】按钮。操作完成后单击 ✔【确定】按钮即可生成等参数线。生成的等参数线示例如图 9.25 所示。

图 9.24 【等参数曲线】命令管理栏

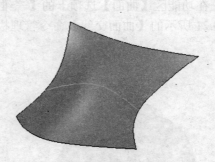

图 9.25 生成等参数线示例

9.2.5 生成公式曲线

公式曲线是用数学表达式或公式来创建曲线。要绘制公式曲线，具体操作步骤如下：

（1）在功能区【曲面】选项卡的【三维曲线】面板中单击 ～ 【公式曲线】按钮，打开如图 9.26 所示的【公式曲线】命令管理栏。

（2）在【公式曲线】命令管理栏中可以选定原点和 X 方向等。单击【编辑公式】按钮，可以打开如图 9.27 所示的【公式曲线】对话框，可以在该对话框中设置坐标系、可变单位、参数变量、表达式等参数。

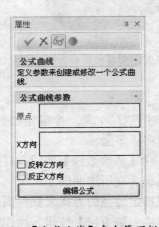

图 9.26 【公式曲线】命令管理栏

图 9.27 【公式曲线】对话框

（3）在【公式曲线】对话框中单击 ✔ 【确定】按钮。

（4）在【公式曲线】命令管理栏中单击 ✔ 【确定】按钮，完成公式曲线的创建。

注意：公式曲线可以使用一些数学函数，所有函数的参数都需用括号括起来。

9.2.6　曲面投影线

曲面投影线是指将一条或多条空间曲线按照给定的投影方向向曲面投影而生成的曲线。具体操作步骤如下：

（1）创建如图 9.28 所示的曲面和空间曲线。

（2）在功能区【曲面】选项卡的【三维曲线】面板中单击 ⟋ 【曲面投影线】按钮，打开如图 9.29 所示的【投影曲线】命令管理栏。

（3）选择圆形的空间曲线作为投影对象。如果要投影的曲线是多条光滑连接的曲线，可以选中【延伸拾取光滑链接的边】复选框，以便一次拾取多条光滑连接的曲线。

（4）在【投影定位】选项组的【面】收集器列表框中单击，将其激活，然后选择原始曲面。

（5）在【投影方向】文本框中将 Z 坐标对应的值由 0 改为-1，按 Enter 键确认，如图 9.30 所示。

（6）在【投影曲线】命令管理栏中单击 ✔ 【确定】按钮，创建的投影曲线如图 9.31 所示。

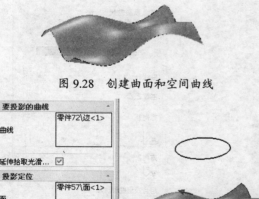

图 9.28　创建曲面和空间曲线

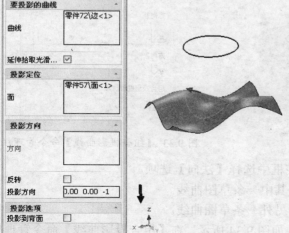

图 9.30　定义投影方向

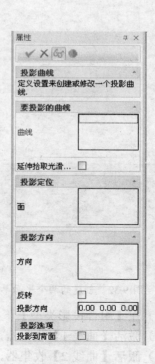

图 9.29　【投影曲线】命令管理栏

215

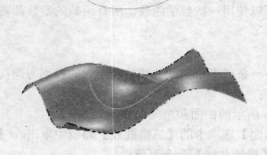

图 9.31　创建的投影曲线

9.2.7　组合投影交线

在功能区【曲面】选项卡的【三维曲线】面板中单击 ⌖【组合投影曲线】按钮，可以通过投影两个平面上的曲线来创建一条三维曲线。具体操作步骤如下：

（1）绘制如图 9.32 所示的两个平面草图曲线。

（2）在功能区【曲面】选项卡的【三维曲线】面板中单击 ⌖【组合投影曲线】按钮，系统打开如图 9.33 所示的【组合投影曲线】命令管理栏。

图 9.32　创建的两个平面草图曲线

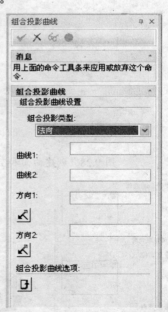

图 9.33　【组合投影曲线】命令管理栏

（3）在【组合投影类型】下拉列表框中选择【法向】选项。

（4）激活【曲线 1】收集器，选择其中一条草图曲线。

（5）激活【曲线 2】收集器，选择另外一条草图曲线。

（6）指示相应投影方向的两个箭头如图 9.34 所示。在【组合投影曲线】命令管理栏中单击 ✔【确定】按钮，创建的组合投影曲线如图 9.35 所示。

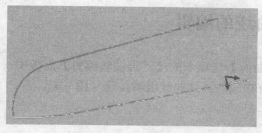
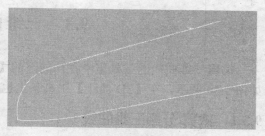

图 9.34　两个投影箭头　　　　　　　　　　图 9.35　创建的组合投影曲线

9.2.8　包裹曲线

使用功能区【曲面】选项卡的【三维曲线】面板中的【包裹曲线】工具，可以将曲线包裹到一个圆柱面上。具体操作步骤如下：

（1）创建如图 9.36 所示的圆柱体和三维曲线。

（2）在功能区【曲面】选项卡的【三维曲线】面板中单击【包裹曲线】按钮，打开如图 9.37 所示的【包裹曲线】命令管理栏。

（3）选择一条三维曲线或边作为要包裹的曲线。如果要拾取连接的边，则在选择边之前先选中【拾取连接的边】复选框。

（4）激活【选择圆柱面来包裹】收集器，在设计环境中选择圆柱面。

（5）激活【拾取一点来定位在面上的起始点】收集器，然后选择所需的点。可以反转包裹方向。

（6）在【精度值】选项组中分别设置弦高精度、角度精度和弦长精度。

（7）在【包裹曲线】命令管理栏中单击✔【确定】按钮，创建的包裹曲线如图 9.38所示。

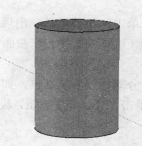

图 9.36　创建的圆柱体和三维曲线

图 9.38　创建的包裹曲线　　　　图 9.37　【包裹曲线】命令管理栏

9.3 三维曲线的编辑

编辑三维曲线的工具集中在功能区的【曲面】选项卡的【三维曲线编辑】面板中，如图 9.39 所示。在【3D 曲线】工具条上也有相应的三维曲线编辑按钮（图 9.4）。

9.3.1 裁剪/分割三维曲线

在 CAXA 实体设计 2009 中，可以使用其他三维曲线、实体表面和曲面来裁剪或分割三维曲线。具体操作步骤如下：

（1）创建如图 9.40 所示的曲面和三维曲线。

（2）在功能区【曲面】选项卡的【三维曲线编辑】面板中单击 ✖【裁剪/分割 3D 曲线】按钮，打开如图 9.41 所示的【裁剪/分割 3D 曲线】命令管理栏。

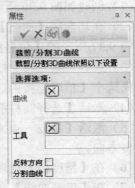

图 9.39 【三维曲线编辑】面板　　图 9.40 创建的曲面和　　图 9.41 【裁剪/分割 3D 曲线】
　　　　　　　　　　　　　　　　　　三维曲线　　　　　　　　　　命令管理栏

（3）在命令管理栏的【工具】收集器的框中单击，将其激活，出现"选择一个形体用来裁剪 3D 曲线"的提示信息。选择所需的形体（这里以选择一个曲面为例），如图 9.42 所示。

（4）根据需要，可以选中【反转方向】和【分割曲线】复选框，如图 9.43 所示。

（5）在【裁剪/分割 3D 曲线】命令管理栏中单击 ✔【确定】按钮，裁剪结果如图 9.44 所示。

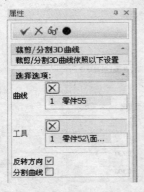

图 9.42 选择一个曲面　　图 9.43 裁剪/分割 3D 曲线设置　　图 9.44 裁剪 3D 曲线结果

218

9.3.2　拟合曲线

使用【三维曲线编辑】面板中的 ⬈ 【拟合曲线】工具，可以将多条首尾相连的空间曲线或模型边界拟合为一条曲线，并可以根据设计需要来决定是否删除原来的曲线。

拟合曲线分成以下两种情况。

情况一：当多条首尾相连的曲线是光滑连接时，使用【拟合曲线】功能只是把多个曲线拟合为一条曲线，不改变曲线的状态。

情况二：当多条首尾相连的曲线不是光滑连接时，使用【拟合曲线】功能可改变拟合曲线的状态，即将多线段拟合成一条曲线并保证光滑连接。

生成拟合曲线的操作步骤比较简单，即在功能区【曲面】选项卡的【三维曲线编辑】面板中单击 ⬈ 【拟合曲线】按钮，打开如图 9.45 所示的【拟合 3D 曲线】命令管理栏，选择要拟合的首尾相连的三维曲线，并设置合并曲线选项，然后单击 ✓ 【确定】按钮即可。

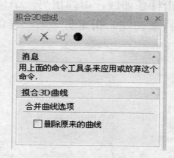

图 9.45　【拟合 3D 曲线】命令管理栏

9.3.3　三维曲线编辑

选中要编辑的三维曲线，单击功能区【曲面】选项卡的【三维曲线编辑】面板中的 ⊠ 【三维曲线编辑】按钮，便可以进入三维曲线编辑状态，此时可以通过编辑三维曲线的关键点来编辑曲线，并可以对曲线的控制点和端点的切矢量长度和方向进行编辑，还可以对样条曲线的曲率进行编辑。在三维曲线编辑状态下，注意三维球工具和相关鼠标右键功能的应用。

以下通过示例介绍三维曲线的编辑方法。

示例 1：编辑样条曲线。

（1）在设计环境中，单击样条曲线，样条曲线由黄色变为蓝色。

（2）用鼠标右键单击样条曲线，从弹出的快捷菜单中，选择【编辑】选项，进入三维曲线编辑状态。或者双击样条曲线，进入三维曲线编辑状态。这时系统重新打开【三维曲线】命令管理栏，此时可以对样条曲线的型值点和端点切矢量的长度和方向进行编辑。

（3）编辑样条曲线的型值点。把光标移到样条曲线的型值点处（型值点显示为小圆点），这时光标变为小手形状，拖动型值点到需要的位置，或捕捉实体和曲线上的点，如图 9.46 所示。另外，也可以用鼠标右键单击型值点，从弹出的快捷菜单中选择【编辑】命令，如图 9.47 所示。弹出【编辑绝对点位置】对话框，在对话框中输入型值点的新坐标值，如图 9.48 所示。

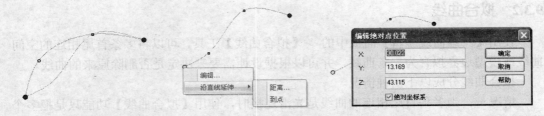

图 9.46 拖动样条曲线的型值点　　图 9.47 鼠标右键快捷菜单　　图 9.48 【编辑绝对点位置】对话框

（4）编辑样条曲线的端点切矢量。再次单击样条曲线，样条曲线的型值点处出现蓝色箭头的矢量。把光标移到箭头上，这时光标变为小手形状。如果要编辑矢量的长度，可以沿矢量方向拖动箭头到新的位置；如果要编辑矢量方向，可用鼠标右键单击箭头，弹出快捷菜单，如图 9.49 所示，从中选择一个选项并指定相应的对象，就可以修改矢量的方向。

（5）另外，用鼠标右键单击样条曲线，可弹出另一个快捷菜单，如图 9.50 所示。利用该菜单中的选项，可以删除样条曲线、指定另一条三维曲线替换被编辑的样条曲线及编辑曲率等。

图 9.49 切矢量上的快捷菜单　　　　　　图 9.50 样条曲线上的快捷菜单

（6）在【三维曲线】命令管理栏中单击 ✔【确定】按钮，完成并退出三维曲线编辑。

示例 2：编辑直线。

（1）在设计环境中，单击直线，直线由黄色变为蓝色。

（2）用鼠标右键单击直线，从弹出的快捷菜单中选择【编辑】选项，进入三维曲线编辑状态。或者双击直线，进入三维曲线编辑状态。【三维曲线】命令管理栏重新显示在屏幕上。直线的两个端点显示为红点。

（3）将光标移到红点处，这时光标变为小手形状，沿直线方向拖动端点，可以改变直线的长度。也可以用鼠标右键单击端点，从弹出的快捷菜单中选择【编辑】命令，如图 9.51 所示。弹出【编辑绝对点位置】对话框，在对话框中输入端点的新坐标值，如图 9.52 所示。

（4）另外，用鼠标右键单击直线，可弹出另一个快捷菜单，如图 9.53 所示。利用该菜单中的选项，可以删除或替换直线。

（5）在【三维曲线】命令管理栏中单击 ✔【确定】按钮，完成并退出三维曲线编辑。

220

图 9.51　鼠标右键快捷菜单　　图 9.52　【编辑绝对点位置】对话框　　图 9.53　直线上的快捷菜单

示例 3：编辑圆弧。

（1）在设计环境中，单击圆弧，圆弧由黄色变为蓝色。

（2）用鼠标右键单击圆弧，从弹出的快捷菜单中选择【编辑】选项，进入三维曲线编辑状态。或者双击圆弧，进入三维曲线编辑状态。【三维曲线】命令管理栏重新显示在屏幕上。圆弧的两个端点显示为红点，圆弧上的另一点显示为小圆点。

（3）将光标移到红点或小圆点处，这时光标变为小手形状，拖动可以改变该点的位置。也可以用鼠标右键单击该点，从弹出的快捷菜单中选择【编辑】选项，弹出【编辑绝对点位置】对话框，在对话框中输入点的新坐标值。

（4）另外，用鼠标右键单击圆弧，可弹出另一个快捷菜单。利用该菜单中的选项，可以删除、替换圆弧。

(5) 在【三维曲线】命令管理栏中单击 ✓【确定】按钮，完成并退出三维曲线编辑。

9.4　创　建　曲　面

在功能区【曲面】选项卡的【曲面】面板中，集中了多种创建曲面的工具按钮，包括 🔄【旋转面】、❖【网格面】、🔄【导动面】、🔺【放样面】、◣【直纹面】、🔧【提取曲面】，如图 9.54 所示。在【曲面】工具条上也集中了创建曲面的工具按钮，如图 9.55 所示。在菜单浏览器【生成】→【曲面】的相应子菜单中也集中了创建曲面的对应命令选项，如图 9.56 所示。

图 9.54　【曲面】面板

图 9.55　【曲面】工具条

图 9.56　创建曲面的命令

221

需要注意的是，【曲面功能】在创新模式中和工程模式中的使用会稍有不同，如相应的命令管理栏交互方式不同、与现有零件的关系设置不同等，但基本操作方法类似。本书将主要介绍在创新模式零件的设计环境中创建曲面。

9.4.1 网格面

以网格曲线为骨架，蒙上以自由曲面方式生成的曲面称之为网格曲面。网格曲线是由截面线组成的横竖相交线。由于一组截面线只能反映曲面一个方向的变化趋势，还必须引入另一组截面线来限定曲面在另一个方向上的变化，这就形成了一个网格骨架，控制曲面两个方向（U和V方向）的变化趋势。在此基础上插值网格骨架即可生成所需的网格面。创建网格面的具体操作步骤如下：

示例： 创建网格面。

（1）在一个新的创新设计环境中，利用【三维曲线】命令生成四条三维曲线。利用【动态旋转】按钮，观察方位。

（2）在三维曲线编辑状态下，利用【三维球】功能旋转调整三维曲线的位置，如图9.57所示。这四条三维曲线可作为 U 向网格曲线。

（3）利用【三维曲线】命令和智能捕捉功能生成四条 V 向网格曲线，如图9.58所示。注意每条 V 向三维曲线的型值点应捕捉到 U 向网格曲线（亮绿色）上，以保证 V 向曲线与 U 向曲线都相交。

（4）在功能区【曲面】选项卡的【曲面】面板中单击 ◈【网格面】按钮，系统弹出【网格面】命令管理栏，如图9.59所示。

①【U 曲线】。可以把两个方向的曲线中的任何一方作为 U 向曲线。拾取时要求依次拾取，并且拾取的位置要靠近曲线的同一端。

②【V 曲线】。拾取的原则同上。

图 9.57 四条 U 向网格曲线

图 9.58 增加四条 V 向网格曲线

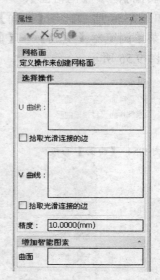

图 9.59 【网格面】命令管理栏

依次拾取 U 向截面曲线。两个方向的曲线任何一方向都可以首先作为 U 向曲线来拾取。拾取时【U 曲线】收集器显示框会自动显示拾取的 U 向曲线，拾取的 U 向截面曲线以蓝色显示。

（5）U 向曲线拾取完成后，单击【V 曲线】收集器，将其激活。依次拾取 V 向截面曲线。拾取 V 向曲线时【V 曲线】收集器显示框会自动显示 V 向线，拾取的 V 向截面曲线以粉色显示，如图 9.60 所示。

（6）完成操作后，在【网格面】命令管理栏中单击 ✔【确定】按钮。创建的网格面如图 9.61 所示。

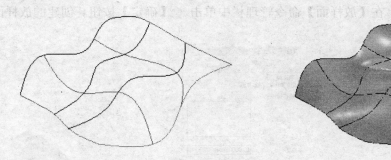 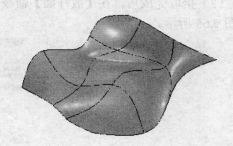

图 9.60　拾取网格曲线　　　　　　　　图 9.61　创建的网格曲面

注意：

（1）每一组曲线都必须按其方位顺序拾取，而且曲线的方向必须保持一致。曲线的方向与放样面功能中的一样，由拾取点的位置来确定曲线的起点。

（2）拾取的 U 向曲线与所有 V 向曲线都必须有交点。

（3）拾取的曲线应当是光滑曲线。

（4）曲面的边界线可以是实体的棱边。

（5）对网格线有以下要求：网格曲线组成网状四边形网格，规则四边形网格与不规则四边形网格均可。插值区域是四条边界曲线围成的，如图 9.62（a）和图 9.62（b）所示，不允许有三边域、五边域和多边域，如图 9.62（c）所示。

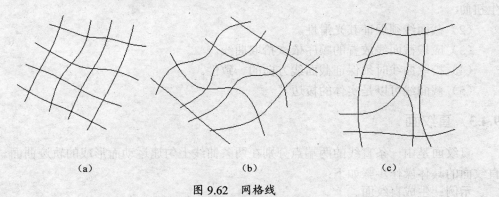

（a）　　　　　　　　　　（b）　　　　　　　　　　（c）

图 9.62　网格线

（a）规则四边形网格；（b）不规则四边形网格；（c）不规则网格。

9.4.2　放样面

以一组互不相交、方向相同、形状相似的特征线（或截面线）为骨架进行形状控制，过这些曲线生成的曲面称之为放样曲面。创建网格面的具体操作步骤如下：

示例：生成放样面

（1）利用三维曲线功能绘制四条截面曲线，并利用【三维球】功能将它们重新定位，如图 9.63 所示。

（2）在功能区【曲面】选项卡的【曲面】面板中单击 ⛃【放样面】按钮，系统弹出【放样面】命令管理栏，如图 9.64 所示。【放样曲线】收集器被激活，依次拾取各截面曲线。注意每条曲线拾取的位置要靠近曲线的同一端，否则不能生成正确的曲面。

（3）拾取完成后，在【放样面】命令管理栏中单击 ✔【确定】按钮。创建的放样面如图 9.65 所示。

图 9.63　放样面的截面曲线　　图 9.64　【放样面】命令管理栏　　图 9.65　创建的放样面

注意：

（1）拾取的一组特征曲线应互不相交、方向一致、形状相似，否则生成的曲面将发生扭曲。

（2）截面线须保证其光滑性。

（3）应按截面线放置的顺序依次拾取曲线。

（4）拾取曲线时须保证截面线方向的一致性。

（5）截面线可以是实体的棱边。

9.4.3　直纹面

直纹面是由一条直线的两端点分别在两条曲线上匀速运动而形成的轨迹曲面。创建直纹面的具体操作步骤如下：

示例：生成直纹面。

（1）利用三维曲线功能绘制一条直线和一条样条曲线，并利用【三维球】功能将它们重新定位，如图 9.66 所示。

（2）在功能区【曲面】选项卡的【曲面】面板中单击 ⛰【直纹面】按钮，系统弹出【直纹面】命令管理栏，如图 9.67 所示。在【直纹面类型】下拉列表框中选择【曲线-曲线】选项。【曲线】收集器被激活，拾取两条曲线。拾取时注意要拾取两条曲线的对应点，

224

否则生成的曲面会发生扭曲。

（3）拾取完成后，在【直纹面】命令管理栏中单击 ✔【确定】按钮。创建的直纹面如图 9.68 所示。

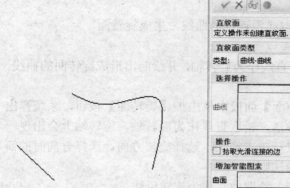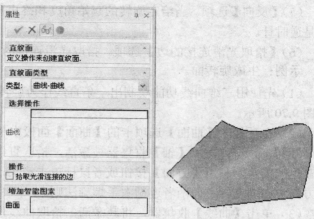

图 9.66　直纹面图的特征曲线　　图 9.67　【直纹面】命令管理栏　　图 9.68　生成的直纹面

注意：在拾取曲线时应注意拾取点的位置，应拾取曲线的同侧对应位置，否则将使两曲线的方向相反，生成的直纹面将发生扭曲。

9.4.4　旋转面

按给定的起始角度和终止角度将平面曲线绕一旋转轴旋转而生成的轨迹曲面称为旋转面。

在功能区【曲面】选项卡的【曲面】面板中单击 ⓗ【旋转面】按钮，系统弹出【旋转面】命令管理栏，如图 9.69 所示。栏中主要包括以下选项。

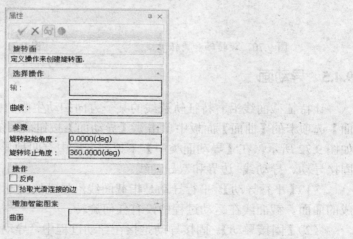

图 9.69　【旋转面】命令管理栏

（1）【轴】收集器。拾取一条直线作为生成旋转曲面的旋转轴。

（2）【曲线】收集器。选择曲线作为旋转对象。

（3）【旋转起始角度】文本框。指生成曲面的起始位置与母线和旋转轴所构成平面的

225

夹角。

（4）【旋转终止角度】文本框。指生成曲面的终止位置与母线和旋转轴所构成平面的夹角。

（5）【反向】选项。当给定旋转的起始角度和终止角度后，确定旋转的方向是顺时针还是逆时针。

（6）【拾取光滑连接的边】选项。拾取光滑连接的曲线，生成旋转面。

示例：生成旋转面。

（1）先使用三维曲线功能绘制出一条直线作为旋转轴，并绘制出形成旋转面的曲线，如图 9.70 所示。

（2）在功能区【曲面】选项卡的【曲面】面板中单击 📶【旋转面】按钮，系统弹出【旋转面】命令管理栏。【轴】收集器被激活，拾取直线作为旋转轴，旋转轴上会出现一个蓝色的箭头，利用【方向】按钮或者鼠标单击箭头，选择旋转方向。选择方向时的箭头方向与曲面旋转方向两者遵循右手螺旋法则。

（3）单击【曲线】收集器，将其激活。拾取曲线作为旋转母线。

（4）在【旋转起始角度】、【旋转终止角度】文本框中输入起始角度值和终止角度值，如 60 和 270。

（5）拾取完成后，在【旋转面】命令管理栏中单击 ✔【确定】按钮。生成的旋转面如图 9.71 所示。

 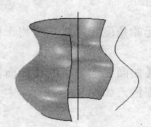

图 9.70　旋转轴和旋转母线　　　　　　图 9.71　生成的旋转面

9.4.5　导动面

让特征截面线沿着特征轨迹线的某一方向扫动生成的曲面称为导动面。在功能区【曲面】选项卡的【曲面】面板中单击 🐌【导动面】按钮，系统弹出【导动面】命令管理栏，如图 9.72 所示。在【导动面类型】下拉列表框中有四种导动面的生成方式：平行导动、固接导动、导动线+边界和双导动线。

（1）【平行导动】。平行导动是指截面线沿导动线扫动并始终保持与其自身平行而生成的曲面。截面线在运动过程中没有任何旋转。

（2）【固接导动】。固接导动是指在导动过程中，导动线和截面线保持固接关系，也就是使截面线与导动线的切矢方向保持相对角度不变，且截面线在自身相对坐标系中的位置关系保持不变，截面线沿着导动线变化，如此导动生成导动曲面。

（3）【导动线+边界】。是指截面线按照一定的规则沿着一条导动线扫动生成曲面，该导动线可以与截面线不相交，可以作为一条参考导动线。在导动过程中，截面线始终

图 9.72 【导动面】命令管理栏

在垂直于导动线的平面内摆放，并求得截面线平面与边界线的两个交点，导动面的形状受导动线和边界线的控制。

（4）【双导动线】。是指将一条或两条截面线沿着两条导动线匀速地扫动来生成导动曲面。

下面以几个示例来介绍创建导动面的具体操作步骤。

示例 1：利用【平行导动】生成导动面。

（1）先构造导动线和截面线。利用【三维曲线】绘制一条三维曲线作为导动线，再绘制一条直线作为截面线，如图 9.73 所示。

（2）在功能区【曲面】选项卡的【曲面】面板中单击 🖑【导动面】按钮，系统弹出【导动面】命令管理栏。在【导动面类型】下拉列表框中选择导动面的生成方式为【平行导动】。

（3）【截面】收集器被自动激活，选取直线作为截面线。

（4）【导动曲线】收集器被激活，选择三维曲线作为导动线，并可利用导动线端部箭头选择导动方向。

（5）拾取完成后，在【导动面】命令管理栏中单击 ✓【确定】按钮。生成的导动面如图 9.74 所示。

图 9.75 为改变导动方向生成的导动面。

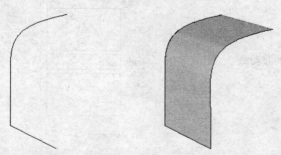

图 9.73 截面线和导动线　　图 9.74 平行导动生成的导动面　　图 9.75 切换导动方向的结果

示例 2：利用【导动线+边界】生成导动面。

截面线按以下规则沿一条导动线扫动生成曲面：

227

（1）运动过程中截面线平面始终与导动线垂直。

（2）运动过程中截面线平面与两边界线需要有两个交点。

（3）对截面线进行缩放，将截面线横跨于两个交点上。

截面线沿导动线如此运动时，就与边界线一起扫动生成曲面。

在导动过程中，截面线始终在垂直于导动线的平面内摆放，并求得截面线平面与边界线的两个交点，同时在截面线之间进行混合变形，并对混合截面进行缩放变形，使截面线正好横跨在两个边界线的交点上。

若对截面线进行缩放变换时，仅变化截面线的长度，而保持截面线的高度不变，称为等高导动。若对截面线进行缩放变换时，不仅变化截面线的长度，同时等比例地变换截面线的高度，称为变高导动。

（1）先构造截面线、边界线和导动线。从【图素】设计元素库中，将一个【长方体】拖入设计环境。利用【三维曲线】功能，在长方体的一个侧面上绘制一段圆弧作为截面线，在长方体的底面上绘制两条过圆弧端点的样条曲线作为边界线，在长方体的顶面上过截面线所在面的棱边中点和长方体顶面对边中点绘制一条直线作为导动线。然后删除长方体，剩下的曲线如图 9.76 所示。

（2）在功能区【曲面】选项卡的【曲面】面板中单击 🖱 【导动面】按钮，系统弹出【导动面】命令管理栏。在【导动面类型】下拉列表框中选择导动面的生成方式为【导动线+边界】，如图 9.77 所示。

（3）【截面】收集器被激活，拾取截面线（圆弧)。

（4）单击【导动曲线】收集器，将其激活，拾取导动线（直线），并利用鼠标单击导动线端部箭头选择导动方向。

（5）单击【边界线】收集器，将其激活，分别拾取两条样条曲线作为边界线。

（6）拾取完成后，在【导动面】命令管理栏中单击 ✓ 【确定】按钮。生成的导动面如图 9.78 所示。

图 9.76　截面线、边界线和导动线

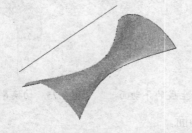

图 9.78　导动线+边界生成的导动面

图 9.77　选择导动面类型

228

示例 3：利用【双导动线】生成导动面。

（1）构造如图 9.79 所示的图形。其中圆弧作为截面线，两条样条曲线作为导动线。

（2）在功能区【曲面】选项卡的【曲面】面板中单击 ⚙【导动面】按钮，系统弹出【导动面】命令管理栏。在【导动面类型】下拉列表框中选择导动面的生成方式为【双导动线】。

（3）【截面】收集器被激活，拾取截面线（圆弧）。

（4）单击【导动曲线】收集器，将其激活。依次拾取两条样条曲线作为导动线，并利用箭头切换导动方向。

（5）拾取完成后，在【导动面】命令管理栏中单击 ✔【确定】按钮。生成的导动面如图 9.80 所示。

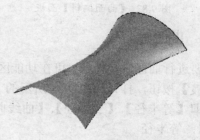

图 9.79　构造截面线和导动线　　　　图 9.80　双导动线生成的导动面

9.4.6　提取曲面

使用【提取曲面】功能可以从零件上提取零件的表面来生成曲面。具体操作步骤如下：

（1）在功能区【曲面】选项卡的【曲面】面板中单击 ☰【提取曲面】按钮，系统打开如图 9.81 所示的【提取曲面】命令管理栏。

（2）在零件上选择要生成曲面的表面，所选表面名称标识会列在【提取曲面】命令管理栏的【几何选择】列表框中。

（3）在【提取曲面】命令管理栏中单击 ✔【确定】按钮，完成提取表面操作。

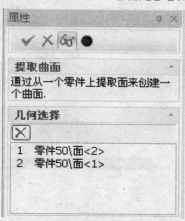

图 9.81　【提取曲面】命令管理栏

229

9.5 曲 面 编 辑

【曲面编辑】工具按钮位于功能区【曲面】选项卡的【曲面编辑】面板中，如图 9.82 所示，包括 【曲面过渡】按钮、 【曲面延伸】按钮、 【偏移曲面】按钮、 【裁剪曲面】按钮、 【还原裁剪表面】按钮、 【曲面补洞】按钮和 【合并曲面】按钮。也可在【曲面】工具条中找到相应工具的按钮，如图 9.83 所示。

图 9.82 【曲面编辑】面板

图 9.83 【曲面】工具条

9.5.1 曲面过渡

要进行曲面过渡操作，可在功能区【曲面】选项卡的【曲面编辑】面板中单击 【曲面过渡】按钮，打开如图 9.84 所示的【曲面过渡】命令管理栏。系统提供了四种过渡类型，即【等半径】、【变半径】、【曲线曲面】和【曲面上线】。

1. 等半径

先创建如图 9.85（a）所示的两个曲面。在【曲面过渡】命令管理栏的【曲面过渡类型】下拉列表框中选择【等半径】选项，【面】收集器被激活，选取第一个面和第二个面，在【半径】文本框中输入半径值，然后单击 【确定】按钮，即可在所选曲面间创建过渡圆角曲面，如图 9.85（b）所示。必要时可以设置是否裁剪第一个曲面和第二个曲面。

2. 变半径

在【曲面过渡】命令管理栏的【过渡类型】下拉列表框中选择【变半径】选项，【面】收集器被自动激活，选取第一个面和第二个面。激活【曲线】收集器，拾取一条边作为参考线。在【半径】和【百分比】文本框中输入参数值。单击 【确定】按钮，即可在所选曲面间创建变半径过渡曲面，如图 9.85（c）所示。

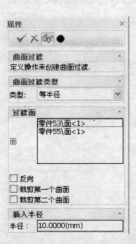

图 9.84 【曲面过渡】命令管理栏

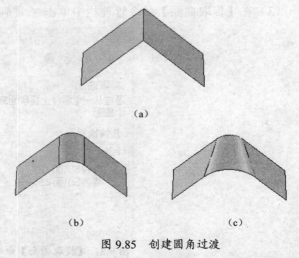

图 9.85 创建圆角过渡

（a）两个曲面；（b）等半径曲面过渡；（c）变半径曲面过渡。

230

3. 曲线曲面

在单个的曲面和一条曲线上创建过渡曲面。

4. 曲面上线

使用两个曲面和一条曲线作为过渡边缘创建曲面过渡。

9.5.2 曲面延伸

可以将曲面按照给定的距离或比例进行延伸。曲面延伸的具体操作步骤如下：

（1）在功能区【曲面】选项卡的【曲面编辑】面板中单击 ≋【曲面延伸】按钮，打开如图 9.86 所示的【曲面延伸】命令管理栏。

（2）系统弹出"拾取曲面的一个边"的提示信息，在曲面上拾取要延伸的边。此时出现的红色箭头表示要延伸的方向，如图 9.87 所示。

（3）在【长度】文本框中输入延伸长度值，或在【比例】文本框中输入百分比参数。

（4）完成设置后单击 ✔【确定】按钮即可。

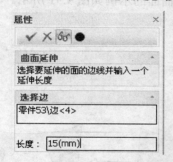

图 9.86 【曲面延伸】命令管理栏

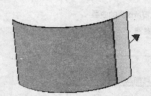

图 9.87 曲面延伸操作

9.5.3 偏移曲面

单击 ⧉【偏移曲面】按钮，可以将曲面或实体表面以一定距离偏移，创建新的曲面。偏移方式可以是等距偏移，也可以是不等距偏移（即在同一次操作中为不同的曲面设置不同的偏移距离）。偏移曲面的具体操作步骤如下：

（1）在功能区【曲面】选项卡的【曲面编辑】面板中单击 ⧉【偏移曲面】按钮，打开如图 9.88 所示的【偏移曲面】命令管理栏。

（2）选择要偏移的曲面，并设置其偏移距离和偏移方向。注意在所选曲面中会显示一个箭头指示偏移方向，使用鼠标单击此箭头可以快速而直观地改变偏移方向。

（3）可以继续选择别的要偏移的曲面，并设置偏移距离和偏移方向。

（4）在【偏移曲面】命令管理栏中单击 ✔【确定】按钮。偏移曲面的示例如图 9.89 所示。

9.5.4 裁剪曲面

单击 ⧈【裁剪曲面】按钮，可以对选定曲面进行裁剪，去掉不需要的部分，以获得所需要的曲面形状。

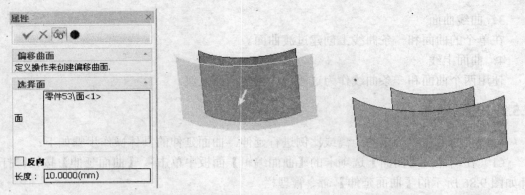

图 9.88 【偏移曲面】命令管理栏　　　　　　　图 9.89 偏移曲面示例

要裁剪曲面，则在功能区【曲面】选项卡的【曲面编辑】面板中单击 ✏️【裁剪曲面】按钮，打开如图 9.90 所示的【裁剪曲面】命令管理栏。在【目标】收集器中选择裁剪曲面，在【工具】收集器中选择裁剪工具曲面，在【裁剪操作】选项组中设置合适的选项，然后单击命令管理栏中的 ✔️【确定】按钮。裁剪曲面的示例如图 9.91 所示。

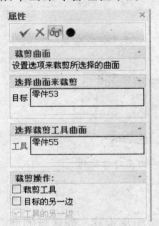

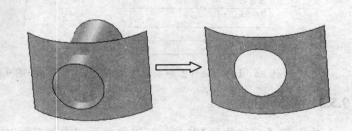

图 9.90 【裁剪曲面】命令管理栏　　　　　　　图 9.91 裁剪曲面的示例

9.5.5 还原裁剪表面

在功能区【曲面】选项卡的【曲面编辑】面板中单击 ✏️【还原裁剪表面】按钮，可以还原裁剪表面。此时系统提示"选择被裁剪的曲面，重新存储原始未裁剪的曲面"，在该提示下直接单击要恢复的裁剪曲面，就可以还原裁剪曲面。还原裁剪曲面的示例如图 9.92 所示。

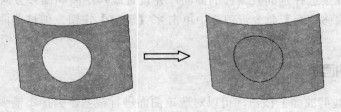

图 9.92 还原裁剪曲面示例

注意：使用该功能不仅能恢复裁剪曲面，还可以恢复实体的表面。

9.5.6　曲面补洞

曲面补洞就是为曲面上的切口重新补上曲面。曲面补洞作为曲面智能图素，当选择一个现有曲面的边缘作为它的边界时，可以设置曲面补洞与已有曲面接触或相接。曲面补洞的具体操作步骤如下：

（1）在功能区【曲面】选项卡的【曲面编辑】面板中单击 ◇【曲面补洞】按钮，打开如图 9.93 所示的【曲面补洞】命令管理栏。

（2）【曲线】收集器被自动激活，选择要补的边界线，如图 9.94 所示。这些边界线必须是封闭连接的曲线或边线。

（3）选中【光滑连接（仅曲面边界）】单选按钮。

（4）在【曲面补洞】命令管理栏中单击 ✓【确定】按钮，完成的曲面补洞效果如图 9.95 所示。

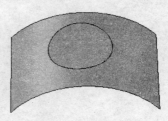

图 9.93　【曲面补洞】命令管理栏　　图 9.94　选择补洞的边界线　　图 9.95　曲面补洞效果

9.5.7　曲面合并与曲面布尔运算

曲面合并就是将多个连接曲面合并为一个曲面。

当多个连接曲面是光滑连续的情况下，使用【曲面合并】功能只将多个曲面合并为一个曲面，而不改变曲面的形状；当多个相接曲面不是光滑连续的情况下，使用【曲面合并】功能能将曲面间的切矢方向自动调整，并合并为一个光滑曲面。

在功能区【曲面】选项卡的【曲面编辑】面板中单击 ▰【合并曲面】按钮，打开如图 9.96 所示的【合并曲面】命令管理栏。该命令管理栏中的【保持第一个曲面的定义】按钮比较实用，当选中此按钮来继续合并曲面的操作时，先选择的曲面合并后保持原有的曲面形状。在系统提示下选择多于两个的未被裁剪的曲面，单击命令管理栏中的 ✓【确定】按钮，从而将它们合并为一个简单的光滑曲面。

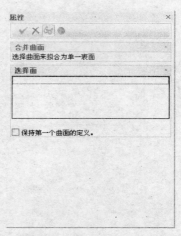

图 9.96　【合并曲面】命令管理栏

233

思 考 题

1. 如何理解 CAXA 实体设计 2009 中的三维点？如何采用坐标输入方式来创建三维点？输入坐标的格式是怎样的？

2. 用以下各坐标点（-50，0，15），（-30，0，25），（10，0，30），（30，0，25），（50，0，15）做出一条三维样条曲线，并在曲线上任意再加两个点。

3. CAXA 实体设计 2009 提供哪些工具用于创建三维曲线？

4. 如何由曲面及实体边界来创建三维轮廓曲线？

5. 如何创建曲面投影线？

6. 在 CAXA 实体设计 2009 中可以创建哪些曲面？自行选择三种方式来创建三个曲面。

7. 曲面裁剪的一般方法和步骤是什么？

8. 在曲面的两面过渡的基础上，如何实现三个面的光滑过渡，试阐述其步骤及方法。

9. 举例说明曲面补洞的操作方法。

10. 曲面偏移的方向如何调整？

第 10 章 钣金零件设计

钣金零件简称钣金件，钣金件通常由金属薄板弯制而成。CAXA 实体设计 2009 系统具有生成标准和自定义钣金件的功能。标准钣金件的设计同实体设计中的其他零件设计一样，可以从设计元素库的钣金图素中拖入板料，然后添加各种弯曲图素、成型图素和型孔图素等条件，完成钣金零件设计。对初始生成的零件，还可以利用各种可视化编辑方法、精确编辑方法或按需要进行自定义。

10.1 钣金图素及其属性

CAXA 实体设计 2009 提供了用于钣金操作的工具按钮，这些工具按钮位于功能区【工具】选项卡的【钣金】面板中，如图 10.1 所示。钣金操作的相应命令位于菜单浏览器的【工具】→【钣金】级联菜单中，如图 10.2 所示。

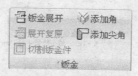

图 10.1 【钣金】面板

图 10.2 用于钣金操作的命令

10.1.1 设置钣金件默认参数

钣金件设计需要采用某些基本参数，如板料、弯曲类型和尺寸单位等，因此在进行钣金件设计之前必须设置钣金件的基本参数或属性。设置钣金件默认参数的方法如下：

（1）打开菜单浏览器，选择【工具】→【选项】命令，打开【选项】对话框。

（2）在【选项】对话框中选择【钣金】选项卡下的【板料】属性标签，切换到【板料】选项卡，如图 10.3 所示。

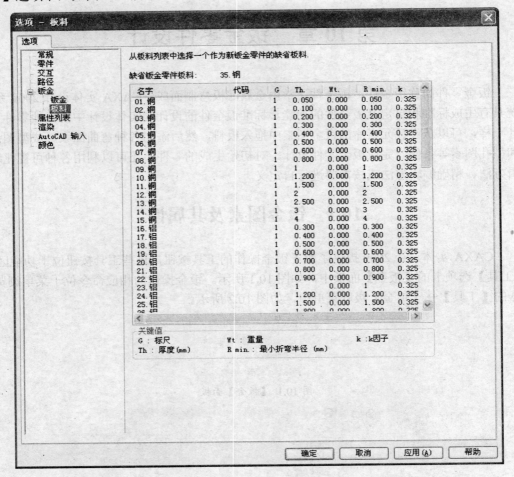

图 10.3 【选项-板料】对话框

在【选项-板料】选项卡中显示了板料属性及关键值说明框，板料属性表提供了 CAXA 实体设计 2009 中所有可用的钣金毛坯板料。每一种板料均具有其特定的属性，如板料厚度、板料统一的最小折弯半径等。在板料属性表中选定相应的默认钣金零件板料。

（3）在【选项】对话框中选择【钣金】标签，以显示其属性选项，如图 10.4 所示，从中设置钣金件新添弯曲图素的默认切口类型及其切口参数，设置折弯半径选项和约束选项等。

如果单击【高级选项】按钮，则打开如图 10.5 所示的【高级钣金选项】对话框，从中可以设置相关的高级钣金选项。

（4）在【选项】对话框中单击【确定】按钮。

如果需要更改默认的单位设置，可以在菜单浏览器中选择【设置】→【单位】命令，打开【单位】对话框。利用该对话框可以设置长度、角度、质量和密度等单位，然后单击【确定】按钮。

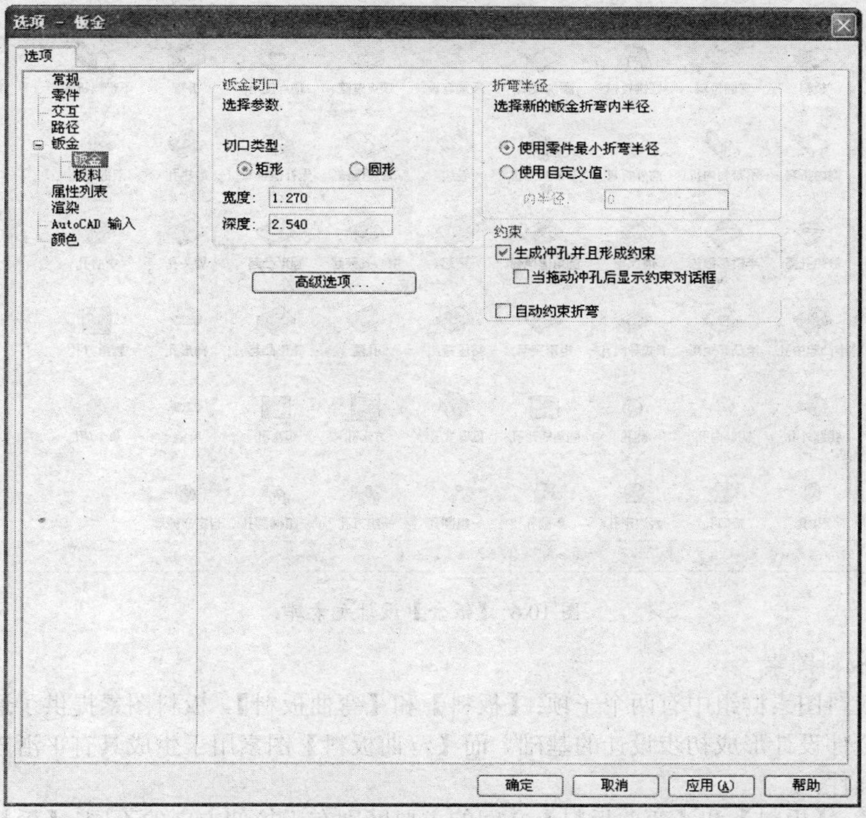

图 10.4 【选项-钣金】对话框

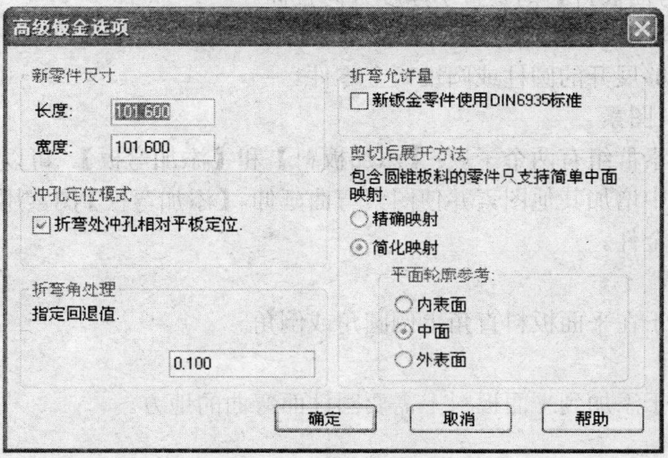

图 10.5 【高级钣金选项】对话框

10.1.2 钣金设计图素

打开设计环境，在【设计元素浏览器】上选择名称为【钣金】的标签，滚动显示各个可用的钣金件项目，每个带有颜色的图标对应于相应的钣金件智能图素，如图 10.6 所示。

图 10.6 【钣金】设计元素库

1. 板料图素

在板料图素群组中有两个子项：【板料】和【弯曲板料】。板料图素提供了通过添加其他钣金件设计形成初步设计的基础。而【弯曲板料】图素用于生成具有平滑连接拉伸边的钣金件。

注意：【板料】和【弯曲板料】之间的主要区别在于拉伸方向的不同。【板料】在厚度方向拉伸；【弯曲板料】则垂直于厚度方向拉伸。

2. 圆锥板料图素

用于创建能够展开的圆柱或圆锥钣金零件。

3. 添加板料图素

添加板料图素群组有两个子项：【添加板料】和【添加弯板】。可以根据需要添加到板料图素或在其中增加其他图素并使图素弯曲延伸。【添加弯板】图素用于生成具有平滑连接拉伸边的钣金件。

4. 顶点图素

顶点图素用于在平面板料直角上倒圆角或倒角。

5. 弯曲图素

弯曲图素用于添加到平面板料上需要圆柱面弯曲的地方。

6. 成型图素

用于通过生产过程中的压力成型操作产生的典型板料变形特征。

7. 型孔图素

型孔图素用于减料冲孔在板料上产生的型孔。

8. 自定义轮廓图素

自定义轮廓图素群组中只有一个子项。自定义轮廓图素释放到某个零件或板料图素上后，其轮廓即可由用户编辑。

【钣金】设计元素库中的钣金图素的操作与实体设计中其他设计元素的操作方式相同，在相应的图标上单击并把钣金图素拖至设计环境中，然后在相应的位置释放鼠标。

10.1.3　钣金设计图素的属性

对于钣金件，用户应该掌握它的一些属性参数。使钣金件处于零件模式选择状态中，单击鼠标右键，从弹出的快捷菜单中选择【零件属性】命令，打开【钣金件】对话框。切换到【钣金】选项卡，如图 10.7 所示。

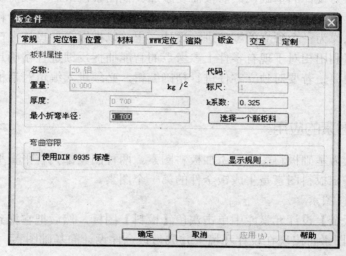

图 10.7　【钣金件】属性对话框

1. 板料属性

利用下述选项可以定义被选定钣金件的板料属性。

（1）【名称】。这是一个不可编辑的文本框，其中显示的是当前默认板料类型。

（2）【重量】。在本文本框中可输入选定钣金件需要的重量。

（3）【厚度】。本文本框显示的是与当前默认板料类型相关的厚度。虽然在本文本框中可以插入其他值，但并不改变设计环境中的板料厚度，可以在进行零件分析时插入其他值。

（4）【最小折弯半径】。本文本框中输入的数值为当前钣金件需要采用的最小折弯半径，它只适用于已指定采用最小折弯半径作半径定义方法的弯曲。

（5）【代码】。这是一个不可编辑的文本框，它显示的是当前默认板料类型的代码。

（6）【标尺】。这是一个不可编辑的文本框，它显示的是当前默认板料类型的相关标尺。

（7）【k 系数】。在文本框中输入被选定钣金件板料的 k 系数。

（8）【选择一个新板料】。选择此选项可显示出【选择板料】对话框，以浏览并指定选定钣金件的替代板料类型。

2. 弯曲容限

（1）【使用 DIN 6935 标准】。选择此选项可选定钣金件，并采用 DIN 6935 弯曲容限标准。

（2）【显示规则】。选择此选项可显示 CAXA 实体设计 2009 用以计算弯曲容限的公式。

10.2　钣金件设计

钣金件设计需要按照实体设计的基本设计流程进行，先把标准的钣金智能图素拖放到设计环境中作为设计的基础，然后按需要添加其他图素，最后生成需要的钣金零件。生成后的钣金零件可以利用可视化编辑方法和精确编辑方法对零件进行精细修改。

钣金件可以作为一个独立的零件进行设计，也可以把钣金件设计在已有零件的适当位置上，后者可利用相对于现有零件上参考点的智能捕捉反馈进行精确尺寸设定，使设计更容易、更快捷。若要对独立零件进行精确编辑，必须进入编辑对话框并输入合适的数值。

10.2.1　板料图素的应用

板料图素分为基础板料图素和添加板料图素。两种图素都具有平直型和弯曲型两种类型。其中，基础板料图素是生成钣金件的第一个图素。

1．基础板料图素

（1）从【钣金】设计元素库中单击灰色【板料】图标，然后把它拖到设计环境中释放。扁平面板料图素将出现在设计环境中并成为钣金件设计的基础图素，如图 10.8 所示。

图 10.8　基本平面板料图素

（2）如果必须重新设定图素的尺寸，则应在智能图素编辑状态下选定该图素。默认状态下，钣金图素的图素轮廓手柄处于激活状态。

（3）按需要编辑平面钣金图素，拖拉图素手柄对图素进行可视化尺寸重设。若要精确地重新设置图素的尺寸，可在编辑手柄上单击鼠标右键并从弹出的快捷菜单中单击【编辑距离】，如图 10.9 所示。在弹出的【编辑距离】对话框中编辑可用的值，然后单击【确定】按钮。

实体设计的【添加板料】图素允许把扁平板料添加到已有的钣金件设计中。【添加板料】将自动设定尺寸，使图素在添加载体边沿的宽度或长度匹配。此时只需从【钣金】设计元素库中单击【添加板料】图素，并把它拖拉到添加表面的一条边上，直至该边显示出一个绿色的智能捕捉显示区。该显示区一旦出现，即可释放【添加板料】图素。图素到位后，就可以按照前文中所述的基于基础扁平面板料图素的尺寸设定方式进行尺寸重设，添加后的结果如图 10.10 所示。

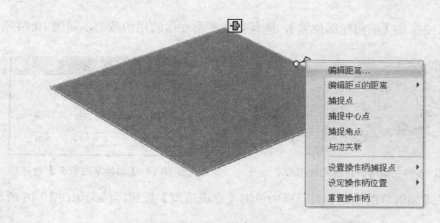

图 10.9　编辑手柄的鼠标右键快捷菜单

　　实体设计系统也提供【添加弯板】功能。通过与【多圆弧】工具结合使用，弯曲板料元素即可用于从平滑连接的拉伸边生成和展开钣金件零件。

图 10.10　外接的平面板料图素

2．添加板料图素

（1）继上述操作步骤之后，把【添加弯板】图素添加到基础图素的其他边上。

注意：图素在释放前是扁平的，如图 10.11 所示。

（2）在智能图素编辑状态下，鼠标右键单击弯曲板料图素并从弹出的快捷菜单中单击【编辑草图截面】命令，如图 10.12 所示。

图 10.11　添加弯曲板料图素　　　　　图 10.12　弯曲板料图素的鼠标右键快捷菜单

（3）应用二维草图工具绘制并编辑弯曲图素的轮廓，如图 10.13 所示。

（4）待弯曲截面完成后，在【编辑草图截面】对话框中单击【顶部】、【中心线】或

【底部】，以便指定【编辑轮廓位置】，确保得到平滑连接的相切截面，如图 10.14 所示。

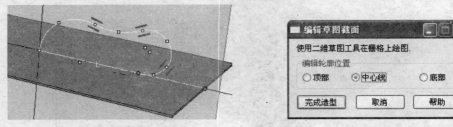

图 10.13 编辑的曲线几何图形   图 10.14 【编辑草图截面】对话框

（5）在【编辑草图截面】对话框中单击【完成造型】按钮，结果如图 10.15 所示。

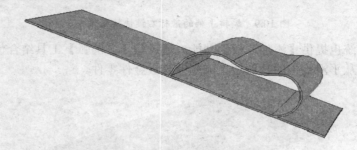

图 10.15 已完成的弯曲板料图素

3．弯曲板料属性

在智能图素编辑状态下，用鼠标右键单击弯曲板料图素并从弹出的快捷菜单中选择【智能图素性质】命令，在弹出的【钣金折弯毛坯特征】对话框中选择【弯曲板料】选项卡，如图 10.16 所示。可以修改相关选项对弯曲板料进行编辑。

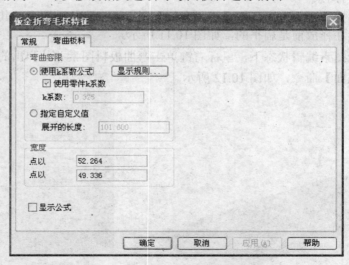

图 10.16 【钣金折弯毛坯特征】对话框

4．圆锥板料图素应用

在某些设计场合下需要将圆锥板料作为基础板料图素，如图 10.17 所示，利用其相应的智能图素手柄可以调整高度、上下部的半径以及旋转半径等。用鼠标右键单击圆锥

242

板料，从弹出的快捷菜单中选择【智能图素性质】命令，打开如图 10.18 所示的【圆锥钣金图素】对话框，切换至【圆锥属性】选项卡，从中可以指定顶部锥形的内部、外部及中间半径，可以指定底部锥形相关的内部、外部及中间半径，也可以在图素的中间指定锥形的高度，还可以指定锥形钣金的旋转角度。

图 10.17　智能编辑状态下的圆锥板料

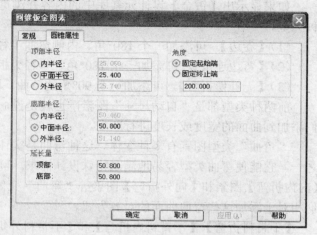

图 10.18　【圆锥钣金图素】对话框

10.2.2　顶点图素的应用

在钣金件设计元素中，有两种处于可用状态的顶点智能图素，即顶点过渡和顶点倒角图素。这些图素用于添加到扁平板料的直角上，以生成倒圆或倒角后的角。它可智能地在角的内侧做增料处理，而在角的外侧则做减料处理。两种类型的顶点图素都按照适用于标准智能图素的下述方式之一编辑。

1．可视化编辑

利用鼠标拖动图素的包围盒或图素手柄，以得到满意的尺寸。

2．精确编辑

在距离编辑手柄上单击鼠标右键并输入相应的长度和宽度值。

添加顶点过渡的示例如图 10.19 所示，添加顶点倒角的示例如图 10.20 所示。

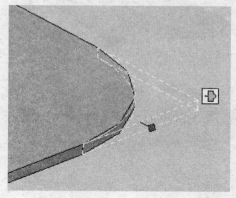

图 10.19　添加顶点过渡的示例

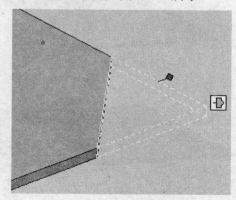

图 10.20　添加顶点倒角的示例

10.2.3 弯曲图素的应用

钣金弯曲图素最适合于特定的设计要求，这在很大程度上是因为它们特殊的编辑手柄和按钮以及【钣金】设计元素库中的各种弯曲类型。

如果显示出【钣金】设计元素库中的内容并浏览到黄色的弯曲图素，应注意以下三种类型。

（1）【卷边】。可添加一个 180°角、内侧弯曲半径为 0 的弯曲。

（2）【弯边连接】。可添加一个 180°角、半径为板厚度一半的弯曲。

（3）【无补偿折弯】。可添加一个 90°角的弯曲，同时为零件采用指定的弯曲半径。

前两种类型都是"自动尺寸"图素，也就是说，它们会立即做尺寸设置，以便与它们添加到曲面的宽度或长度进行匹配。

"弯曲"类型图素有多种变体。这种弯曲是实体设计系统在钣金件设计方面的优势之一，它能使弯曲类型轻易地满足特殊设计需求。例如，除普通【折弯】类型外，还有【向内折弯】图素和【向外折弯】图素等"弯曲"变体。其折弯的形式相同，区别在于它们相对于添加这些弯曲曲面的对齐方式。

【不带料折弯】、【不带料内折弯】和【不带料外折弯】是带有贴附平面板料的其他弯曲类型。它们能够在智能图素编辑状态下独立编辑折弯和弯曲板料，以获得附加的自定义功能。尽管【折弯】、【向内折弯】和【向外折弯】图素还可在弯曲图素两端添加一段弯曲板料，但弯曲板料还是不被看作是一个图素。并且，不能在智能图素编辑状态单独选定或编辑。此外，还有一个【无补偿折弯】图素，用于添加指定默认宽度的、以选定点为中心的弯曲。

CAXA 实体设计 2009 提供一种指定弯曲图素类型方向的简单易懂的方法，该方法使用了添加曲面上下底边上的智能捕捉反馈。在已有板料相应曲面上面部分的长边上拖动图素，直至该边出现一个绿色智能捕捉提示，如图 10.21（a）所示。然后释放鼠标，即可添加一个如图 10.21（b）所示的向上的弯曲。若要添加一个向下的弯曲，对曲面上面部分的长边采取同样的操作即可，如图 10.21（c）和图 10.21（d）所示。

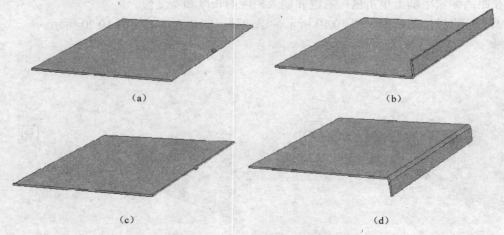

（a）

（b）

（c）

（d）

图 10.21　定位一个向上和向下的弯曲

（a）上弯曲的捕捉点；（b）添加向上的弯曲；（c）下弯曲的捕捉点；（d）添加向下的弯曲。

10.2.4 成型图素应用

本小节通过一个示例来介绍如何应用成型图素。

（1）创建如图 10.22 所示的钣金件。

（2）在【钣金】设计元素库中选择【圆角通风窗】图素，按住鼠标左键将其拖放到如图 10.23 所示的钣金面上，系统自动显示出该图素包含的默认智能尺寸。

图 10.22 创建的钣金件

图 10.23 添加【圆角通风窗】图素

（3）将光标置于相应的智能图素尺寸上，单击鼠标右键，然后从弹出的快捷菜单中选择【编辑所有智能尺寸】命令，打开【编辑所有智能尺寸】对话框，从中修改所有智能尺寸，如图 10.24 所示，然后单击【应用】或【确定】按钮，编辑结果如图 10.25 所示。

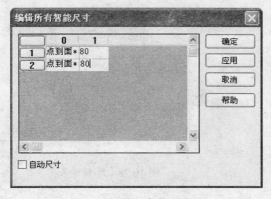

图 10.24 编辑所有智能尺寸

图 10.25 编辑所有智能尺寸的结果

（4）在智能图素编辑状态下用鼠标右键单击【圆角通风窗】图素，从弹出的快捷菜单中选择【加工属性】命令，打开【形状属性】对话框。选择【自定义】单选按钮，将长度值修改为 85，如图 10.26 所示，然后单击【确定】按钮。

这个对话框显示了 CAXA 实体设计 2009 针对选定物件的默认图素的全部参数，这些图素与利用箭头编辑按钮访问的图素相同。

在对话框的底部，是为图素生成自定义尺寸的选项。可在相应文本框中输入其他值来对某个图素进行定义，然后单击【确定】按钮即可立即把输入值应用到图素中。但是，自定义图素一旦生成并应用，编辑按钮就会被禁止，直至从【加工属性】列表再次选定某个默认尺寸。

（5）为了便于使用三维球工具阵列一排【圆角通风窗】图素，可将两个智能约束尺寸删除。方法是用鼠标右键单击其中一个智能尺寸，从弹出的快捷菜单中选择【删除】命令，从而将该智能尺寸删除。使用同样的方法删除另一个智能尺寸。

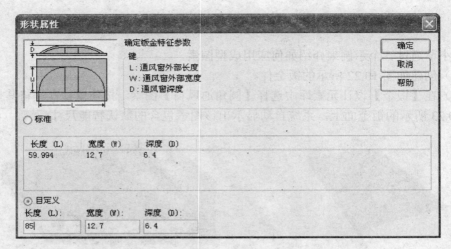

图 10.26 设置加工属性

激活三维球工具。用鼠标右键单击如图 10.27 所示的一个外控制柄，并从弹出的快捷菜单中选择【生成线性阵列】命令，弹出【阵列】对话框，将数量设置为 8，距离设置为 30，然后单击【确定】按钮。阵列结果如图 10.28 所示。

图 10.27　鼠标右键单击三维球一个外控制柄

图 10.28　阵列结果

10.2.5　型孔图素应用

型孔图素比较多，包括【梯形孔】、【圆角方孔】、【钥匙外孔】、【钥匙内孔】、【圆孔】、【圆角矩形孔】、【四叶式孔】、【方形孔】、【矩形孔】、【窄缝】、【单个 D 孔】、【双 D 孔】、【接口孔】、【六边形孔】、【半圆孔】、【一组圆孔】、【一组方孔】和【一组椭圆孔】。

下面以 10.2.4 小节完成的钣金件为基础钣金，在它上面添加一个型孔图素，具体操作步骤如下：

（1）从【钣金】设计元素库中选择【钥匙外孔】图素，按住鼠标左键将其拖放到设计环境中的基础钣金面上释放，如图 10.29 所示。

（2）分别修改两个智能尺寸，修改结果如图 10.30 所示。

（3）在智能图素编辑状态下用鼠标右键单击【钥匙外孔】图素，从弹出的快捷菜单中选择【加工属性】命令，打开【加工属性】对话框。选择【自定义】单选按钮，可以设置型孔图素的参数值，然后单击【确定】按钮，如图 10.31 所示。完成结果如图 10.32 所示。

246

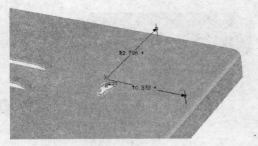

图 10.29 拖放【钥匙外孔】图素

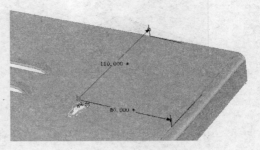

图 10.30 修改两个智能尺寸

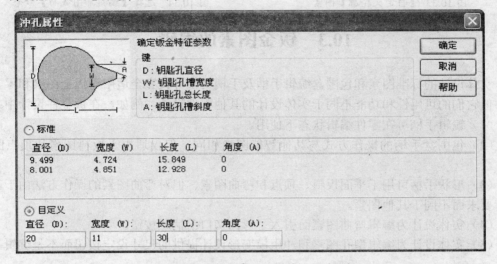

图 10.31 型孔图素【加工属性】对话框

图 10.32 添加型孔图素完成结果

10.2.6 自定义轮廓图素应用

利用【自定义轮廓】智能图素可向钣金件添加用户定义的型孔图素。在【钣金】设计元素库的末尾查找其蓝色图标，然后把它拖放到零件上相应的位置。在默认状态下，把它作为一种圆孔图素添加，如图 10.33 所示。但是【自定义轮廓】图素可在智能图素编辑状态下利用包围盒或图素手柄进行编辑，其方式与其他标准智能图素的编辑方式相同。若要编辑草图截面，可在智能图素编辑状态下的图素上单击鼠标右键，从弹出的快捷菜单中选择【编辑草图截面】命令，如图 10.34 所示，然后利用草图工具按照需要修改该草图截面。

图 10.33 【自定义轮廓】图素

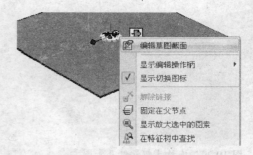

图 10.34 选择【编辑草图截面】命令

10.3 钣金图素的编辑

实体设计的标准图素和包围盒编辑手柄及手柄切换开关完全适用于钣金图素和零件，但它们的可用性和功能不同于实体设计的其他零件设计。例如，在钣金件设计中：

（1）编辑手柄可在零件编辑状态下使用。

（2）包围盒手柄的操作方式与其他智能图素相同，但仅适用于板料图素和顶点图素。

（3）形状手柄可用于平面板料、顶点和弯曲图素，但对弯曲图素的操作方法由于其独特要求而不同于其他图素。

（4）实体设计为编辑弯曲图素而引入了弯曲切口手柄或按钮。

（5）实体设计为编辑型孔图素和冲压模变形设计提供的尺寸设定按钮而不是编辑手柄。

由于这些编辑工具的专用性，所以对设计者而言，在进行钣金设计工作之前，理解和消化这些工具的功能含义以及尽快掌握这些工具在钣金设计中的应用方法是非常重要的。

10.3.1 零件编辑状态的编辑手柄

零件编辑手柄仅用于包含弯曲图素的零件。它们仅在零件编辑状态被选定并且光标定位在弯曲图素上时显示。方形标记为弯曲角度编辑手柄，球形标记为移动弯曲编辑手柄。其中一套手柄在弯曲连接扁平板料的各个端点处，如图 10.35 所示。

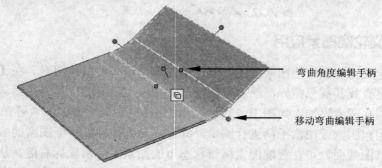

弯曲角度编辑手柄

移动弯曲编辑手柄

图 10.35 零件编辑状态的弯曲编辑手柄

1．弯曲角度编辑手柄

方形标记的弯曲角度编辑手柄用于对弯曲角度进行可视化编辑，其方法是把光标移动到相应的手柄，直至光标变成带双向圆弧的小手形状，然后单击并拖动光标，以得到大致符合要求的角度。拖拉方形编辑手柄，使弯曲的关联边和与该边相连的无约束图素一起重新定位，从而改变角度。

另外，还可以通过在方形编辑手柄上单击鼠标右键，在弹出的快捷菜单上访问相应的选项，如图 10.36 所示。

（1）【编辑角度】。选择此选项可精确地编辑弯曲图素与承载扁平板料之间的角度。在【编辑角度】对话框中输入相应的值，然后单击【确定】。

（2）【切换编辑的侧边】。利用此选项可把编辑手柄重新定位到弯曲图素另一表面上。

（3）【平行于边】。选择此选项可以修改弯曲的角度，使弯曲结果与零件上的选定边平行对齐。

注意： 与实体设计中其他编辑操作特征不同，拖拉角度手柄修改弯曲角度将会重新定位弯曲的相关边和连接的未约束图素。

2．移动弯曲编辑手柄

球形标记的移动弯曲编辑手柄可用于使弯曲图素相对于选定手柄的轴做可视化移动。用移动手柄编辑层移动光标，直至光标变成带双向箭头的小手形状，然后沿着手柄轴方向拖动光标来移动弯曲图素。与弯曲图素相邻的平面板料随同调整到弯曲图素所在的位置，与弯曲图素另一边连接的无约束图素也会相应的重新定位。

实体设计还提供访问编辑选项的方式，具体方法是在球形标记【移动弯曲】编辑手柄上单击鼠标右键，在弹出的快捷菜单上访问相应的选项，如图 10.37 所示。

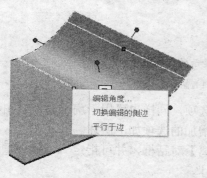

图 10.36　方形编辑手柄鼠标右键快捷菜单

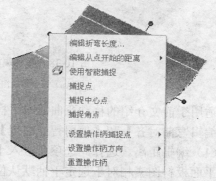

图 10.37　球形编辑手柄鼠标右键快捷菜单

（1）【编辑折弯长度】。选择此选项可显示出【编辑折弯长度】对话框。利用其中的可用选项，可确定弯曲对齐是否以外径或内径为基准、是否平滑、是否基于自定义曲面板料长度或是否重置弯曲对齐。

（2）【编辑从点开始的距离】。利用该选项可指定拖移选定手柄时距离测量的始点。默认状态下，距离测量的始点采用手柄相关边的当前位置。

（3）【使用智能捕捉】。选择此选项可激活相对于选定手柄与同一零件上的点、边和面之间共享面的智能捕捉反馈显示。选定此选项时，包围盒手柄的颜色加亮。智能捕捉在选定手柄上仍然保持激活状态，直至在弹出菜单上取消对其选项的选定。

（4）【捕捉点】。选中此选项，然后在选定钣金件对象或其他对象上选定一个点，即可立即使选定手柄的关联边与指定点对齐。

（5）【捕捉中心点】。选定此选项，然后选定圆柱形对象的一端或侧面，即可立即使选定手柄的关联边与圆柱形对象选定曲面的中心点对齐。

（6）【捕捉角点】。选中此选项，然后在选定钣金件对象或其他对象上选定一个点，即可立即使选定手柄的关联边与指定角点对齐。

（7）【设置操作柄捕捉点】。选中此选项，可以设置操作柄的捕捉点。

（8）【设置操作柄方向】。利用该选项可设定选定手柄的对齐点。

（9）【重置操作柄】。选择此选项可把选定手柄重置到其默认位置和方位。

10.3.2 智能图素编辑状态的编辑工具

1．板料图素的编辑手柄

如前所述，形状设计和包围盒手柄可用于编辑板料钣金件设计，这两种类型的手柄通常都可以对板料图素进行可视化编辑和精确编辑，其方式与其他标准智能图素相同。对于钣金件设计而言，唯一不同的是因已有钣金件厚度（高度）的固定而导致高度包围盒手柄禁止，如图 10.38 所示。

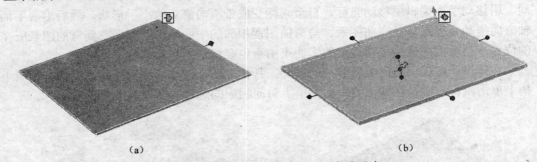

（a）　　　　　　　　　　　　　　　　（b）

图 10.38　两种编辑视图中显示的智能图素

（a）钣金智能图素；（b）零件智能图素。

适用于前文介绍的移动弯曲编辑手柄的相同选项，同样也可用于扁平面板料图素。而【编辑弯曲对齐】和【使用智能捕捉】除外。增加的选项如下所述。

（1）编辑距离。选择此选项可进入【编辑距离】对话框，并可指定一个值来重新设置扁平面板料图素相对于选定手柄默认位置的尺寸。

（2）与边关联。选择此选项，然后在其他钣金件对象上选定一条边，即可立即使选定手柄的关联面与指定边对齐。

2．顶点图素的编辑手柄

与板料图素一样，图素和包围盒的手柄可用于编辑顶点钣金图素，如图 10.39 所示。这两种类型的手柄都可以用于对顶点图素进行可视化编辑和精确编辑，其方式与板料图素一样。

3．弯曲图素的编辑手柄

弯曲图素编辑手柄允许编辑弯曲角度，允许编辑其半径及其曲面板料的长度。默认状态下弯曲图素手柄在智能图素编辑状态下出现。如果图素视图在弯曲图素中尚未激活，

图 10.39　两种编辑视图中显示的定点智能图素

则可通过两种方法进行：在"手柄开关"图标上单击；在图素上单击鼠标右键，单击【显示编辑操作柄】，然后单击【图素】，如图 10.40 所示。

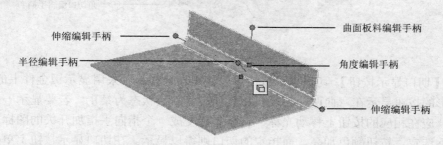

图 10.40　曲面图素的编辑手柄

（1）【角度编辑手柄】。智能图素编辑状态下的弯曲角度编辑手柄在功能上与零件编辑状态显示的那些手柄相同。

（2）【半径编辑手柄】。这个球形的手柄可用于对弯曲半径进行可视化编辑。把光标移向球形半径编辑手柄，直至光标变成带双向圆弧的小手形状。把光标拖向或拖离弯曲表面，可减小或增大弯曲半径并对齐某条曲线。通过在半径编辑手柄上单击鼠标右键以显示出其唯一的菜单项，也可编辑弯曲的半径。单击【编辑半径】选项可指定是否把零件的最小折弯半径用作弯曲的内半径，或者确定是否为半径指定一个精确的内径或外径值。

（3）【伸缩编辑手柄】。这些球形手柄显示在弯曲图素的两端，可用于对弯曲图素的长度进行可视化编辑。把光标移动到相应的手柄，直至光标变成带双向箭头的小手形状，然后拖动鼠标即可增加或缩短弯曲图素的长度。在某个弯曲伸缩编辑手柄上单击鼠标右键，可显示与【移动弯曲】可用选项相同的快捷菜单选项(如前文所述)；【编辑弯曲对齐】选项除外，取而代之的是【编辑弯曲长度】。选择此选项可精确地编辑弯曲的长度，方法是在【编辑弯曲长度】对话框中输入对应的值后单击【确定】。

（4）【曲面板料编辑手柄】。这是一个球形手柄，显示在曲面板料的上表面，可用于曲面板料长度的可视化编辑，其操作过程与上面介绍的伸缩编辑手柄的操作过程相同。同样可以进行精确编辑，方法是单击鼠标右键并显示与【移动弯曲】手柄选项相同的快捷选项，【编辑弯曲对齐】选项除外，取而代之的是【编辑曲面板料长度】。选择此选项可对弯曲的长度进行精确编辑。在【编辑曲面板料长度】对话框中输入对应值并单击【确定】。

4．切口编辑工具

实体设计还引入了用于修改切口的工具，使用该工具可选择是否显示切口和是否增加或减少弯曲角的切口。若其当前在智能图素编辑状态中未被激活，则可通过在"手柄开关"上单击鼠标切换到"切口"视图；或者通过在图素上单击鼠标右键、单击【显示编辑操作柄】→【切口】，来显示切口编辑工具，包括切口显示按钮和角切口编辑手柄，如图 10.41 所示。

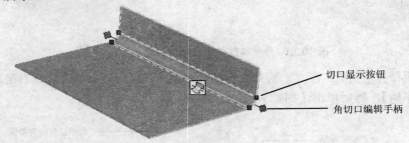

切口显示按钮

角切口编辑手柄

图 10.41　切口编辑按钮

（1）【切口显示按钮】。切口显示按钮可以让用户选择是否采用显示钣金件上的切口。这些方形的按钮显示在弯曲两端与板料相接处，其默认状态为禁止。若要显示一个特定的切口，应在相应的按钮上移动光标，直至光标变成一个指向手指加开关的图标，然后单击鼠标选定。按钮颜色加亮，而指定的切口则得以显示。在切口显示按钮上单击鼠标右键即可访问本章前文中介绍的弯曲属性。

（2）【角切口编辑手柄】。菱形的角切口编辑手柄在弯曲图素末端显示，可用于对其角切口进行可视化增加或减小。操作时只需在手柄上移动光标，直至光标变成带双向箭头的小手形状时单击并拖拉，即可编辑角切口。若要精确地编辑弯曲的角切口尺寸，可在相应的手柄上单击鼠标右键，此时将显示出与【移动弯曲】编辑手柄可用的菜单选项相同的快捷菜单选项，但除【编辑弯曲对齐】选项外，取而代之的是【编辑角切口】。选择此选项可精确地编辑角切口的深度。在【编辑角切口】对话框上输入相应的值，然后单击【确定】按钮即可实现编辑。

注意：采用切口的板料在切口时应超过弯曲的末端，以便切口观察。

5. 成型图素与型孔图素编辑按钮

CAXA 实体设计 2009 系统用上、下箭头键作尺寸设置按钮来修改冲压模变形设计和冲压模钣金设计，如图 10.42 所示。利用这些按钮，可以为选定图素选择实体设计中包含的默认尺寸。相应的图素定位后，单击【应用】按钮就可以应用到指定图素上。如果默认图素中没有符合要求的图素，可以利用前面介绍的自定义图素。

图 10.42　成型图素与型孔图素编辑按钮

当在智能图素编辑状态下选择成型图素或型孔图素时，系统会显示出上、下箭头键选择按钮。这些按钮在选定图素的相关工具表标记之间循环。红色箭头按钮表示该按钮处于激活状态，而图素的其他尺寸则可通过单击该按钮切换各选项来进行访问。灰的箭头按钮表示该按钮处于禁止状态，单击该按钮不能访问任何选项。

若要为新选定的图素切换实体设计默认的尺寸，可把光标移动到红色箭头键按钮上，直至光标变成一个指向手指且箭头变成黄色（表示被选中），然后单击鼠标。此时，设计工作区内会发生如下改变：

（1）选定图素上的黄色显示区发生变化而显示新的选择，从而可以在应用到图素之前进行预览。

（2）一个圆形的绿色应用按钮出现在箭头按钮的右边。如果查找到一个尺寸合适的图素，按下本按钮就可以应用该图素。

（3）灰的下箭头按钮变成红色，表示它也被激活，可以用它滚动选择。

可以利用箭头按钮在默认尺寸中查找合适的图素，并利用【应用】按钮选择该图素并添加到钣金件中。

另一个用于修改选定图素尺寸的选项是利用【加工属性】，可通过在箭头按钮或【应用】按钮上单击鼠标右键的方式访问使用，请参见本节前面的介绍。

10.4　钣金件切割

CAXA 实体设计 2009 具有修剪展开状态下的钣金件功能，并支持展开钣金件的精确自定义设计。这一过程在实施时采用标准实体或钣金件设计做切割工具。为了实现这一过程，当前设计环境必须包含需要修剪的钣金件和其他用做切割图素的钣金件或标准图素。切割图素必须放置在钣金件中，完全延伸到需要切割的所有曲面上，如图 10.43 所示。

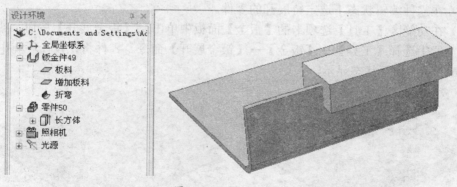

图 10.43　切割钣金件

裁剪的操作步骤如下：

（1）选定需要修剪的钣金件，按下 Shift 键，然后选择长方体作为切割图素。

（2）在功能区【工具】选项卡的【钣金】面板中单击 🖵【切割钣金件】按钮，或者在菜单浏览器中选择【工具】→【钣金】→【切割钣金件】命令。此时，尽管设计环境显示保持不变，但设计树中显示出钣金件已经增加了一个【切割操作】图标，如图 10.44

253

所示。切割图素仍然保留在设计环境中。

（3）选定切割图素（长方体），然后按下 Delete 键即可删除。此时在设计环境中可以看到钣金件被切割后的效果，如图 10.45 所示。尽管切割图素已被删除，但切割操作仍保留。

如果采用钣金件图素充当切割图素，则单击【切割钣金件】选项可激活一个对话框，其中显示【切割方向】选项，包括向上、向下和相交。【切割方向】根据切割钣金件设计的定位锚位置确定。例如，向上为定位锚的正高度方向。切割操作便可切割钣金件切割图素上表面以上的任何图形。

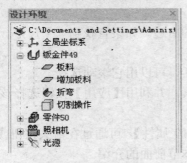

图 10.44　设计树

图 10.45　钣金件被切割后的效果

10.5　钣金件展开/复原

钣金件设计完成后，下一步操作应是生成零件的二维工程图。由于钣金件设计用于制造而展开工程图视图，为此 CAXA 实体设计 2009 提供了一个简单过程来展开已完成零件，然后返回到折弯状态。

钣金件展开的操作步骤如下：

（1）在零件编辑状态下选定待展开的零件。

（2）在功能区【工具】选项卡的【钣金】面板中单击 ▣【钣金展开】按钮，或者在菜单浏览器中选择【工具】→【钣金】→【钣金展开】命令。零件将在设计环境中呈如图 10.46 所示的展开状态显示。

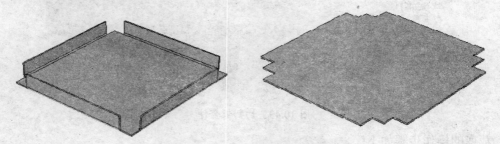

图 10.46　未展开和展开的钣金件

（3）展开并返回到设计环境中后，可以从【工具】菜单中单击【折叠钣金件】，以返回到零件的未展开状态。在功能区【工具】选项卡的【钣金】面板中单击 ▣【展开复原】按钮，或者在菜单浏览器中选择【工具】→【钣金】→【展开复原】命令。

254

CAXA 实体设计 2009 系统能够使用户利用展开钣金件的定位锚指定方向和方位。零件的定位锚可移动到其他板料或弯曲特征上，从而使选定特征作为展开基础的参考。

如图 10.47 所示，最初定位锚位置在指针所指的图素上。零件展开时，最初定位锚位置决定了零件的下属方向或方位，如图 10.48 所示。

图 10.47　零件定位锚位置　　　　　　图 10.48　展开后的钣金件

若要对定位锚重新定位，可选定定位锚，然后利用三维球进行重定位。需要指出的是，如果把定位锚置于弯曲特征上，则展开方位的参考位置将以选定弯曲的第一个曲面板料为基准，如图 10.49 和图 10.50 所示。

图 10.49　定位锚置于弯曲特征上　　　　图 10.50　展开后的钣金件

10.6　应用钣金封闭角工具

钣金封闭角的工具有 ✌【添加角】工具，它主要用于在选定折弯钣金之间增加封闭角，这对于处理钣金设计中的一些细节部位是十分实用的。

需要注意的是，在使用钣金封闭角工具前，必须要确保钣金折弯边的边界重合为一点，如图 10.51 所示，否则不能为其添加封闭角。

图 10.51　确保折弯处的边界重合为一点

在钣金中添加封闭角的具体操作步骤如下：

（1）创建如图 10.52 所示的钣金件。

（2）在功能区【工具】选项卡的【钣金】面板中单击 ✔ 【添加角】按钮，打开如图 10.53 所示的【在两个折弯间添加封闭角】命令管理栏。在该命令管理栏中提供了如下三个【角选项】按钮。

① ⌐ 【对接】按钮。添加对接的封闭角，效果如图 10.54 所示。

② ⌐ 【正向交迭】按钮。添加正向交迭的封闭角。如果定义先选择的折弯为正向，则采用该方式的效果如图 10.55 所示。

③ ⌐ 【反向交迭】按钮。反向交迭封闭。

（3）在命令管理栏中选择 ⌐ 【正向交迭】按钮。

（4）在钣金件中先选择折弯 1，再选择折弯 2，如图 10.56 所示。

（5）在命令管理栏中单击 ✔ 【确定】按钮。完成的封闭角效果如图 10.57 所示。

图 10.52 创建的钣金件

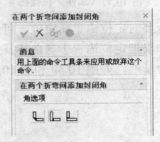

图 10.53 【在两个折弯间添加封闭角】命令管理栏

图 10.54 添加对接封闭角

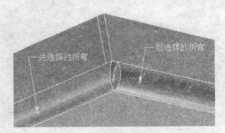

图 10.55 添加正向交迭封闭角

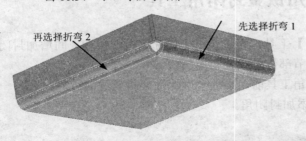

图 10.56 依次选择两个折弯

图 10.57 正向交迭封闭的角效果

10.7 添加斜接法兰

使用【钣金】面板中的【添加尖角】工具，可以给选定的薄金属毛坯添加斜接法兰。

256

给选定钣金添加斜接法兰的具体操作步骤如下：

（1）在一个新的设计环境中，添加一个长度为 60、宽度为 40 的基础板料，再添加一个【不带料折弯】图素，如图 10.58 所示。

（2）在功能区【工具】选项卡的【钣金】面板中单击 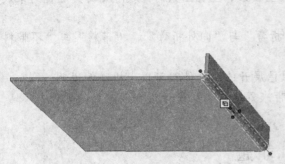 【添加尖角】按钮，打开如图 10.59 所示的【给薄金属片添加斜接法兰】命令管理栏。

图 10.58　基础钣金　　　　　　　图 10.59　【给薄金属片添加斜接法兰】命令管理栏

（3）单击如图 10.60 所示的折弯部分，然后在命令管理栏中单击  【选择边】按钮，系统提示选择要添加斜接法兰的边，选择如图 10.61 所示的边。需要注意的是，选择的边必须是直的，并且与蓝线在同一侧。

图 10.60　选择折弯部分　　　　　　　　　图 10.61　选择边

（4）在【给薄金属片添加斜接法兰】命令管理栏中单击 ✔ 【确定】按钮，完成的效果如图 10.62 所示。

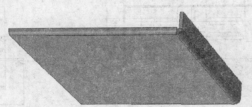

图 10.62　添加斜接法兰效果

思 考 题

1. 如何设置钣金件默认参数？
2. 【钣金】设计元素库中提供了哪些类型的钣金设计图素？

3. 钣金元素库中的"板料"，图素元素库中的"板"可否通用，为什么？试比较钣金元素与其他图素元素的应用特点。

4. 试说明钣金件设计方法与实体设计中的基本设计方法是否一致。

5. 观察周围的钣金件，分析它们的结构特点和制作工艺。

6. 如何在钣金件中进行定点过渡与定点倒角？

7. 在往设计环境中的钣金件上添加成型图素和型孔图素时，如何编辑其位置约束尺寸，以及如何设置其加工属性？

8. "折弯"与"向内折弯"、"向内折弯"与"向外折弯"、"带料"与"不带料折弯"的区别是什么？

9. 如何进行钣金件展开，又如何还原已展开的钣金件？可以上机举例说明。

10. 分析板料厚度会给钣金件的成型带来哪些影响？设计钣金件时如何处理？

练 习 题

1. 设计如图 10.63 所示的钣金件，具体尺寸由用户自行确定。要求应用到【板料】图素、【添加弯板】图素、【定点倒角】图素和【珠形突起】图素。

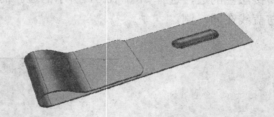

图 10.63　练习题 1 零件图

2. 完成如图 10.64 所示的钣金件设计。

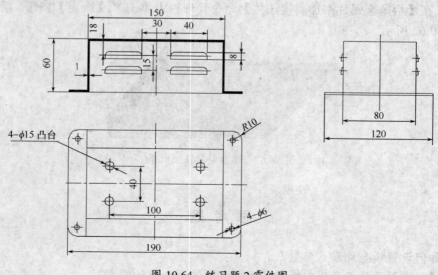

图 10.64　练习题 2 零件图

258

第11章 装配设计

装配设计就是将设计环境中的零件或装配件按设计意图进行装配定位，形成装配件，在装配件中添加或删除图素或零件，对装配件中的全部构件进行装配定位等。

11.1 装配概述

本节介绍生成装配体、新建零/组件、插入零件/装配、从文件中输入零件/装配和解除装配。其相关命令位于功能区的【装配】选项卡的【生成】面板中，如图 11.1 所示。

图 11.1 【装配】选项卡的【生成】面板

11.1.1 生成装配体

在一个新设计环境中，先建立若干个所需的零件，然后框选它们，或者结合 Shift 键依次单击选中它们，然后切换到功能区的【装配】选项卡，从【生成】面板中单击　【装配】按钮，即可创建一个装配体。该装配体包含所选的零件，设计树中将出现"装配××"形式的名称。生成一个装配体的具体操作步骤如下：

（1）创建一个新的设计环境文档，打开【图素】设计元素库，从中分别拖出一个【长方体】、【圆柱体】和【球体】图素放置到设计环境中，如图 11.2 所示。注意将这些图素作为单独的图素放置以生成三个零件。

（2）按住 Shift 键，在零件编辑状态下，选择三个零件。

（3）在功能区【装配】选项卡的【生成】面板中单击　【装配】按钮，从而生成一个装配体，如图 11.3 所示。

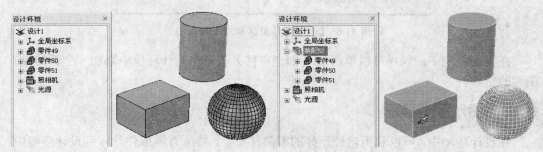

图 11.2 设计环境中的三个零件　　　　图 11.3 生成一个装配体

（4）可以应用三维球工具来对装配体进行重定位操作。

（5）在设计树中确保选中装配体的情况下，即在装配体选择状态下，若拖入一个独立图素，则该图素将成为同一装配件的构成部分。用户可以自行拖入一个图素来体验一下。

（6）在设计环境的空白处单击，然后从【图素】设计元素库中再拖入一个【长方体】图素单独放置，该长方体产生了一个独立的零件，如图 11.4 所示的【零件 53】。

（7）在设计树中单击【零件 53】的图标，按住鼠标左键将其拖放到装配件的零件图标处，释放鼠标左键，则该零件便作为装配件中的一个零件组件，这在设计树中可以很直观地看出来，如图 11.5 所示。

图 11.4　产生一个独立零件

图 11.5　修改装配关系

11.1.2　新建零/组件

可以利用前面章节介绍的方法生成零件/组件。在这里侧重介绍如下一种新的方法。

在创新模式设计环境中创建一个空的零/组件的方法是，在功能区【装配】选项卡的【生成】面板中单击📄【创建零件】按钮，系统会弹出如图 11.6 所示的【创建零件激活状态】对话框，单击【是】按钮，则新建的空零件默认为激活状态，在该零件激活状态下添加的图素都会属于该零件。如果不想以后单击📄【创建零件】按钮时弹出【创建零件激活状态】对话框，需要在该对话框中选中【总是按照现在的选择执行】复选框。

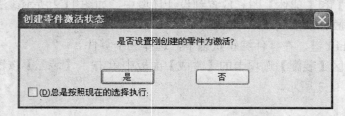

图 11.6　【创建零件激活状态】对话框

在工程模式下，同样可以单击📄【创建零件】按钮在设计环境中添加一个新的没有图素的空零件。

11.1.3　插入零件/装配

在设计环境中，可以利用已设计好的零部件文件，将原有零部件导入到设计环境中，以便与其他零部件进行装配。

单击功能区【装配】选项卡的【生成】面板中的 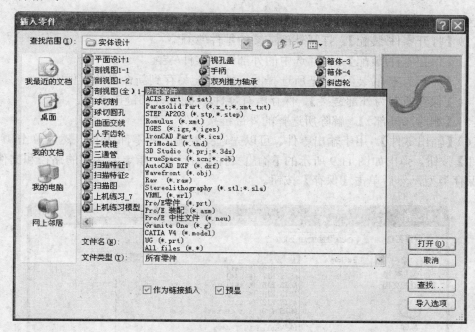【零件/装配】按钮，可以将需要的零件或装配件插入到现有的设计环境中。此时，系统弹出如图 11.7 所示的【插入零件】对话框。在【查找范围】下拉列表框中选择要插入零部件所在的路径，在【文件类型】下拉列表框中选择要插入的文件类型，从【文件名】下拉列表框中选择所需的文件名，然后单击【打开】按钮，被选定的零部件将插入到设计环境中。如果要设置导入的一些选项，则需要在【插入零件】对话框中单击【导入选项】按钮，利用打开的对话框进行相关设置即可。需要注意的是，CAXA 实体设计 2009 的插入零件功能支持很多三维软件的文件格式。

图 11.7 【插入零件】对话框

11.1.4 从文件中输入几何元素

可以从文件中插入几何元素，其方法是在功能区【装配】选项卡的【生成】面板中单击【输入】按钮，系统弹出【输入文件】对话框，从中指定文件路径、文件类型和文件名，就可以将所选文件中的零件（含几何元素）输入到设计环境中。

11.1.5 解除装配

【解除装配】功能用于从所选择装配中提取出零件并取消装配关系。其操作方法是，先选择所需的装配体（建议在设计树中快速选取），然后在功能区【装配】选项卡的【生成】面板中单击【解除装配】按钮即可解除装配关系。

11.2 装配基本操作

装配基本操作包括【打开零件/装配】、【保存零件/装配】、【另存为零件/装配】、【保存所有为外部链接】、【删除（外部）】、【输出零件】和【装配树输出】，这些操作工具按钮集中在功能区【装配】选项卡的【操作】面板中，如图 11.8 所示。

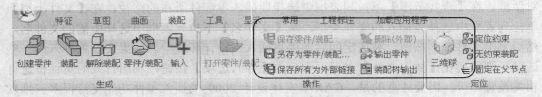

图 11.8 【装配】选项卡的【操作】面板

这些基本操作命令的功能含义如下：

（1）【打开零件/装配】。打开外部链接的零件/装配。

（2）【保存零件/装配】。保存选中的外部链接零件/装配。

（3）【另存为零件/装配】。把所选择的零件/装配另存到新命名的文件中。

（4）【保存所有为外部链接】。保存所有零件/装配到外部链接文件。

（5）【删除（外部）】。解除所选择的外部链接文件。

（6）【输出零件】。用于输出零件。可以先选择要输出的零件/装配，然后单击 【输出零件】按钮，弹出如图 11.9 所示的【输出文件】对话框，指定要保存的路径和文件名，设定保存类型，然后单击【保存】按钮。

图 11.9 【输出文件】对话框

（7）【装配树输出】。用于输出装配树视图。单击 【装配树输出】按钮，系统会弹出如图 11.10 所示的【装配路径】对话框，从中设置过滤器选项、统计选项、输出选项和输出文件路径及文件名，然后单击【确定】按钮。

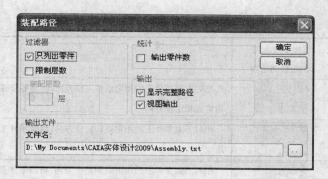

图 11.10 【装配路径】对话框

11.3　装配中的约束与定位

装配定位是装配设计中的重要工作，它是通过零件定位的方式确定装配中各零部件之间的位置关系。在装配设计的过程中，零件的定位除了可以使用第 6 章介绍的各种定位方法之外，还可以使用无约束装配和定位约束这两种工具对零件进行定位。另外，这两种定位工具同样也可以用于图素的定位。

装配定位工具基本上集中在功能区的【装配】选项卡的【定位】面板中，而在功能区的【工具】选项卡中也具有同样的【定位】面板，另外，在功能区的【工具】选项卡的【操作】面板中还提供了一些可以用于装配定位的工具按钮，如 🧩【移动锚点】、🖐【附着点】等，如图 11.11 所示。

注意：在默认状态下，CAXA 实体设计 2009 以对象的默认定位锚作为对象之间的结合点，用户可以巧妙地通过添加附着点使操作对象在其他位置结合，附着点可以被添加到图素或零件的任意位置，以直接将其他图素附在该点。

图 11.11　功能区的【工具】选项卡

（1）🧩【移动锚点】。在所选择的图素上拾取一点作为定位锚的新位置点。

（2）🖐【附着点】。增加一个组、一个零件或一个图素的附着点。

本节主要介绍无约束装配和定位约束这两种定位工具及其在装配设计中的应用。

11.3.1　无约束装配工具的定位应用

采用 📦【无约束装配】工具可参照源零件和目标零件快速定位源零件。在指定源零件重定位或重定向操作方面，无约束装配工具具有极大的灵活性。

激活 📦【无约束装配】工具并在源零件上移动光标，以显示出可通过按下空格键予以改变的黄色对齐符号。表 11.1 简单介绍了无约束装配符号及其结果。

【定向／移动】型选项可按下空格键选择。【定向方向】型选项可按下 Tab 键选择。

表 11.1　无约束装配符号及其结果

源零件上的 定向/移动选项	目标零件上的 定向/移动选项	可 能 的 结 果
		相对于源零件上的指定点和定位方向,将源零件重定位到目标零件上的指定点和定位方向
		相对于源零件上的指定点和定位方向,将源零件重定位到目标零件上的指定平面上
		相对于源零件上的指定点和定位方向,将源零件重定位到目标零件上的指定方向上
		相对于源零件上的定位方向和目标零件的定位方向,重定位源零件
		相对于目标零件但不考虑定位方向,把源零件重定位到目标零件上
		相对于源零件的指定点,把源零件重定位到目标零件的指定平面上
		相对于源零件的指定点和目标零件的指定定位方向,重定位源零件

1. 使用单一无约束装配工具定位

（1）新建一个设计环境。从【图素】设计元素库中将一个【长方体】拖入设计环境中，然后再拖入一个【多棱体】。不得将多棱体拖放到长方体的表面上，因为在下面的示例中，要利用独立的零件。

（2）选择多棱体的一个侧面，为其重新设置一种颜色。对其他四个面重复以上操作，为不同的侧面设置不同的颜色。用不同的颜色显示多棱体的各个侧面，将有助于理解无约束装配操作的效果。

（3）选择该多棱体，指定多棱体为源零件。

（4）在功能区【装配】选项卡【定位】面板中单击 ⬚【无约束装配】工具按钮。

（5）将光标移动到多棱体上某点。在多棱体上移动光标时，会显示一个指示激活【定向/移动】操作的黄色符号。若要选择不同的操作，按下空格键可在三个可用的符号之间切换。如果还希望改变定位方向，可按下 Tab 键改变箭头的方向。可选择以下两个方向：

① 面法线。这是缺省的定位方向，箭头指向离开零件的方向。

② 反面法线。按下 Tab 键以头部向内的箭头表示。

本例中显示的是表 11.1 中"源零件上的定向/移动选项"栏下第一个出现的带"面法线"定位方向的符号（该符号表示为在源零件上指定一个点和一个方向）。

（6）单击多棱体，选择该操作，如图 11.12 所示。至此，源零件的操作即已设定。下一步就是定义目标零件上的操作。

（7）将光标移动到长方体上的一个点。同样，将看到黄色的【定向/移动】符号显示在长方体上。另外，源零件的轮廓将出现，并根据当前设定的选项定位到目标长方体上。目标零件上可用的"定向/移动"操作随源零件上设定的操作改变，可用空格键切

264

换不同的选择。与源零件一样，可以用 Tab 键切换定位方向。不过，在本例中将采用"面法线"方向，如图 11.13 所示。

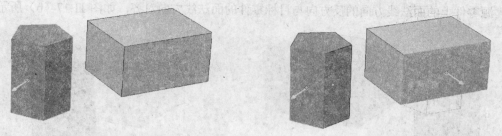

图 11.12　多棱体上设定源零件定位点和定位方向　　图 11.13　在长方体上设定目标零件的指定点和方向

（8）单击长方体的前面，以选择与源零件所用的相同操作。至此，无约束装配操作即告完成。多棱体相对于它和目标零件的指定点和方位进行了重定位，如图 11.14 所示。

（9）再次单击 🗗 【无约束装配】工具按钮，取消对该工具的选择。

若要熟悉为目标零件选择其他操作的效果，应保持源零件操作不变而目标零件选择表 11.1 中列出的其他可用操作，然后重复上述操作步骤。此外还可以为各零件试验不同的定位方向。以下列举了两个实施上述操作步骤的示例。

注意：光标移到目标零件后，单击鼠标右键，在弹出快捷菜单中选择约束方式，如图 11.15 所示。

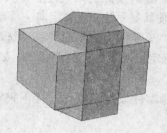

图 11.14　【无约束装配】定位操作结果

图 11.15　选择约束方式

示例 1：源零件上的操作不变而改变目标零件上的操作。

操作前如图 11.16（a)所示。操作结果是源零件上的指定点以最短的距离移动到目标零件的指定平面上，源零件的面法线转向与目标零件上的指定平面垂直方向，如图 11.16（b)所示。

（a)　　　　　　　　　　　　　　　　　　　　　　（b)

图 11.16　点和面法线与面的装配

265

示例 2： 源零件和目标零件的操作不变，使用 Tab 键改变源零件上的定位方向。

操作前如图 11.17（a）所示。操作的结果是源零件上的指定点与目标零件上的指定点重合，源零件上的面法线方向的反方向与目标零件的面法线方向对齐，如图 11.17（b）所示。

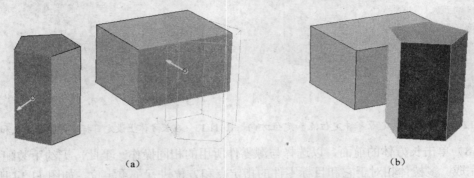

（a）   （b）

图 11.17　点和面法线的方向与点和面法线的装配

2．使用多个无约束装配动作使零件贴合对齐

第一个动作：相对于源零件和目标零件的方位重定向源零件。

（1）从【图素】设计元素库中分别拖出一个【长方体】和一个【多棱体】，并为多棱体的各个面着上不同的颜色，以重新生成前面示例中所用的设计环境。

（2）选定用于重定向的多棱体，将其设定为源零件。

（3）在功能区【装配】选项卡【定位】面板中单击　【无约束装配】工具按钮。

（4）把光标移动到多棱体一侧面棱边上的某点，使其显示出黄色"定向／移动"符号。

（5）利用空格键触发相应操作，显示表 11.1 中"源零件上的定向／移动选项"栏下的第二个符号。符号表示相对于源零件的指定方向重定位源零件，但不移动，如图 11.18 所示。

（6）单击多棱体一侧面棱边上的点，这样就为源零件设定了操作，接下来定义目标零件上的操作。

（7）把光标移动到长方体上某点，以使黄色"定向／移动"符号出现。在本例中，目标零件可用的操作只有一种，没有其他选项，但是可以利用 Tab 键切换显示出的定位方向。再次使用面法线方向。

（8）单击长方体的前面选定操作，如图 11.19 所示。

（9）至此，无约束装配操作的第一个动作即告完成。多棱体作为源零件相对于目标零件上的指定方位进行了重定位，如图 11.20 所示。

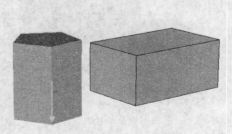

图 11.18　源零件及指定方向

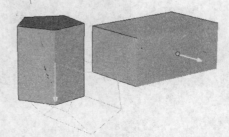

图 11.19　目标零件及指定方向

第二个动作：相对于源零件的指定点和目标零件的指定面重定位源零件。

（1）再次将光标移动到多棱体下棱边上的一点，显示"定向／移动"符号。

（2）为实现第二个动作，应采用空格键切换源零件的操作，选定表11.1中列出的第三个符号，该符号表示相对于源零件的指定点但不考虑方向而重定位源零件。由于该操作无方向性，所以没有 Tab 键切换选项。如图 11.21 所示，单击多棱体的下棱边中点。至此，即设定了源零件的操作。

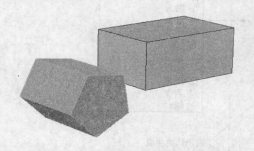

图 11.20　贴合对齐操作的第一个动作完成

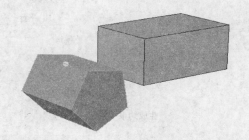

图 11.21　设定为源零件且含指定点的多棱体

（3）把光标移动到长方体侧面上某点，使其显示出黄色"定向／移动"符号。利用空格键切换可选用的选项操作。就本例而言，执行平面符号指定的操作，如图 11.22 所示。

（4）单击长方体侧面，选定该操作。

至此，两个无约束装配动作都已完成。多棱体相对于指定点重定位到目标零件的指定平面上，如图 11.23 所示。

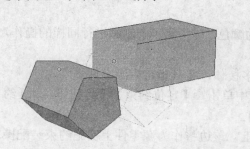

图 11.22　设定为目标零件并指定面的长方体

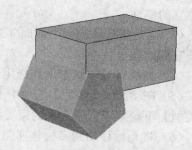

图 11.23　已完成的多动作无约束装配操作

与单一的无约束装配操作示例一样，可通过重复执行以上步骤并选用其他的操作，来熟悉为目标零件选择其他操作的结果。

11.3.2　定位约束工具的定位应用

【定位约束】工具类似【无约束装配】工具，但是，其效果是形成一种"永恒的"约束。利用【定位约束】工具可保留零件或装配件之间的空间关系。在功能区【装配】选项卡【定位】面板中单击 🔡【定位约束】工具按钮，系统弹出【约束】命令管理栏，如图 11.24 所示。从【约束类型】下拉列表框中选择所需的一种约束类型选项，然后拾取需要的目标零件定位单元来完成约束即可。系统提供的约束类型选项有【对齐】、【贴合】、【重合】、【同心】、【平行】、【垂直】、【相切】、【距离】、【角度】和【随动】，系统默认的缺省选项为【平行】。

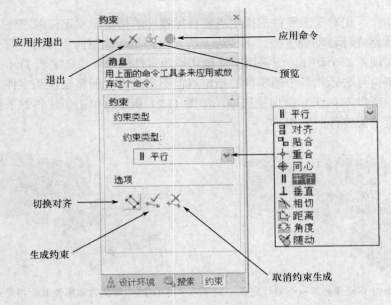

图 11.24 【约束】命令管理栏

示例 1: 施加第一个约束装配。

(1) 新建一个设计环境。

(2) 从【图素】设计元素库中将一个【长方体】图素拖进设计环境中，然后再拖入一个【多棱体】图素。不得将多棱体拖放到长方体的表面上，因为在下面的示例中要使用独立的零件。

(3) 选定多棱体的一个侧面并为其赋予新的颜色。对其他四个侧面进行同样的操作，并使它们的颜色各不相同。

(4) 在零件编辑状态下选择用于重定位的多棱体，将其指定为源零件。

(5) 在功能区【装配】选项卡【定位】面板中单击 【定位约束】工具按钮。从【约束类型】下拉列表框中选择约束类型为【平行】。

(6) 将光标移动到多棱体前面上的竖直边上，该边将作为源零件上实施约束装配操作的单元。

(7) 当相应边呈绿色加亮显示时单击，指定该边为源零件上实施本操作的单元。此时会显示出【平行】约束图标，同时显示出从源零件指向目标零件的双向箭头，如图 11.25 所示。

(8) 将光标移动到长方体正面的长边上，直至该边以绿色加亮显示，如图 11.26 所示。

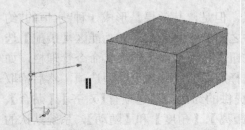

图 11.25 多棱体上用于实施约束装配的边

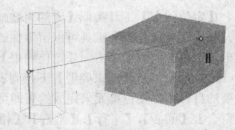

图 11.26 长方体上用于实施定位约束的边

（9）单击目标零件长方体的棱边，即可实施约束装配操作。在多棱体和长方体的指定边之间施加了【平行】约束。多棱体被重定位，并使其指定边与长方体的指定边平行。在零件编辑状态下选择多棱体，如图 11.27 所示，在两条被约束的边之间出现一条两头都带箭头的蓝色直线。该直线显示出一个平行符号和一个星号（*），表示存在一个锁定的平行约束。

（10）在【约束】命令管理栏中单击✔【应用并退出】按钮，完成平行定位约束操作。

（11）如图 11.28 所示，单击平行约束符号并上下拖动，可重定位该符号，并可利用鼠标右键快捷菜单进行重新编辑。

图 11.27　已完成的平行约束　　　　　　图 11.28　重定位后的平行约束符号

示例 2：施加第二个约束装配。

（1）在零件编辑状态下选择用于重定位的多棱体，将其指定为源零件。

（2）在功能区【装配】选项卡【定位】面板中单击🔡【定位约束】工具按钮。从【约束类型】下拉列表框中选择约束类型为 🔩【贴合】。

（3）将光标移动到多棱体上相应的面上，该面将作为源零件上实施第二个约束装配操作的单元。当相应的面呈绿色加亮显示时（本例中选用多棱体的上表面），单击该面，指定其为源零件上实施本操作的单元。此时会显示出【平行】约束图标，表示该面已被选定，如图 11.29 所示。

（4）将光标移动到目标零件长方体的顶面，直至该面以绿色加亮显示,如图 11.30 所示。

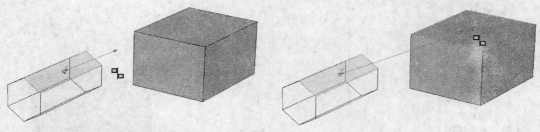

图 11.29　多棱体实施约束装配操作的面　　　　图 11.30　出现贴合标志

（5）单击长方体的上表面，完成操作。多棱体和长方体的指定面之间施加了【贴合】约束。多棱体被重定位，并使其指定面与长方体的指定面贴合。在两条被约束的边之间出现一条两头都带箭头的蓝色直线。沿该直线显示有一个贴合符号（M）和一个星号（*），表示存在一个锁定的【贴合】约束，如图 11.31 所示。

（6）在【约束】命令管理栏中单击 ✔【应用并退出】按钮，完成贴合定位约束操作。

（7）重新选定多棱体。该多棱体将呈蓝绿色加亮显示，而两个约束均呈蓝色加亮显示。单击贴合约束符号并向上拖动，以重定位该贴合约束符号，如图 11.32 所示。

图 11.31　已完成的【贴合】约束　　　　　图 11.32　重定位后的【贴合】约束符号

可通过下面的示例练习改变零件的定位操作特征，在示例零件上添加第三个约束，来进一步了解前两个约束的效果。

示例 3： 举例说明约束装配的效果。

（1）在零件编辑状态下，用鼠标右键单击多棱体的定位锚，从弹出的快捷菜单中选择【空间自由移动】命令，从而改变多棱体的定位操作特征。

（2）在零件编辑状态下，选择多棱体，并将其拖放到设计环境中的另一个位置，以观察约束条件在其上的应用效果。多棱体的下表面始终与长方体的上表面贴合，多棱体的棱边始终与长方体的长边平行。

（3）打开设计树，显示约束，如图 11.33 所示。注意约束列出于多棱体零件的目录下，也列出于【约束】目录下。同时还应注意，它们的缺省状态为锁定，以锁上的挂锁图标表示。

（4）在零件编辑状态下选定多棱体后，在功能区【装配】选项卡【定位】面板中单击 【定位约束】工具按钮。从【约束类型】下拉列表框中选择约束类型为【平行】。

（5）在多棱体的侧面上移动光标，直至其以绿色加亮显示，然后单击多棱体的侧面将其指定为源零件上实施第三个平行定位约束装配操作的约束单元，如图 11.34 所示。

图 11.33　设计树中显示的约束

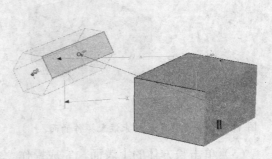

图 11.34　多棱体上用于约束装配操作的面

（6）将【约束】图标定位到长方体的前表面上，直至其轮廓呈绿色加亮显示。注意，此时缺省的双箭头符号变为红色。这个红色可见信号表示，对该面和【约束】选项的选

270

择与一个或多个已有的约束相冲突，如图 11.35 所示。

（7）打开设计树并展开多棱体零件，以查看应用于该零件的约束。注意【平行】约束有一个"×"图标，表明该约束与已有的约束相冲突，如图 11.36 所示。

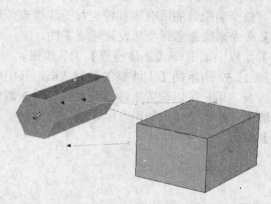

图 11.35　与已有约束相抵触

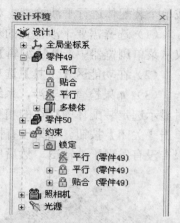

图 11.36　冲突约束在设计树中的显示

如果要编辑定位约束，可用鼠标右键单击设计环境中的约束符号或者在设计树中用鼠标右键单击约束图标，然后从弹出的快捷菜单中选择【编辑约束】命令，如图 11.37 所示。在弹出如图 11.38 所示的【编辑贴合约束】对话框中输入相应的偏值，然后单击【确定】按钮，这样可对适用的定位约束增加一个偏移量。

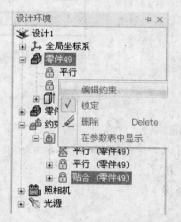

图 11.37　设计树中用鼠标右键单击约束图标

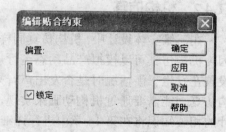

图 11.38　【编辑贴合约束】对话框

11.4　装配检验

零部件装配好后，可以对其进行装配检验，以验证产品结构是否合理。装配检验包括干涉检查、机构仿真、创建爆炸视图、物性计算与零件统计。

11.4.1　干涉检查

在装配设计中时常要进行干涉检查，如果发现有干涉情况，要分析哪些干涉是合理的，哪些干涉是不合理的。如果是不合理的或不允许的干涉，则要根据设计要求对产品结构进行细节设计，以最终合理地消除零件间不允许的干涉部分。

可以对装配件的部分或全部零件进行干涉检查，也可以对装配件和零件的任何组合或单个装配体进行干涉检查。对装配体进行干涉检查的基本操作步骤如下：

（1）选择需要干涉检查的对象。如果对整个装配体的所有零部件进行干涉检查，建议从菜单浏览器中选择【编辑】→【全选】命令来快速选择全部设计环境零件。

（2）在功能区【工具】选项卡【检查】面板中单击  【干涉检查】工具按钮。

（3）如果检查出干涉，系统会弹出如图 11.39 所示的【干涉报告】对话框，其中成对显示选定装配体中存在的相互之间干涉情况。用户可以设置干涉部分加亮显示，然后单击【关闭】按钮。如果没有检查出干涉情况，系统会弹出如图 11.40 所示的对话框，报告没有发现干涉情况，然后单击【确定】按钮。

图 11.39 【干涉报告】对话框

图 11.40 没有发现干涉

11.4.2 机构仿真

在三维实体设计中，机构仿真同样是很重要的，因为机构仿真可以模拟产品动态运行规律，并可以设置在发生干涉情况时是否发出声音来提示等。机构仿真功能需要通过机构动画来实现，有关动画设计的相关知识将在第 14 章中进行详细介绍。

机构仿真的一般思路是，先利用【约束装配】工具完成所需的装配体，为其中的运动零部件设计动画路径，然后在功能区【工具】选项卡【检查】面板中单击 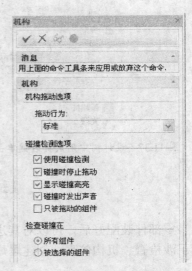 【机构仿真模式】工具按钮，系统打开如图 11.41 所示的【机构】命令管理栏，从中可设置【拖动行为】（包括【标准】、【严格】、【局部】和【放宽条件】）、【碰撞检验选项】和【检查碰撞在】，然后单击 ✓ 【确定】按钮。要观察机构仿真效果，可以在功能区【显示】选项卡【动画】面板中单击 ▶ 【播放】按钮。

图 11.41 【机构】命令管理栏

11.4.3 创建爆炸视图

在装配设计中有时要求创建爆炸视图，所谓的爆炸视图是将模型中每个零部件与其他零部件分开表示，通常可以较直观地表示各个零部件的装配关系和装配顺序，可用于分析和说明产品模型结构，还可用于零部件装配工艺等。

使用【工具】设计元素库中的【装配】工具，可以获得各种装配体的爆炸图，并可以产生装配过程的动画。

11.4.4 零件统计

要进行零件统计以生成零件体数据的统计文件，则要先在合适的编辑状态下选择相应的零件或装配体，然后在功能区【工具】选项卡【检查】面板中单击 $\sqrt{a}$【统计】工具按钮，系统会弹出如图 11.42 所示的【零件统计报告】对话框，以此通知零件的有效性完成，并把统计文件生成到指定目录下的文件中。

图 11.42 【零件统计报告】对话框

思 考 题

1. 如何在设计环境中生成一个装配体？
2. 如何将一个独立的零件添加到指定的装配体中？
3. 定位约束和无约束装配的区别是什么？
4. 试说明三种装配方法的应用特点、使用条件及混合使用的方法。
5. 试说明零件的插入链接、属性修改和文件保存的步骤和方法。
6. 无约束装配的注意事项是什么？

练 习 题

1. 创建如图 11.43（a）、图 11.43（c）所示的实体零件，具体尺寸由用户根据模型特点和效果自行确定，但要注意各零件之间的结构匹配，不要产生干涉，采用【定位约束】或【无约束装配】工具实现如图 11.46（b）、图 11.43（d）所示的装配效果。

2. 创建如图 11.44（a）所示的三个零件，具体尺寸由用户根据模型特点和效果自行确定，但要注意各零件之间的结构匹配，不要产生干涉，然后将这三个零件装配起来，装配效果如图 11.44（b）所示。最后对装配件进行干涉检查。

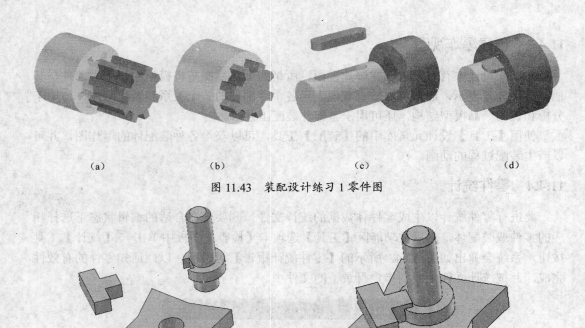

（a）　　　　　　　（b）　　　　　　　（c）　　　　　　　（d）

图 11.43　装配设计练习 1 零件图

（a）　　　　　　　　　　　　　　　　　（b）

图 11.44　装配设计练习 2 零件图

3. 创建如图 11.45（a）所示的三个零件，具体尺寸由用户根据模型特点和效果自行确定，但要注意各零件之间的结构匹配，不要产生干涉情况，然后将这些零件装配成如图 11.45（b）所示的效果。最后对装配件进行干涉检查。

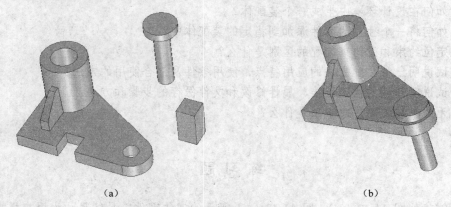

（a）　　　　　　　　　　　　　　　　　（b）

图 11.45　装配设计练习 3 零件图

第 12 章 二维工程图的生成

在 CAXA 实体设计 2009 中，可以根据设计好的三维实体模型数据自动生成所需的二维工程视图。用户可以根据实际情况对生成的视图进行编辑、添加文字和标注，以获得一个准确、设计信息齐全的工程图。

本章主要介绍进入工程图设计环境、生成视图、编辑视图、自动生成尺寸标注、明细表与零件序号。

12.1 二维工程图环境

在启动 CAXA 实体设计 2009 系统时，系统会弹出如图 12.1 所示的【欢迎】对话框，选择【创建一个新图纸文件】，单击【确定】按钮，系统继续弹出如图 12.2 所示的【新建】对话框，从模板列表框中选择所需的一个模板，并在【预览】框中预览其模板样式，单击【确定】按钮，从而创建一个工程图文档，其工程图环境界面如图 12.3 所示。还可以在 CAXA 实体设计 2009 的快速启动工具栏中单击 □【新建】按钮，进入【新建】对话框，选择【图纸】选项，然后单击【确定】按钮，在弹出的【新建】对话框中选择所需的模板，单击【确定】按钮，从而进入工程图设计环境。

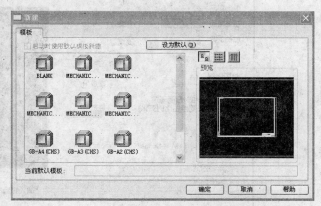

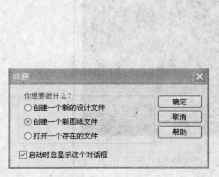

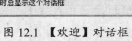

图 12.1 【欢迎】对话框   图 12.2 【新建】对话框

生成的图纸仍然可以通过选择菜单浏览器的【幅面】→【图纸设置】菜单项，打开如图 12.4 所示的【图幅设置】对话框。在该对话框中可以设置【图纸幅面】、【图纸比例】、【图纸方向】、【标题栏】和【明细表】等选项内容。所有选择完成后，单击【确定】按钮退出。

在菜单浏览器中选择【工具】→【选项】命令，或者在工程图环境下的【工具】选项卡的【选项】面板中单击 ☑【选项】按钮，系统弹出如图 12.5 所示的【选项】对话框，利用该对话框可以设置 CAXA 实体设计 2009 的工程图环境的常用参数，包括【路

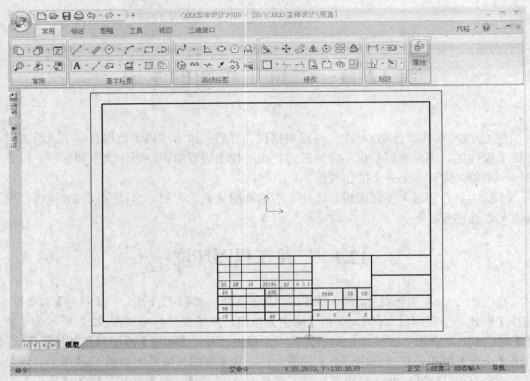

图 12.3　CAXA 实体设计 2009 工程图环境

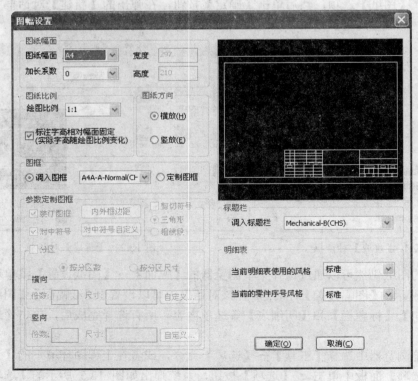

图 12.4　【图幅设置】对话框

径】、【显示】、【系统】、【交互】、【文字】、【数据接口】、【智能点】、【三维接口】和【文件属性设置】等。

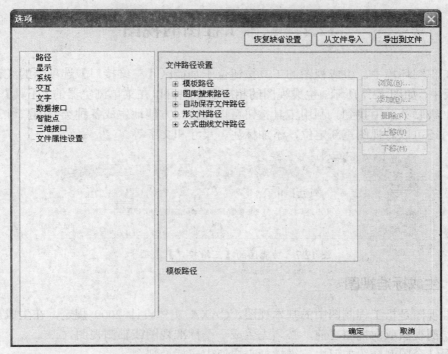

图 12.5 【选项】对话框

CAXA 实体设计 2009 提供了许多用于生成二维工程图的工具。在菜单浏览器中选择【工具】→【自定义界面】菜单项，从弹出的【自定义】对话框中选择【工具栏】选项卡，在【工具栏】选项卡中选中【工具栏】下拉列表中不同的复选框，如图 12.6 所示，就能激活相应的工具条。

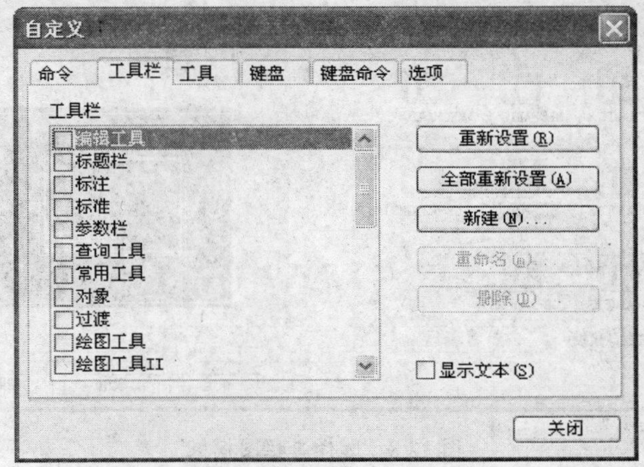

图 12.6 【自定义】对话框中的【工具栏】选项卡

在 CAXA 实体设计 2009 的工程图环境中集成了许多和 CAXA 电子图版相同的工具，这些工具的应用，用户可以参看《CAXA 电子图版 2009 基础教程》，在此不再复述。该章中主要介绍 CAXA 实体设计 2009 的三维转二维功能，即如何利用三维实体准确生成二维工程图纸。

12.2　二维工程图的视图

在工程图环境中，生成视图的工具按钮位于功能区【三维接口】选项卡的【视图生成】面板中，如图 12.7 所示。生成视图的相应命令也可以在菜单浏览器的【工具】→【视图管理】级联菜单中找到。利用工具按钮可以直接、方便地生成各种类型的二维工程视图，同时还可以对视图重新定位，添加标注、尺寸和文字等。

图 12.7　功能区的【三维接口】选项卡

12.2.1　生成标准视图

标准视图是指工程制图中的基本视图。CAXA 实体设计 2009 规定，在生成局部放大视图、剖视图或向视图之前，必须先生成一个标准视图或轴测视图。

下面结合图例介绍如何由三维模型来快速生成标准视图。

单击□【新建文档】按钮，在弹出的□【新建】对话框中选择【图纸】选项，单击【确定】按钮。然后在弹出的对话框中选择【GB-A3（CHS）】工程图模板，如图 12.8 所示，最后单击【确定】按钮，从而新建一个工程图文档。

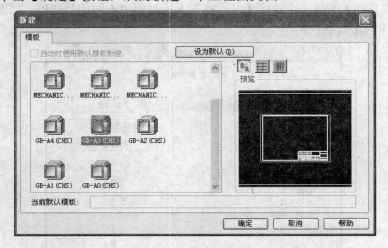

图 12.8　选择工程图模板

在功能区【三维接口】选项卡的【视图生成】面板中单击□【标准视图】按钮，打开如图 12.9 所示的【标准视图输出】对话框。如果之前在 CAXA 实体设计 2009 中打开了一个三维实体文档，则当前三维实体自动作为工程图的默认源模型。

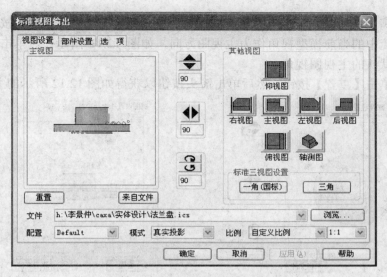

图 12.9 【标准视图输出】对话框

在【标准视图输出】对话框中单击【浏览】按钮，指定要查找的范围，选择所需的三维实体文档，如图 12.10 所示，然后单击【打开】按钮，则所需文档的实体作为标准视图输出的源模型。在【标准视图输出】对话框的【文件】文本框中列出了源文件的路径和文件名。

图 12.10　选择需要的三维实体

在【标准视图输出】对话框中有三个选项卡，分别是【视图设置】选项卡、【部件设置】选项卡和【选项】选项卡。

1．【视图设置】选项卡

【视图设置】选项卡主要用来设置主视图和选择要投影生成的标准视图。其中，【主视图】选项组主要用来调整主视图视向，以及预览当前设置的主视图。如果对预览的主视图视角不满意，可以单击相应的箭头按钮来调整。若单击【来自文件】按钮，则选择三维设计环境中的当前模型视角作为主视图方向，如图 12.11 所示；若单击【重置】按钮，则恢复默认的主视图视角。

在这里单击【重置】按钮，然后单击箭头按钮以获得如图 12.12 所示的主视图视角。

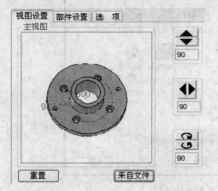

图 12.11　单击【来自文件】按钮

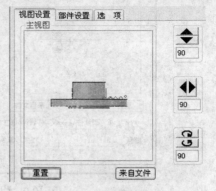

图 12.12　调整主视图视角

要注意以下三个下拉列表框的用途。

（1）【配置】下拉列表框。在三维设计环境中可以添加不同的配置，可根据设计需要从该下拉列表框中选择其中一个配置，从而投影该配置的视图。

（2）【模式】下拉列表框。可供选择的投影模式有【真实投影】和【快速投影】。前者为默认模式，表示投影精度。

（3）【比例】下拉列表框。可供选择的比例选项有【自动比例】、【图纸比例】和【自定义比例】。其中【自动比例】是按图纸幅面的大小自动计算的比例。

【其他视图】选项卡主要用于由用户根据模型形状特点和设计要求选择要输出的若干视图，而其中的【标准三视图设置】选项组用于确定标准三视图的视角投影方法。国标规定采用第一视角，在这里单击【一角（国标）】按钮，则会发现默认选中三个标准视角(主视图、俯视图和左视图)，如图 12.13 所示。

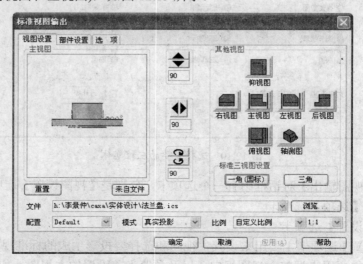

图 12.13　标准三视图设置

280

此时，在【标准视图输出】对话框中单击【确定】按钮，并根据提示指定视图放置点来生成设定的视图。先出现如图 12.14 所示的立即菜单和提示，在工程图环境中单击一点以放置主视图，在接着出现的如图 12.15 所示的立即菜单和提示下，在主视图的下方单击一点以放置俯视图，继续在出现的立即菜单和提示下，在主视图的右侧单击一点以放置左视图。完成的标准三视图效果如图 12.16 所示。

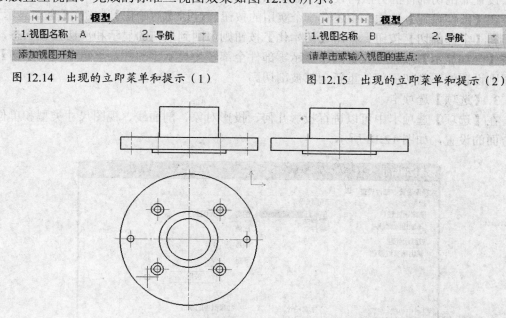

图 12.14　出现的立即菜单和提示（1）　　　　图 12.15　出现的立即菜单和提示（2）

图 12.16　完成的标准三视图

2.【部件设置】选项卡

【部件设置】选项卡主要用来设置部件在二维图中是否显示，以及在剖视图中是否剖切，如图 12.17 所示。

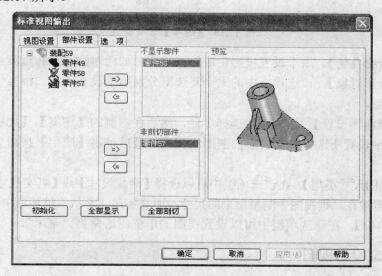

图 12.17　【部件设置】选项卡

对于装配体，若要设置不显示的部件，则在最左侧显示的设计树中选择零部件，然后单击 =>【向右移】按钮，则所选零部件显示在【不显示部件】框中，而在【预览】框中也不显示该零部件。也可以将不显示的零部件重新设置为显示的零部件，其方法是在【不显示部件】框中选中所需的零部件，然后单击 <= 【向左移】按钮即可。

设置非剖切部件的方法与设置不显示部件方法一样，这里不再赘述。

在【部件设置】选项卡中还有三个实用的按钮，包括【初始化】按钮、【全部显示】按钮和【全部剖切】按钮。单击【初始化】按钮则可回到最初的显示和剖切设置状态，单击【全部显示】按钮则设置的不显示零部件全部转为显示零部件，单击【全部剖切】按钮则设置的不剖切零部件重新全部被剖切。

3．【选项】选项卡

在【选项】选项卡中可以进行投影几何、投影对象、剖面线、视图尺寸类型和单位等方面的设置，如图 12.18 所示。

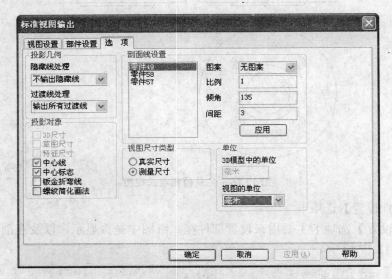

图 12.18 【选项】选项卡

（1）【投影几何】。用于设置投影生成二维视图时如何对隐藏线和过渡线进行处理。

（2）【投影对象】。该选项组中的七个复选框分别用于设置生成二维实体时，是否生成相应的对象。

（3）【剖面线设置】。在列表中选择零件，然后在右侧的【图案】、【比例】、【倾角】和【间距】中设置所选零件剖切后的剖面线样式，最后单击【应用】按钮完成该零件的剖面线设置。

（4）【视图尺寸类型】。在该选项组中可以选择【测量尺寸】或【真实尺寸】单选按钮。测量尺寸是直接在二维视图中测量出来的尺寸，而真实尺寸是从三维环境中读到的尺寸。

（5）【单位】。在该选项组中可以设置视图的单位，通常为"毫米"。

12.2.2　生成投影视图

投影视图是基于某一个已存在的视图在其投影通道上生成的相应视图，这些投影视

282

图可以作为指定视图的俯视图、仰视图、左视图、右视图、轴测图等。创建投影视图的具体操作步骤如下：

（1）在实体设计环境中创建如图 12.19 所示的实体零件，并选择适当路径保存。

（2）在二维工程图环境中，单击功能区【三维接口】选项卡的【视图生成】面板中的 □【标准视图】按钮，利用弹出的【标准视图输出】对话框，选择创建好的实体零件，创建如图 12.20 所示的标准视图。

图 12.19　创建的实体零件

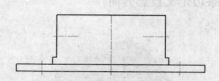

图 12.20　生成父视图

（3）在功能区【三维接口】选项卡的【视图生成】面板中单击 □□【投影视图】按钮。

（4）在立即菜单中进行【真实投影】和【真实尺寸】设置。用户可以通过在立即菜单中单击选项框的方式来切换投影选项和尺寸选项。

（5）选中该视图作为父视图。

（6）移动鼠标在该父视图的下方投影通道中单击一点以指定该投影视图的放置基点，并生成一个投影视图，如图 12.21 所示。

（7）可以继续生成父视图的其他投影视图，包括轴测图，如图 12.22 所示。

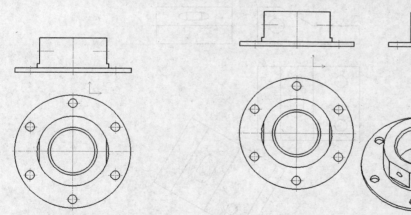

图 12.21　生成一个投影视图　　　　　图 12.22　继续生成父视图的其他投影视图

（8）按键盘上的 Esc 键或 Enter 键结束投影视图的生成操作。

12.2.3　生成向视图

向视图是基于某一存在视图的给定视向的视图，是可以自由配置的视图。

创建向视图的具体操作步骤如下：

（1）在实体设计环境中，创建如图 12.23 所示的台座实体零件，并选择合适路径保存。

283

（2）在二维工程图环境中，单击功能区【三维接口】选项卡的【视图生成】面板中的□【标准视图】按钮，利用弹出的【标准视图输出】对话框，选择创建好的台座实体零件，创建如图 12.24 所示的标准视图。

（3）在功能区【三维接口】选项卡的【视图生成】面板中单击 ⊡【向视图】按钮。

（4）在状态栏中"请选择一个视图作为父视图"的提示信息下，选择主视图作为父视图。

（5）在状态栏中"请选择向视图的方向"的提示信息下，选择一条线决定投影方向，所选的这条线可以是视图上的轮廓线或者是单独绘制的一条线。这里选择主视图中斜线的一条边定义投影方向。

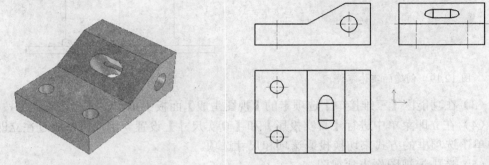

图 12.23　台座实体零件　　　　　　图 12.24　创建的标准视图

（6）在状态栏中"请单击或输入视图的基点"的提示信息下，在投影方向的合适位置指定一点来生成向视图，生成的向视图如图 12.25 所示。

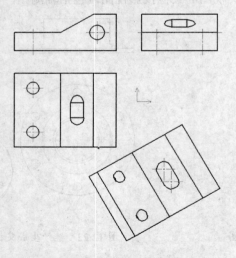

图 12.25　生成的向视图

12.2.4　生成剖视图

假想用剖切平面剖开机件，移去观察者和剖切面之间的部分，将余下部分向投影面投射，所得到的图形称为剖视图。剖视图主要用于表达物体的内部结构。创建剖视图的具体操作步骤如下：

284

（1）创建如图 12.26 所示的实体零件，并生成一个标准视图，如图 12.27 所示。

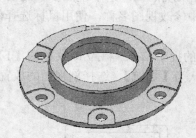

图 12.26　创建的实体零件

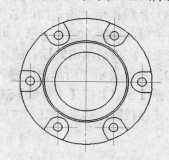

图 12.27　生成的一个标准视图

（2）在功能区【三维接口】选项卡的【视图生成】面板中单击▢【剖视图】按钮。

（3）在状态栏中出现"画剖切轨迹（画线）"的提示信息，此时用户可以根据零件结构特征和设计需要在状态栏中单击【正交】按钮以启用或关闭正交模式。使用鼠标在视图上指定几个点来定义轨迹，可以利用导航功能追踪捕捉特定点定义剖切线。如图 12.28 所示，在标准视图中结合导航捕捉功能和正交模式依次捕捉两个点来完成剖切线。

（4）画好剖切线后，单击鼠标右键或 Enter 键结束。

（5）此时出现两个方向的箭头，如图 12.29 所示。状态栏提示"请单击箭头选择剖切方向"。

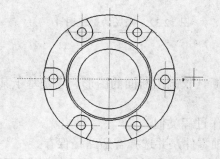

图 12.28　画剖切轨迹

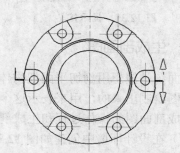

图 12.29　出现两个方向的箭头

（6）使用鼠标在所需箭头方向的一侧单击以选择该剖切方向，此时系统弹出【选择要剖切的视图】对话框，如图 12.30 所示。

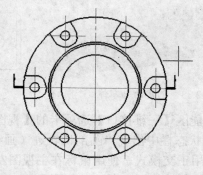

图 12.30　【选择要剖切的视图】对话框

（7）在【选择要剖切的视图】对话框中指定视图，单击【确定】按钮。

（8）系统提示"指定剖面名称标注点"，且在出现的立即菜单中显示了此剖切标注的剖切字母，如图 12.31 所示。可以在立即菜单中修改视图名称，使用鼠标选择剖面名称标注点，完成后单击鼠标右键。

（9）系统提示"请单击或输入视图的基点"的提示信息。在立即菜单的【1】框中可以选择【导航】或【不导航】选项，在这里默认为【导航】。选择剖视图的放置位置，从而完成剖视图，结果如图 12.32 所示。

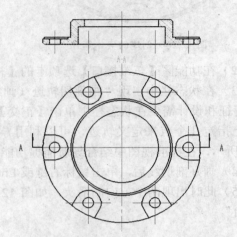

图 12.32　完成的剖视图

图 12.31　提示信息

12.2.5　生成剖面图

剖面图是假想用剖切平面把物体的某处切断，仅画出断面的图形。它是基于某一个存在视图绘制出来的，用来表示这个面的结构。

生成剖面图的操作过程和生成剖视图的操作过程类似。

（1）在设计环境中创建如图 12.33 所示的轴零件，并选择合适路径保存。

（2）在二维工程图环境中，单击功能区【三维接口】选项卡的【视图生成】面板中的 【标准视图】按钮，利用弹出的【标准视图输出】对话框选择轴零件，生成如图 12.34 所示的主视图。

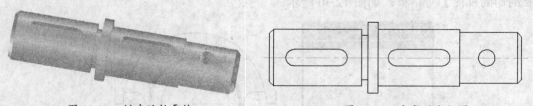

图 12.33　创建的轴零件　　　　　　　　图 12.34　生成的主视图

（3）在功能区【三维接口】选项卡的【视图生成】面板中单击 【剖面图】按钮。

（4）此时状态栏中出现"画剖切轨迹（画线）"的提示信息，在状态栏中选中【正交】按钮以启用正交模式。使用鼠标在主视图左侧的键槽两侧各指定一点（两点在同一垂直线上）来画剖切线，如图 12.35 所示。

（5）单击鼠标右键结束剖切轨迹线绘制，此时显示两个方向的箭头，如图 12.36 所示。

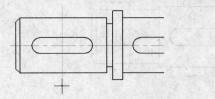

图 12.35　画剖切轨迹线

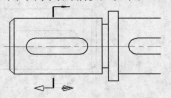

图 12.36　显示两个方向的箭头

（6）单击指向左侧的箭头，弹出【选择要剖切的视图】对话框，如图 12.37 所示，然后单击【确定】按钮。

（7）在立即菜单中将视图名称更改为 "A"。在视图中选择所需的两个标注点，然后单击鼠标右键。

（8）在出现的立即菜单中选择【不导航】选项，如图 12.38 所示。

图 12.37　【选择要剖切的视图】对话框

图 12.38　选择【不导航】选项

（9）指定剖面图的放置位置，从而生成第一个剖面图，如图 12.39 所示。

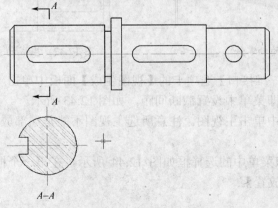

图 12.39　生成第一个剖面图

（10）使用同样的方法，生成第 2 个、第 3 个剖面图，结果如图 12.40 所示。

12.2.6　截断视图

对于某些较长的机件如轴、杆、连杆等，其长度方向的形状一致或按一定规律变化，则不需要在布局图上全部画出该零件，一般采用断开后绘制。为满足此种情况的需要，

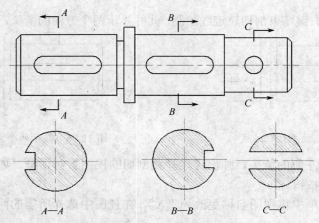

图 12.40　剖面图结果

CAXA 实体设计 2009 还提供了【截断视图】工具，将现有的标准视图、轴侧视图或剖视图中的部分视图断开，隐去不需要的部分后，将剩余视图显示在布局图纸上。注意在标注时需要标注其真实的长度尺寸。

创建截断视图的具体操作步骤如下：

（1）在设计环境中创建如图 12.41 所示的轴零件，并选择合适路径保存。

（2）在二维工程图环境中，单击功能区【三维接口】选项卡的【视图生成】面板中的 □【标准视图】按钮，利用弹出的【标准视图输出】对话框选择轴零件，生成如图 12.42 所示的主视图。

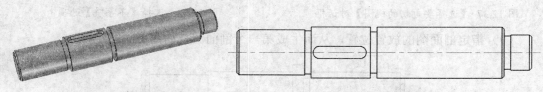

图 12.41　创建的轴零件　　　　　　　　图 12.42　生成的主视图

（3）在功能区【三维接口】选项卡的【视图生成】面板中单击 □【截断视图】按钮。

（4）在出现的立即菜单中设置截断间距，如图 12.43 所示。

（5）在图纸环境中单击主视图。注意所选主视图不能是局部放大图、局部剖视图或半剖视图。

（6）此时，立即菜单中的选择框如图 12.44 所示。在第一个框中选择【曲线】，第二个框中选择【竖直放置】。

图 12.43　设置截断间距　　　　图 12.44　设置立即菜单中的选项

（7）在视图中的预定位置单击以指定第一条截断线的位置，然后根据状态栏中的提示指定第二条截断线的位置，如图 12.45 所示。

（8）此时【截断视图】命令仍然可用，单击鼠标右键结束命令。生成的截断视图效果如图 12.46 所示。

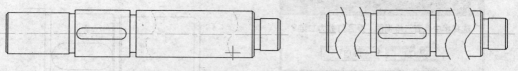

图 12.45　指定两条截断线的位置　　　　　图 12.46　生成的截断视图效果

12.2.7　局部放大图

局部结构不清，可以用大于原图形所采用的比例单独画出这些结构，这种图形称为局部放大图。它通过将选定区域的结构放大来表示。创建局部放大图的具体操作步骤如下：

（1）在设计环境中创建如图 12.47 所示的轴实体零件，并选择合适路径保存。

（2）在二维工程图环境中，单击功能区【三维接口】选项卡的【视图生成】面板中的□【标准视图】按钮，利用弹出的【标准视图输出】对话框选择轴零件，生成如图 12.48 所示的主视图。

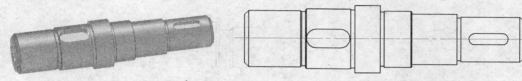

图 12.47　创建的轴实体零件　　　　　图 12.48　生成的标准主视图

（3）在功能区【三维接口】选项卡的【视图生成】面板中单击 ⬧【局部放大】按钮。

（4）在出现的立即菜单中设置如图 12.49 所示的选项和参数。

图 12.49　在立即菜单栏中设置选项和参数

（5）在主视图中指定要局部放大区域的中心点，如图 12.50 所示。

（6）拖动光标来指定圆上一点，如图 12.51 所示。

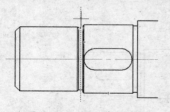 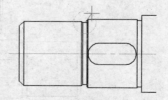

图 12.50　指定中心点　　　　　图 12.51　指定圆上一点

（7）系统弹出如图 12.52 所示的【提示】对话框。若单击【是】按钮，则生成的局部放大图与三维环境断开联系，不再随三维信息更新，用于可以在局部放大图中添加其他信息；若单击【否】按钮，则生成的局部放大图与三维环境保持联系。本例选择单击【是】按钮。

289

（8）指定符号插入点，如图 12.53 所示。

图 12.52 【提升】对话框

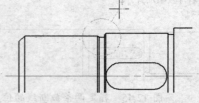

图 12.53 指定符号插入点

（9）指定局部放大图主体的插入点，然后在状态栏"输入角度或由屏幕上确定：<-360，360>"的提示下输入"0"，按 Enter 键确定。

（10）在局部放大图主体的上方合适位置单击，以指定符号插入点，如图 12.54 所示。

（11）生成的局部放大图如图 12.55 所示。

（12）重复以上操作，可以创建其他局部结构的局部放大图，最后效果如图 12.56 所示。

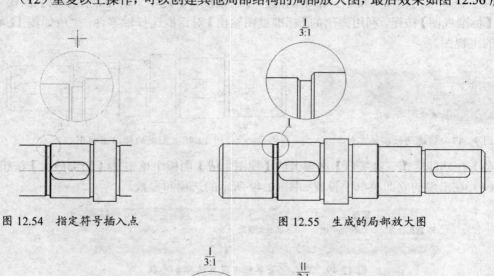

图 12.54 指定符号插入点

图 12.55 生成的局部放大图

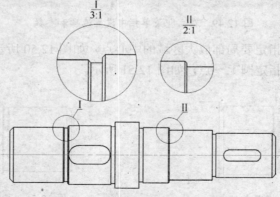

图 12.56 局部放大图最后效果

12.2.8 局部剖视图

局部剖视图是指用剖切平面局部地剖开物体所得到的视图。在 CAXA 实体设计 2009 中，局部剖视图包括普通局部剖视图和半剖视图。

290

在功能区【三维接口】选项卡的【视图生成】面板中单击 ▭ 【局部剖视图】按钮，打开一个立即菜单，在该立即菜单的【1】框中单击，可以选择【普通局部剖】或【半剖】，如图 12.57 所示。

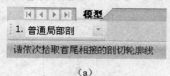

（a）　　　　　　　　　　　　（b）

图 12.57　在立即菜单中设置局部剖类型

（a）普通局部剖；（b）半剖。

1．生成普通局部剖视图

生成普通局部剖视图的具体操作步骤如下：

（1）在二维工程图环境中，单击功能区【三维接口】选项卡的【视图生成】面板中的 ▭ 【标准视图】按钮，利用弹出的【标准视图输出】对话框，选择 12.2.7 小节创建的轴零件，生成如图 12.58 所示的主视图。

（2）利用功能区【常用】选项卡的相关绘图工具在需要局部剖视的部位绘制一条封闭曲线，如图 12.59 所示。通常使用波浪形状的样条曲线、双折线来表示普通局部剖视图的范围。

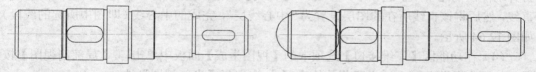

图 12.58　生成的标准主视图　　　　　　　　图 12.59　绘制剖切轮廓线

（3）切换至功能区【三维接口】选项卡，在【视图生成】面板中单击 ▭ 【局部剖视图】按钮，打开立即菜单，在该立即菜单的【1】框中选择【普通局部剖】选项。

（4）选择主视图左边的一条首尾相连的剖切轮廓线，然后单击鼠标右键。

（5）系统弹出【选择要剖切的视图】对话框，单击【确定】按钮。

（6）在弹出的立即菜单中设置相关的选项，如图 12.60 所示。

图 12.60　在立即菜单中设置相关的选项

（7）在主视图的右侧适当位置单击，生成的普通局部剖视图如图 12.61 所示。

用户可以试试在立即菜单中设置其他选项，比较生成的普通局部剖视图的区别。

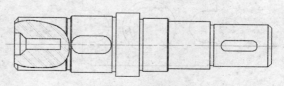

图 12.61　生成的普通局部剖视图

2．生成半剖视图

创建半剖视图的具体操作步骤如下：

（1）在设计环境中创建如图 12.62 所示的实体零件，并选择合适路径保存。

（2）在二维工程图环境中，单击功能区【三维接口】选项卡的【视图生成】面板中的□【标准视图】按钮，利用弹出的【标准视图输出】对话框，选择创建的实体零件，生成如图 12.63 所示的主视图和俯视图。

图 12.62　创建的轴实体零件

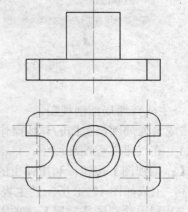

图 12.63　生成的标准视图

（3）在生成半剖视图之前，需要先使用绘图工具在中心位置绘制一条直线。在这里，打开功能区的【常用】选项卡，单击✎【直线】按钮，在主视图的对称位置上绘制一条直线，然后将该直线所在的图层设置为"中心线层"，完成的中心线（即图中所选的线段）如图 12.64 所示。

（4）在功能区【三维接口】选项卡的【视图生成】面板中单击▣【局部剖视图】按钮，打开立即菜单，在该立即菜单的【1】框中选择【半剖视图】选项。

（5）在主视图中选择之前绘制的直线段作为半剖视图的中心线。此时在所选中心线处出现两个方向的箭头，如图 12.65 所示，用鼠标左键选择指向左侧的箭头。

（6）系统弹出【选择要剖切的视图】对话框，单击【确定】按钮。

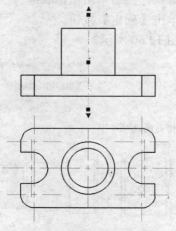

图 12.64　绘制中心线

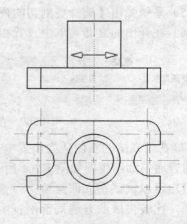

图 12.65　拾取半剖视图重心后的结果

（7）在出现的立即菜单的第二项中选中【动态拖动模式】选项，在第三项中选中【不保留剖切轮廓线】选项，如图 12.66 所示。

292

图 12.66　在立即菜单中设置相关选项

（8）在俯视图中捕捉圆心以指定剖切深度，如图 12.67 所示。在主视图中生成的半剖视图如图 12.68 所示。

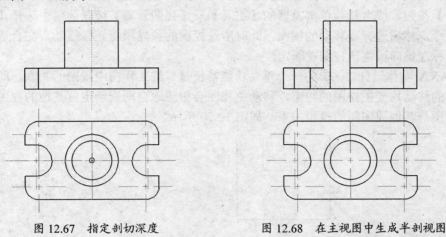

图 12.67　指定剖切深度　　　　　图 12.68　在主视图中生成半剖视图

12.3　视　图　编　辑

视图生成后，可以对这些视图进行编辑。这些工具/命令主要集中在功能区【三维接口】选项卡的【视图编辑】面板、菜单浏览器的【工具】→【视图管理】级联菜单和在图纸环境中单击鼠标右键选定视图而打开的快捷菜单，如图 12.69 所示。

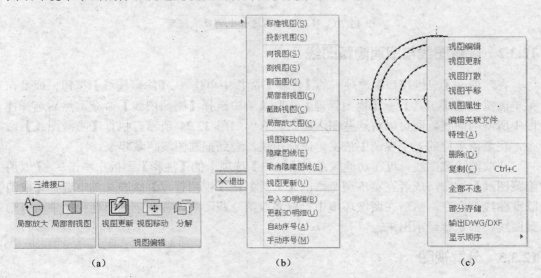

（a）　　　　　　　　　（b）　　　　　　　　　（c）

图 12.69　视图编辑的工具/命令

（a）【视图编辑】面板；（b）【工具】→【视图管理】级联菜单；（c）选定视图的鼠标右键菜单。

293

12.3.1　视图的移动定位

随着生成二维工程图过程的推进,有时可能必须重新定位图纸上的视图。由于CAXA实体设计 2009 中的所有视图都是完全关联的,这使得视图布局过程变得更加容易操作与实现。

要移动视图,则可以在功能区【三维接口】选项卡的【视图编辑】面板中单击 ⊞【视图移动】按钮,或者从菜单浏览器的【工具】→【视图管理】级联菜单中选择【视图移动】命令,然后选择要移动的视图,此时所选视图的预显跟随光标移动,在合适的位置单击鼠标左键即可将该视图重新定位。

CAXA 实体设计 2009 的一个重要功能特征是二维工程图中视图的关联,即所有其他视图的移动均受主视图的约束,移动主视图会相应地自动重新定位其他的视图,以保证主视图与其他视图间的投影关系,如图 12.70 所示。

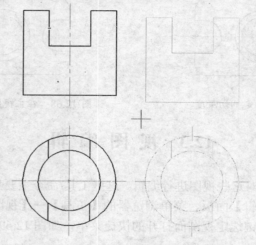

图 12.70　移动主视图过程中的效果预显

12.3.2　隐藏图线与取消隐藏图线

在功能区【三维接口】选项卡的【注释】面板中单击 ▦【隐藏图线】按钮,或者在菜单浏览器的【工具】→【视图管理】级联菜单中选择【隐藏图线】命令,然后选择视图中所需的图线,即可以将这些图线隐藏起来。如图 12.71 所示,执行【隐藏图线】命令,在泵盖零件的一个视图中依次单击圆图线,直到把圆图线隐藏起来。

要取消隐藏图线,可在功能区【三维接口】选项卡的【注释】面板中单击 ▦【取消隐藏图线】按钮,或者在菜单浏览器的【工具】→【视图管理】级联菜单中选择【取消隐藏图线】命令,然后在图纸环境中拾取要取消隐藏图线的视图,则所选视图中所有隐藏图线又都重新显示出来。

12.3.3　分解视图

通过系统生成的视图,往往存在缺陷,可以应用【分解视图】命令,将视图分解以便于后期的图形编辑。其方法是在功能区【三维接口】选项卡的【视图编辑】面板中单

294

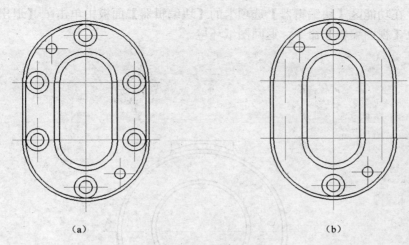

图 12.71　隐藏图线

(a) 隐藏图线前；(b) 隐藏图线后。

击 【分解】按钮，选择要分解的视图，然后单击鼠标右键，则所选视图被分解成若干二维曲线。视图未分解前，若单击视图则选中整个视图，此时若单击所选视图的曲线，则只能选择单个曲线，如图 12.72 所示。

　　要分解视图，还可以在要分解的视图上单击鼠标右键，弹出一个快捷菜单，从该菜单中选择【视图打散】命令，如图 12.73 所示。

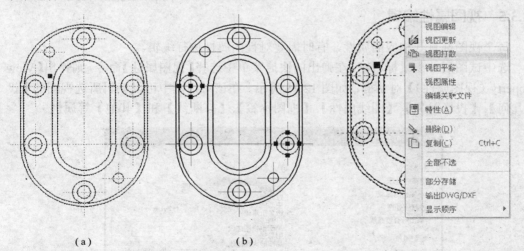

（a）　　　　　　　　　　（b）

图 12.72　视图分解前后　　　　　图 12.73　利用鼠标右键菜单选择【视图打散】

（a）视图分解前；（b）视图分解后。

12.3.4　鼠标右键快捷菜单的【视图编辑】命令

　　选择视图后单击鼠标右键，从弹出的快捷菜单中选择【视图编辑】命令，则进入视图块编辑器，即进入视图编辑状态，绘图区仅剩下需编辑的图纸视图。此时，在绘图区单击鼠标右键将弹出一个快捷菜单，如图 12.74 所示，利用该快捷菜单，可以对当前视图块进行删除、平移、复制、平移复制、旋转、镜像、阵列、缩放等操作。完成相关编

295

辑操作后，在功能区【块编辑器】选项卡的【块编辑器】面板中单击 🔂【退出块编辑】按钮，结束【视图编辑】命令，返回图纸环境。

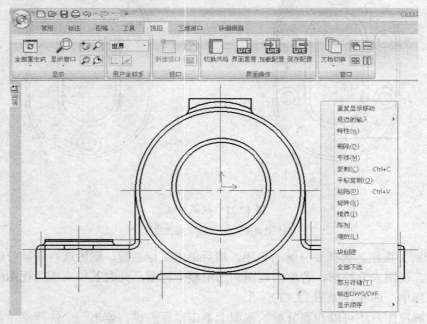

图 12.74　进入块编辑器对视图块进行编辑

12.3.5　视图属性编辑

每个视图都有其相应的属性，有时需要对视图属性进行编辑。

选中试图后单击鼠标右键，在弹出的快捷菜单中选择【视图属性】命令，则弹出【View Property（视图属性）】对话框，如图 12.75 所示。在该对话框中可以编辑所选视图的【投影几何】、【投影对象】、【图线属性】、【视图标签】、【打断线】和【其他】等属性。

图 12.75　编辑视图属性

12.4　工程图尺寸标注

视图只能表达模型的形状，模型的真实大小需要尺寸标注来确定。在 CAXA 实体设计 2009 中，由三维模型数据产生二维工程视图的过程中，可以设置在一个视图或多个视图中将三维文件中的三维尺寸、特征尺寸、草图尺寸自动生成。当然。也可以在二维工程视图生成之后，使用尺寸标注工具在视图中进行相关的标注。

12.4.1　自动生成尺寸

在输出三维模型的标准视图时，可以切换到【标准视图输出】对话框的【选项】选项卡，设置合适的视图尺寸类型选项后，在【投影对象】选项组中可以指定【3D 尺寸】、【草图尺寸】和【特征尺寸】复选框的状态，以分别控制是否生成三维尺寸、草图尺寸和特征尺寸，如图 12.76 所示。

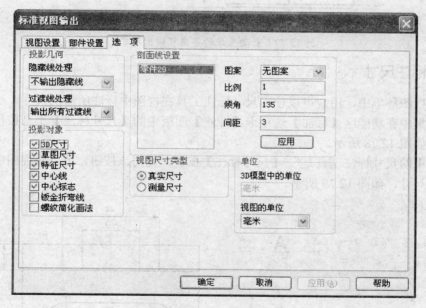

图 12.76　设置投影尺寸

在这里，用户需要掌握三维尺寸、草图尺寸和特征尺寸的概念。

（1）三维尺寸。在三维设计环境中使用智能标注功能标注的尺寸。

（2）草图尺寸。在草图编辑状态下，使用智能标注等标注工具标注在草图上的尺寸。

（3）特征尺寸。指生成特征时的尺寸。

假设在生成滑动轴承零件的标准三视图时，在【标准视图输出】对话框的【选项】选项卡中将【投影对象】选项组中的【3D 尺寸】、【草图尺寸】和【特征尺寸】复选框全部选中，然后生成相应的视图，各视图中将自动生成各种可输出的尺寸，如图 12.77 所示。通常，自动生成的各种尺寸会显得比较凌乱，后期需要由用户加以适当调整。

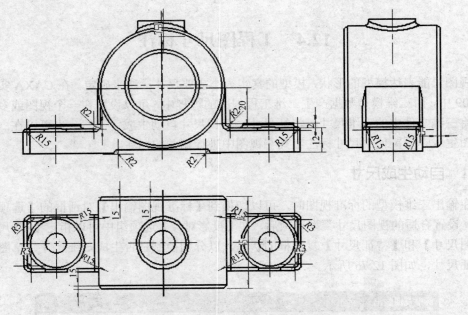

图 12.77 自动生成的各类可输出尺寸

12.4.2 标注尺寸

在工程图环境中，用户可以使用尺寸标注工具在视图中标注所需的尺寸。这些尺寸标注工具集中在功能区【标注】选项卡【标注】面板中的【尺寸标注】工具按钮的下拉菜单中，如图 12.78 所示。

最常用的尺寸标注工具是 ⊓ 【尺寸标注】按钮，使用该按钮，可以在视图中标注出各轮廓的尺寸，如图 12.79 所示。

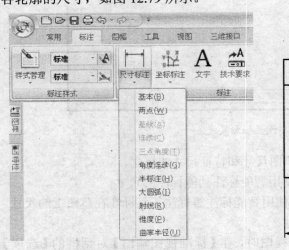

图 12.78 尺寸标注工具

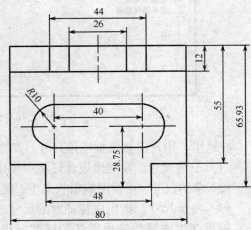

图 12.79 标注尺寸示例

标注的视图尺寸可以是测量尺寸，也可以是真实尺寸。这需要在输出/生成标准视图时在【标准视图输出】对话框的【选项】选项卡的【视图尺寸类型】选项组中设置。测量尺寸是使用现有的电子图版中的尺寸标注方法根据测量值和比例等因素标注的尺寸，

298

它与三维设计环境没有关联；而真实尺寸是在视图上标注出三维模型中测量出来的尺寸，是三维智能标注在二维视图上的一种显示。测量尺寸比较适合在正视图中标注，真实尺寸比较适合在轴测图中标注。

12.4.3　编辑尺寸

完成尺寸标注后，可以对尺寸放置位置、尺寸数值等进行编辑。

要编辑尺寸放置位置，可以先选择尺寸，按住鼠标左键拖动尺寸线位置夹点到合适位置释放即可。也可以选择尺寸后单击鼠标右键，从弹出的快捷菜单中选择【标注编辑】命令，此时可以通过拖动尺寸来修改尺寸的位置。

需要编辑尺寸值时，可先选择要编辑的尺寸，然后单击鼠标右键，并从弹出的快捷菜单中选择【标注编辑】命令，此时出现如图 12.80 所示的立即菜单。在该立即菜单中可以修改尺寸线位置、文字位置、箭头形状、添加尺寸前缀、添加尺寸后缀和尺寸数值等内容。

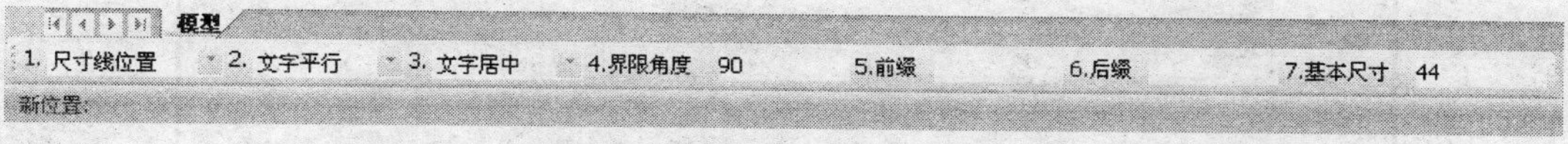

◄◄ ◄ ► ►►	模型					
1. 尺寸线位置	2. 文字平行	3. 文字居中	4. 界限角度 90	5. 前缀	6. 后缀	7. 基本尺寸 44
新位置:						

图 12.80　【标注编辑】立即菜单

此外，选择尺寸后，可以打开【特性】属性窗口，从中可查看和修改尺寸的图层、线型、线型比例、颜色、标注风格、标注字高、标注比例、文本替代、尺寸前缀、尺寸后缀、箭头是否反向等属性。

12.5　明细表与零件序号

对由装配体生成的装配图，需要设计其相应的明细表以及注写零件序号。

12.5.1　导入三维明细表

要在图纸环境中导入三维明细表，可在功能区的【三维接口】选项卡的【注释】面板中单击 ▦【导入 3D 明细】按钮，或者在菜单浏览器中选择【工具】→【视图管理】→【导入 3D 明细】命令，打开如图 12.81 所示的【导入 3D 明细】对话框。

在【选择源文件】选项组的【源文件】列表框中选择所需的源文件。如果源文件列表框中没有所需的源文件，可以单击【添加】按钮，打开如图 12.82 所示的【打开】对话框，利用该对话框选择要往二维图纸导入明细表的三维文件，然后单击【打开】按钮。

在【选择源文件】选项组的【源文件】列表框中选择要导入的源文件时，需要在【导入级别】下拉列表框中设置导入级别。可供选择的导入级别选项有【零件】、【第 1 级】等，通常选择【零件】作为导入级别，这样将输出所有零件。在【导入设置】框中显示了若干个属性名，每个属性名对应的【属性定义】框中均有一个下拉箭头，单击该下拉箭头打开一个下拉菜单，从中可选择该属性名对应三维环境中的项目。在【导入后处理】选项组中设置三维明细表导入后【填写明细表】、【清除隐藏标记】选项，如图 12.83 所示。

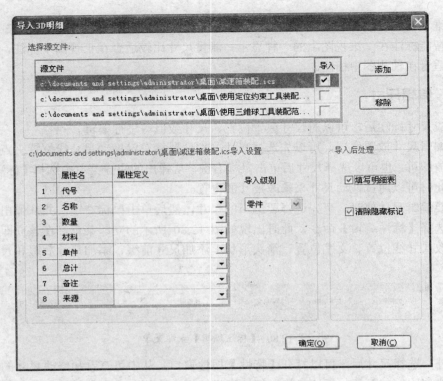

图 12.81 【导入 3D 明细】对话框

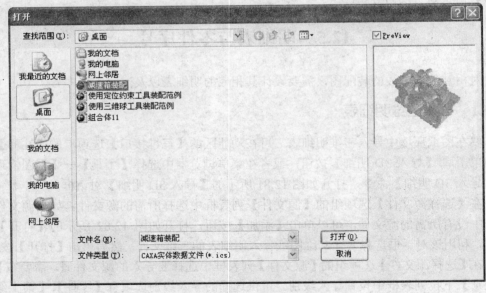

图 12.82 【打开】对话框

倘若在【导入后处理】选项组中选定了【填写明细表】复选框，单击【确定】按钮，则导入三维明细表，并弹出如图 12.84 所示的【填写明细表】对话框，从中可填写和修改明细表的内容。对装配体中结构相同的零件，可单击【合并（M）】按钮将其序号合并为一个。

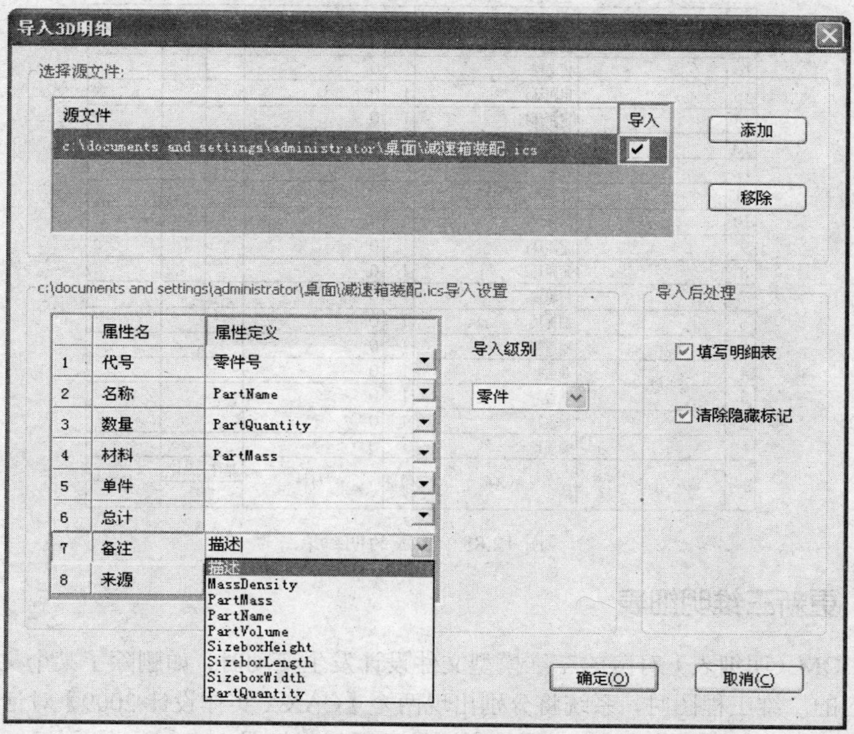

图 12.83 相关设置

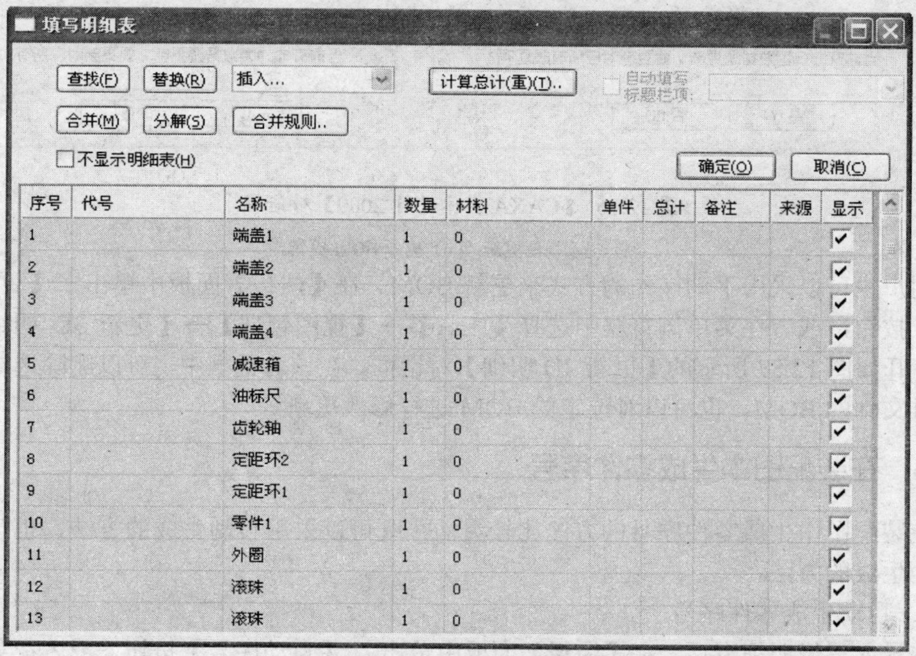

图 12.84 【填写明细表】对话框

在【填写明细表】对话框中完成相关填写内容后，单击【确定】按钮，则生成如图 12.85 所示的明细表。

18		定距环5	1	0			
17		直齿圆柱大齿轮	1	0			
16		传动轴	1	0			
15		定距环3	1	0			
14		定距环4	1	0			
13		平键	1	0			
12		滚珠	1	0			
11		外圈	1	0			
10		零件1	1	0			
9		定距环1	1	0			
8		定距环2	1	0			
7		齿轮轴	1	0			
6		油标尺	1	0			
5		减速箱	1	0			
4		端盖4	1	0			
3		端盖3	1	0			
2		端盖2	1	0			
1		端盖1	1	0			
序号	代号	名称	数量	材料	单件	总计	备注
						重量	

图 12.85　生成的明细表

12.5.2　更新三维明细表

当 BOM（明细表）对应的三维模型文件设计发生变动时，如删除了某个文件，则打开其对应的二维工程图时，系统将分别出现两个【CAXA 实体设计 2009】对话框来提示对应视图是否更新和对应 BOM（明细表）是否更新，如图 12.86 所示。

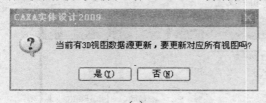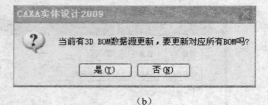

（a）　　　　　　　　　　　　　　　　　（b）

图 12.86　【CAXA 实体设计 2009】对话框

(a) 提示视图更新；(b) 提示 BOM 更新。

用户也可以采用手动操作的方式来更新 BOM。在【注释】面板中单击 【更新 3D 明细】按钮，或者在菜单浏览器中选择【工具】→【视图管理】→【更新 3D 明细】命令，打开如图 12.87 所示的【更新 3D 明细】对话框。在该对话框中，可以删除选定的某个三维文件的 BOM，也可以对选定的 BOM 进行修改更新等。

12.5.3　在装配图中生成零件序号

在装配图中生成零件序号的方法比较灵活，既可以采用自动生成的方法，也可以采用手动生成的方法。

1．自动生成零件序号

在导入三维明细表后，在【注释】面板中单击 【自动序号】按钮，或者在菜单浏览器中选择【工具】→【视图管理】→【自动序号】命令，在图纸环境窗口左下角即出现一个立即菜单，如图 12.88 所示，可以在该项下拉列表框中选择【周边排列】、【水平排列】和【垂直排列】来定义零件序号的排列方式。

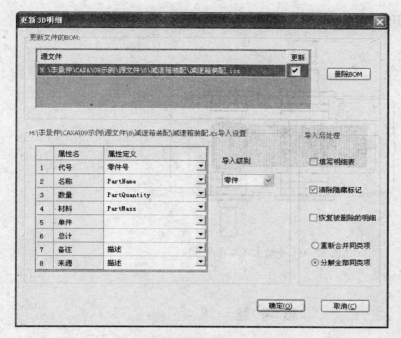

图 12.87 【更新 3D 明细】对话框

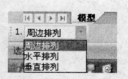

图 12.88 选择排列方式

设置好序号的排列方式后，选择一个由三维实体零件创建的视图，然后指定一个定义点，来定义序号放置位置，从而在所选视图上自动生成零件序号，如图 12.89 所示。

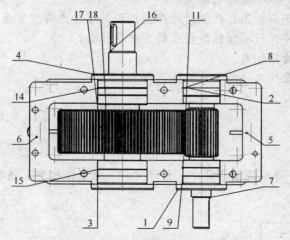

图 12.89 选择一个视图自动生成序号

注意：系统会根据设置的输出级别、遮挡关系、所选视图中已经标注过的序号来综合判断，给出所选视图上可以标注哪些序号及序号的引出位置。

2. 手动生成零件序号

在【注释】面板中单击①【手动序号】按钮，或者在菜单浏览器中选择【工具】→【视图管理】→【手动序号】命令，然后在出现的立即菜单的第一选项中选择【单折】或【多折】来定义引出线的样式。在这里选择【单折】选项，在状态栏的"引出点"提示下，在所需视图上单击，系统会根据单击位置自动选中该处的零件进行标注，然后指定指引线的转折点，完成该零件的序号标注，如图 12.90 所示。可以继续进行手动序号标注的操作。

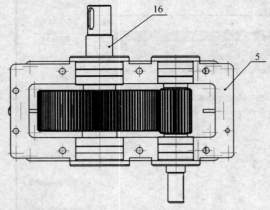

图 12.90　手动生成零件序号

思 考 题

1. 熟悉生成二维布局图的基本工具。
2. 简述如何生成标准视图，又如何生成投影视图。
3. 生成剖视图的基本过程有哪些？
4. 如何创建局部剖视图？在创建局部剖视图时要注意哪些方面？
5. 添加形位公差代号和粗糙度符号的方法是什么？
6. 如何导入三维明细表？
7. 为视图填加零件序号的基本方法是什么？

练 习 题

按照如图 12.91 所示的零件尺寸，先建立其三维实体模型，然后由三维实体模型生成二维工程图。

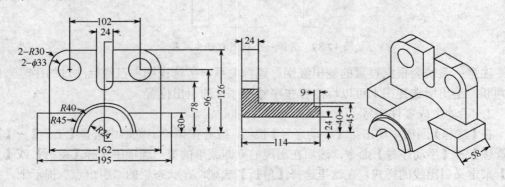

(a)

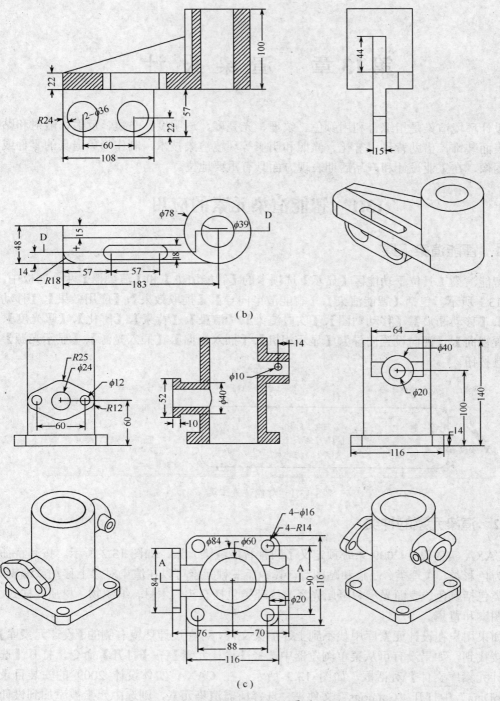

（b）

（c）

图 12.91　练习题零件图

第13章 渲染设计

设计环境渲染是指综合利用颜色、纹理、光亮度、透明度、凸痕、反射、散射和贴图等表面装饰，借助背景、雾化、光照和阴影等环境渲染技术，制作形象逼真的零件或产品图像，在工业设计和产品后期表现方面具有重要地位。

13.1 智能渲染元素的应用

13.1.1 智能渲染工具

智能渲染工具位于功能区【显示】选项卡的【智能渲染】和【渲染器】两个面板中，如图 13.1 所示。包括【智能渲染】、【智能渲染向导】、【提取效果】、【应用效果】、【移动纹理】、【移动凸痕】、【移动贴图】、【实时渲染】、【渲染】、【背景】、【雾化】、【曝光度】、【设置视向】、【视向设置向导】、【显示相机】、【插入视向】、【插入光源】、【显示光源】等工具按钮。

图 13.1 智能渲染工具

13.1.2 渲染元素的种类

CAXA 实体设计 2009 系统预定义了四种智能渲染元素，如图 13.2 所示。按其特征可分为色彩类、纹理类、凸痕和贴图等。其中后三种元素可以在渲染对象上移动或编辑。色彩类包括颜色、表面光泽和金属光泽。纹理类包括石头、木材、编织物、材质、样式、抽象图案和背景。

如果用户在设计元素库中找不到上述渲染文件，可在设计环境右侧的【设计元素库】中直接找到，如果没有可从菜单浏览器中选择【设计元素】→【打开】命令，打开【选择设计元素库文件】对话框，如图 13.3 所示。在 CAXA 实体设计 2009 的安装目录"AppData"中打开"Catalogs"文件夹，选择所需渲染元素，则选中元素被添加到设计元素库中，如图 13.4 所示。

13.1.3 渲染元素的使用方法

从设计元素库中选用渲染元素时，先选择渲染元素的属性表，如凸痕。然后在设计

图 13.2　智能渲染的几个设计元素库

图 13.3　【选择设计元素库文件】对话框

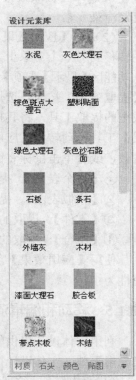

图 13.4　添加的渲染元素

307

元素浏览器中单击所需渲染元素的属性，并将其拖到渲染对象上，即可产生渲染效果。渲染元素被拖入设计窗口时，光标自动变成小刷子形状，示意将元素属性"刷"到渲染对象上。如果所选对象为零件或智能图素，则整个零件被渲染；如果对象为某一表面时，只有被选中的表面产生渲染效果。

列举如下几点智能渲染元素的拖放操作及其影响范围。

（1）如果在选择了装配件的情况下将智能渲染元素拖放至装配件，则系统会弹出一个对话框由用户设置渲染层次以对装配件不同的渲染对象产生影响。

（2）如果在零件状态或智能图素编辑状态下对着某个零件拖放智能渲染元素，则将影响该零件。

（3）如果在选中某个表面的状态下，将智能渲染元素拖放至表面，则渲染属性将影响该表面。

（4）如果要对设计环境背景应用智能渲染元素，只需将智能渲染元素拖入设计环境的空白处释放即可。

13.1.4　复制与转移渲染元素属性

利用实体设计系统提供的【提取效果】和【应用效果】两个工具，可以方便地从一个对象上复制渲染属性，再将其转移到另一个对象。

复制和转移渲染属性的工具包括以下两种。

（1）　【提取效果】工具。在已被渲染的对象上复制渲染元素。

（2）　【应用效果】工具。将提取的渲染元素属性转移到另一个对象上。复制与转移渲染元素时，先从功能区【显示】选项卡的【智能渲染】面板中单击　

图 13.5　鼠标右键快捷菜单

【提取效果】按钮，选用【提取效果】工具，光标变成空的提取工具，将其指向要复制的表面，单击鼠标左键提取渲染属性。此时【提取效果】工具自动转到【应用效果】工具。将其指向渲染对象，单击鼠标左键，复制的属性生效，或者单击鼠标右键，在弹出的快捷菜单上指定渲染对象，如图 13.5 所示。

① 【单个表面】。提取的渲染属性用于选取的表面。

② 【相似表面】。提取的渲染属性用于具有相同属性的表面。

③ 【零件】。提取的渲染属性用于选取的零件。

④ 【组合】。提取的渲染属性用于装配件的组成要素。

使用【应用效果】工具转移渲染属性后系统自动记忆已复制的属性，直到提取新的属性为止。

13.1.5　移动和编辑渲染图素

利用实体设计提供的移动工具，可以移动和编辑纹理、凸痕及贴图，但对色彩类渲染元素无效。实体设计提供的移动工具包括以下三种。

（1）　【移动纹理】。移到和编辑石头、木材、编织物、材质、样式、抽象图案和背景的图像。

（2）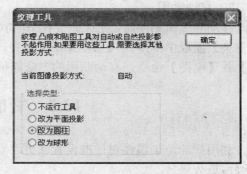【移动凸痕】。移动和编辑凸痕的图像。

（3）【移动贴图】。移动和编辑贴图的图像。

1．移动纹理

使用【移动纹理】工具移动和编辑纹理
的方法如下：

（1）选择带有纹理的渲染对象。

（2）在功能区【显示】选项卡的【智能
渲染】面板中单击【移动纹理】按钮，或
在菜单浏览器中选择【工具】→【智能渲染】
→【纹理】命令，在弹出如图13.6所示的【纹
理工具】对话框中，按提示选择图像投影方
式，单击【确定】按钮。

纹理工具

纹理、凸痕和贴图工具对自动或自然投影都
不起作用。如果要用这些工具，需要选择其他
投影方式。

当前图像投影方式：　　　自动

选择类型：
- ○ 不运行工具
- ○ 改为平面投影
- ● 改为圆柱
- ○ 改为球形

确定

图13.6　【纹理工具】对话框

（3）在渲染对象上出现一个带有红色方形手柄的白色半透明框体，如图13.7所示。
拖动位于边框上的手柄可以调整渲染图像的大小。

（4）鼠标右键单击设计窗口，在弹出的快捷菜单中可以指定以下选项。

①【图像投影】。按所选的投影方式（自动投影、平面投影、圆柱、球形和自然）生
成纹理图像。

②【区域长宽比】。设定纹理图像的长宽比，对于圆柱和球形投影方式来说，此选项
无效。

③【左右切换】。翻转纹理图像，即原始图像的镜像。

④【贴到整个零件】。根据当前图像的投影方式及方位，将纹理图像匹配到渲染对象，
纹理图像的大小相应改变。

⑤【选择图像文件】。输入或选择新的纹理图像文件名，将其应用于渲染对象。

⑥【设定】。按选定的投影方式，设置图像投影到零件表面的控制值。

⑦【重置】。撤销对纹理图像所做的全部修改。

利用三维球也可以移动纹理。单击【三维球】工具，三维球展现在半透明框体上，
拖动三维球的手柄可移动或旋转半透明框体，重新定位纹理图像，如图13.8所示。

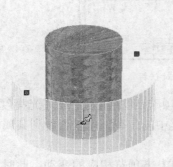

图13.7　编辑手柄

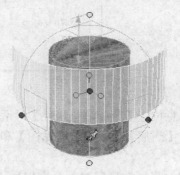

图13.8　利用三维球移动纹理

2．移动凸痕

移动或编辑凸痕时，先选择带有凸痕的渲染对象，再从功能区【显示】选项卡的【智

能渲染】面板中单击 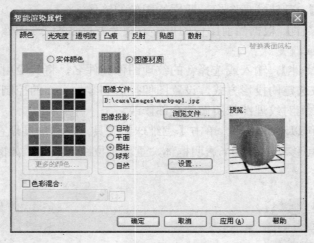【移动凸痕】按钮，或在菜单浏览器中选择【工具】→【智能渲染】→【凸痕】命令。移动凸痕的方法同移动纹理。

3．移动贴图

移动和编辑贴图时，先选择带有贴图渲染的对象，再从功能区【显示】选项卡的【智能渲染】面板中单击 ✛【移动贴图】按钮，或在菜单浏览器中选择【工具】→【智能渲染】→【贴图】命令。移动贴图的方法同移动纹理。

13.2　智能渲染属性

利用智能渲染属性对话框设置或更改零件的渲染元素及其属性，可优化外观设计，增强渲染效果。

13.2.1　智能渲染属性表

当处于零件或面编辑状态时，可以修改零件的智能渲染属性。这些属性用来优化零件的外观，使其更具真实感。

使用零件的智能渲染属性表的步骤是：

（1）在零件编辑状态下选择对象（零件或图素）。

（2）用鼠标右键单击零件或图素，然后从弹出的快捷菜单中选择【智能渲染】，系统弹出【智能渲染属性】对话框，如图 13.9 所示。

图 13.9　【智能渲染属性】对话框

注意位于【智能渲染属性】对话框顶部的七个选项卡，包括【颜色】、【光亮度】、【透明度】、【凸痕】、【反射】、【贴图】和【散射】，选择其中的一个，可以查看到其属性的可用选项。

（3）将属性指定给某个零件后，可以单击【应用】来预览相应的变动，此时属性表将处于打开状态，以备根据需要进行相应的调整。如果属性表对话框挡住了查看的零件，可将其从原方位上拖开。对零件的外观满意后，可以单击【确定】按钮来关闭【智能渲染属性】对话框。

310

13.2.2 颜色

无论是拖放颜色设计元素库中的颜色还是访问智能渲染向导，均可以轻松地将颜色应用到整个零件或单个表面上。

1．使用拖放方法将颜色应用到零件

（1）在零件编辑状态下选择图素或零件。

（2）选择【颜色】设计元素库的选项，以便显示相关内容。

（3）单击并拖动【颜色】设计元素库中的某种颜色，然后将其拖入设计环境中的图素或零件上。拖放方法适用于将颜色应用到整个零件上。如果要将颜色应用到零件的单个表面上，应使用【智能渲染向导】。

2．使用【智能渲染向导】将颜色应用到零件某个面上

（1）在零件编辑状态下选择所需的表面。

（2）在功能区【显示】选项卡的【智能渲染】面板中单击 ✖【智能渲染向导】按钮，打开【智能渲染向导-第 1 页/共 6 页】对话框。向导的第 1 页提供了颜色和纹理选项。

（3）选择颜色，可以查看颜色调色板和自定义颜色控件。

（4）选择自定义颜色，可以显示自定义颜色控件。

（5）使用下列方法之一可以生成自定义颜色。

① 使用调色板。从图 13.10 左侧的颜色调色板中或者从右侧的颜色矩阵中选取一种近似颜色。使用颜色矩阵右侧的亮度滑块，可以选择所需的光亮度。

② 输入 RGB 值。如果知道所需颜色的红色、绿色和蓝色要素的对应值，可在相应输入框中输入这些值（图 13.10 中的 A 处）。数值的取值范围为 0～255 之间。

③ 输入 HSL 值。如果知道所需颜色的色调、饱和度和亮度要素的对应值，可在相应输入框中输入这些值（图 13.10 中的 B 处）。数值的取值范围位于 0 到系统决定的最大值之间。

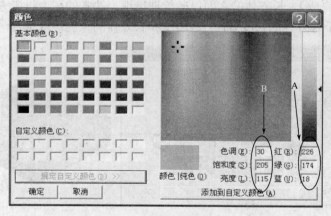

图 13.10 【颜色】自定义对话框

（6）选择添加的自定义颜色来显示新的颜色。

（7）单击【确定】，返回到【智能渲染向导】的第 1 页。此时自定义的颜色将显示在实体颜色选项旁边的空白处和预览窗口中的某个范围内。

（8）单击【完成】，将颜色应用到选中图素或面上。当然也可以根据要求，以相同的方法将颜色应用到整个零件上。

13.2.3　材质

在 CAXA 实体设计 2009 中应用材质或纹理也同样容易。【材质】设计元素库中包括了诸如金属、云雾和石头等材质，能够创建更真实的零件或具有想象力的抽象物体。

1．使用拖放方法使长方体应用大理石材质

（1）在零件编辑状态下选择长方体。

（2）显示【材质】设计元素库的内容。

（3）使用滚动条来移动设计元素项，最终定位于【漆面大理石】处。

（4）单击并拖动设计元素库内的【漆面大理石】材质，然后将其放到长方体上。此时长方体材质全部变化，如图 13.11 所示。

图 13.11　对长方体应用【漆面大理石】材质

2．使用【智能渲染向导】将【漆面大理石】材质转换成砖状纹理

（1）在零件编辑状态下，选择长方体。

（2）在功能区【显示】选项卡的【智能渲染】面板中单击 ✕【智能渲染向导】按钮，打开【智能渲染向导-第 1 页/共 6 页】对话框。

（3）在第 1 页的框内选择砌砖纹理。

（4）单击【完成】。长方体的六面以砖纹理出现。缺省的图像投影方法是，砖纹理长度方向自动平行于长方体的长度方向，砖边缘和长方体的长度边缘重合，如图 13.12 所示。

图 13.12　对长方体实体应用砖纹理

3．使用移动纹理工具编辑材质

虽然应用到长方体上的砖纹理图像有缺省的方向和大小，但仍可以使用智能渲染工具条的 🖿【移动纹理】工具修改这些属性。【移动纹理】工具仅适用于平面、圆柱与球形图像投影方法。

使用【移动纹理】工具来编辑纹理的大小和方位步骤如下：

（1）在零件编辑状态下选择砖纹长方体。

（2）在功能区【显示】选项卡的【智能渲染】面板中单击 【移动纹理】按钮，或在菜单浏览器中选择【工具】→【智能渲染】→【纹理】命令，此时将出现【纹理工具】对话框，并提示将自动的图像投影方法改成其他方法，按提示选择图像投影方式，单击【确定】按钮。

（3）选择【改为平面投影】，然后单击【确定】。此时将出现带有红色方形手柄的半透明框，其中的手柄表示幻灯投影屏幕的方位，框中其余项表示投影方向。纹理的棋盘图标会出现在光标旁边。

（4）要减小纹理图像的大小，应将光标移动到方形手柄的一角，然后单击并拖动此手柄，以便使投影机屏幕变得更小。在释放手柄后，纹理图像将以较小的尺寸重新生成。试着将图像移到手柄的边角和中间处，查看其效果。当对图像感到满意时，继续下一步，开始重新定位纹理。

（5）选择【三维球】工具，或者按 F10 键进行相应选择。此时三维球出现在透明框上。可以使用三维球对纹理图像进行重新定位。

（6）要旋转三维球，应在三维球的周边上移动光标，直到其周边变成黄色并且光标变成圆箭头为止。

（7）在三维球的周边单击并拖动，直到此框与砖纹长方体呈倾斜状为止。当释放光标时，长方体上的纹理将在新方位上重新生成。

（8）取消选择【三维球】工具。

（9）取消选择【移动纹理】工具。最后获得的砖纹比例和排列方向都发生变化，如图 13.13 所示。

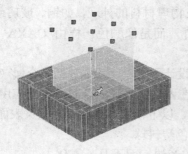 

图 13.13　用【移动纹理】工具编辑砖纹

4．使用智能渲染属性表应用纹理

还可以使用智能渲染属性表来指定纹理。以下说明如何用一个新纹理来替换旧纹理。

（1）在零件编辑状态下用鼠标右键单击此长方体，从弹出的快捷菜单中选择【智能渲染】命令，此时将出现【智能渲染属性】对话框，【图像文件】文本框中显示的是前一个操作所选用的砖质纹理图像文件。

（2）单击【浏览文件】，打开需要的图像文件夹，然后找到一个图像文件。

（3）单击【应用】，可以在不退出【智能渲染属性】的情况下预览相关结果。

5．使用智能渲染属性表更改纹理的比例

与颜色一样，长方体的智能渲染属性表还能够更加精确地定义纹理图像的外观。例如，某个纹理图像应用到一个对象上后，可能并不具有真实感。要对这一结果进行改进，可以改变某些纹理属性，其中包括比例缩放和定位。

以下示范放大长方体上砖纹理的方法。用智能渲染属性表放大长方体上的砖纹理图像步骤如下：

（1）在智能渲染【颜色】选项卡中，选择【自动】图像投影。

（2）选择【设置】，可以查看自动投影的相关设置。

（3）将【高度】或【宽度】的当前值增加 2 倍，缺省设置下【长宽比】复选框处于选中状态，如图 13.4 所示。

（4）单击【确定】按钮，则可应用新的投影设置。结果如图 13.15 所示。

图 13.14　【自动投影】对话框

图 13.15　对长方体砖纹理投影
图像改变比例的效果

13.2.4　表面光泽

在图素或零件上渲染表面光泽时，可以生成物理材料的外观，如铜、玻璃或塑料等。表面光泽不像纹理那样需要单独的图形图像文件，而是像颜色一样由 CAXA 实体设计 2009 直接在零件表面上生成。

CAXA 实体设计 2009 有一个【表面光泽】设计元素库，其中包括非金属（橡胶、玻璃和陶瓷)和金属（铜、银和金等)等表面光泽。在做表面光泽渲染时，将其应用到曲面上的效果要比应用到平面上的效果明显得多。因此，以下使用球形图素来渲染表面光泽。

1．向球形图素拖放表面光泽来生成一个橙色塑料球

（1）将球形图素拖放到设计环境中长方体的旁边，而不是长方体上。

（2）显示【表面光泽】设计元素库的内容。

（3）单击并拖动设计元素库中的【橙色塑料】表面光泽，然后将其放到球上。

与颜色和纹理一样，表面光泽在智能渲染属性中也有一个选项属性表。这些选项对光亮、反射和其他影响零件外观的因素提供了精确的控制。

2．利用【智能渲染属性】的【光亮度】选项卡来编辑反光性能

反光设置决定表面或零件的反光方式。

（1）【预定义光亮度】。如果这 12 个表面光泽选项中的某一个符合要求，则单击此框。这些预定义的反光光亮度具有逼真的效果，而且无须试用。每种选项都产生一组独特的设置组合，如扩散强度、高亮强度、高亮分布和周围强度等。还可以使用四个滑块控件手动地调整这些设置。

314

（2）【漫反射强度】。使用该滑块控件可以调整对象反射光的强度。还可以在滑块旁边输入 0～100 之间的值。

（3）【光亮强度】。拖动此滑块或输入 0～100 间的数值，可以改变对象上光亮区的强度。

（4）【光亮传播】。拖动此滑块或输入 0～100 之间的值使光亮区更大或更小。

（5）【环境光强度】。拖动滑块或输入 0～100 之间的值可以控制零件周围的照明度。使用此选项即使没有任何光源照射在表面上，也可以在表面上附加一些基本色。周围强度值受设计环境四周光的强度的影响，可以在渲染属性表上对这种强度进行设置。

（6）【金属感增强】。可以生成具有金属感的光泽。

图 13.16 对比了两种光亮度设置的渲染效果，左边球的【漫反射强度】和【光亮强度】较低。

图 13.16　两种不同光亮度设置的渲染效果

例如，需要给一个橙色塑料材质的球面产生反光效果，可以参照以下步骤：

（1）在零件编辑状态选择此球。

（2）用鼠标右键单击此球，从弹出的快捷菜单中选择【智能渲染】命令，系统弹出【智能渲染属性】对话框。

（3）选择【智能渲染属性】对话框中的【光亮度】选项卡。

（4）使用反光属性来编辑橙色塑料球的外观。见图 13.17 四个控制增强亮度的滑块。

（5）当预览窗口中显示出满意的反光时，单击【确定】按钮。

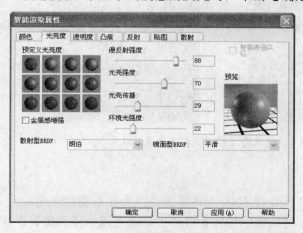 

图 13.17　添加具有橙色反光光泽的球

315

13.2.5　透明度

使用透明度属性来生成能够看穿的对象。如在生成仪器面板的窗口时，必须使用透明度。

1．使设计环境中的长方体变成半透明状

（1）在零件编辑状态选择长方体。

（2）在功能区【显示】选项卡的【智能渲染】面板中单击 【智能渲染向导】按钮，打开【智能渲染向导-第1页/共6页】对话框。

（3）移动到向导的第2页上。

（4）在【表面透明形式】选项组中选择左边的第三个透明选项，然后单击【完成】按钮。

可以使用显示工具来调整视角，以便透过透明长方体查看球。其结果如图13.18所示。

2．使用【智能渲染属性】的【透明度】选项卡进一步控制透明度

图13.18　通过半透明的长方体看到球

使用透明度选项卡可以生成玻璃窗口、透镜、水和其他透明或半透明物体。

（1）【预定义的透明度】。如果这四个透明度选项符合要求，单击此框。每个选项都将改变透明度滑块的设置。

（2）【透明度】。使用此滑块控件可以使对象更加透明或更加不透明。可拖动此滑块或在此字段中输入0～100之间的值。

（3）【向零件边修改透明性】。如果要让零件边缘的透明度不同于零件中心的透明度，选择此框。

（4）【折射指数】。如果要使透过透明物体的光折射，可用此项控制。拖动滑块或者在此字段中输入1～2.5之间的值可以调整光线的弯曲度。

（5）【色彩混合】。用于控制材料的外观，选择后可以在此定义色彩混合。

如图13.19所示的右边球体模拟出边缘比球心更透明，所以此玻璃球更逼真。

图13.19　玻璃球的【透明度】选项设置效果

13.2.6　凸痕

为了体现真实感，CAXA实体设计2009允许添加凸痕来显示粗糙表面。

可以使用【智能渲染向导】将凸痕添加到长方体上，也可以从【凸痕】设计元素库中将其拖出来，或者使用特定的凸痕属性表来完成这类操作。添加凸痕前要将设计环境

316

背景渲染设置成显示凸痕，然后再将凸痕图像添加到设计环境中的长方体上。凸痕能使原有的纹理更具真实感。

1．在水泥纹理的长方体上显示并添加凸痕

（1）用鼠标右键单击设计环境中的空白区，在弹出菜单中选择【渲染】。

（2）选择渲染属性表中的【真实渲染】选项。必须选择【真实渲染】才能显示长方体上的凸痕。

（3）单击【确定】，返回设计环境。

（4）在功能区【显示】选项卡的【智能渲染】面板中单击 ✖【智能渲染向导】按钮，打开【智能渲染向导-第1页/共6页】对话框。

（5）移动到此向导的第3页。

（6）选择凸痕类型，然后使用凸痕高度滑块来选择所需的凸痕高度。

（7）单击【完成】按钮，关闭此向导，此时设计环境中的长方体水泥块表面出现凸痕，如图13.20所示。

注意：可能要等待数秒钟，才能见到零件显示的逼真渲染效果。要避免长时等待，请重复上面的步骤(1)和步骤(2)，然后选择渲染属性表中的【允许简化】选项。

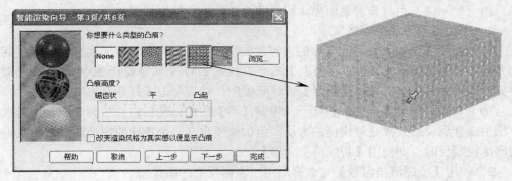

图13.20 带有凸痕表面的水泥块

2．使用 ▨【移动凸痕】工具

可以使用【移动凸痕】工具来修改凸痕。在功能区【显示】选项卡的【智能渲染】面板中单击 ▨【移动凸痕】按钮，或在菜单浏览器中选择【工具】→【智能渲染】→【凸痕】命令，此时将出现【凸痕工具】对话框，并提示将自动的图像投影方法改成其他方法，按提示选择图像投影方式，单击【确定】按钮。该工具与本章先前所述的【移动纹理】工具的作用基本一样。

3．凸痕选项卡

使用【智能渲染属性】对话框中的【凸痕】选项卡上的选项可以在零件或零件的单一表面上生成凸痕状外观。

（1）【没有凸痕】。选择此选项，则得到平整的表面。

（2）【用颜色材质做凸痕】。选择此选项，则从对象表面上的图像中生成凸痕。CAXA实体设计2009根据特定像素的亮度来升高或降低像素，从而生成凸痕。可以使用凸痕高度控件来控制哪些像素升高或降低，以及它们与表面之间的距离。

（3）【用图像做凸痕】。选择此选项，则从对象所在图像以外的图像中生成凸痕。此图像起到凸痕模板的作用，但不出现在对象上。可以使用以下一种方法来选择图像：

①【图像文件】。输入图像文件的名称。

②【浏览文件】。选择凸痕所用的图像文件。选择此选项，将显示选择图像文件对话框。

③【凸痕高度】。调整对象表面上凸痕的视觉高度。拖动滑块或在此字段上输入-100～100 之间的值，然后观察预览窗口中的结果。负值将降低特定图像像素的高度；正值将增加高度。

（4）【设置】。单击此按钮可以控制图像的布局和方位。CAXA 实体设计 2009 将显示对话框，以便设置适用于选取的图像投影方法的选项。

13.2.7 反射

在 CAXA 实体设计 2009 中，对象表面可以反射两种图像。

图形文件中的图像：使用智能渲染向导来实现，但不能在设计环境中见到此图像。设计环境中的其他对象：使用三维背景属性和规定渲染属性表上的【光线跟踪】选项来实现。

可以使用任何所需图像来产生反射。下面有两个示例都使用了上一个示例中的球图素。第一个示例产生与先前表面光泽相同的金属效果，但更加逼真。

1. 使用拖放方法生成铬质球

（1）显示【金属】设计元素库的内容。如果没有【金属】设计元素标签，则在菜单浏览器中选择【设计元素】→【打开】命令，找到 CAXA 实体设计 2009 的设计元素文件夹，双击此文件夹。选择【金属】设计元素库，然后单击【打开】按钮。

（2）单击并拖动【金属】设计元素中的【铬】图像，然后将其放到球上。使用拖放方法生成金属反射效果是最快捷的方法，但如果要定义一个特殊的图形图像文件或更加精确地控制反射，则使用【智能渲染向导】。

2. 使用【智能渲染向导】来选择适用于表面反射的图像

（1）在零件编辑状态下选择此球。

（2）在功能区【显示】选项卡的【智能渲染】面板中单击 ✕【智能渲染向导】按钮，打开【智能渲染向导-第 1 页/共 6 页】对话框。

（3）移动到此向导的第 4 页上。

（4）选择一个要显示的图像(云彩)，然后单击【完成】按钮。此时铬质球面将反射选定的图像（云彩），如图 13.21 所示。

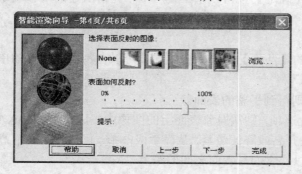

图 13.21　给铬质球表面应用云彩

3．应用【智能渲染属性】的【反射】选项卡使球反射天空中的云彩

使用反射选项卡可以模拟零件或表面上的反射。

使用【反射】选项卡来生成反射天空中云彩的方法如下：

（1）在零件编辑状态下选择此球。

（2）用鼠标右键单击此球，然后从弹出的快捷菜单中选择【智能渲染】，打开【智能渲染属性】对话框。

（3）选择【反射】选项卡，可显示其属性表。

（4）单击【浏览文件】按钮，此时将出现选择图像文件对话框。

（5）打开图像文件夹。此文件夹中将包括设计背景信息和其他有用的背景图像（如果系统中已装载了这些图像。如果它们未出现在图像文件夹中，可以从 CAXA 实体设计 2009 的安装 CD-ROM 中访问它们），双击图像文件列表中的 clouds.jpg，预览窗口中将出现球上反射出来的带有云彩的天空图像，如图 13.22 所示。

（6）选中【水平镜向图像】复选框，然后单击【确定】，返回到设计环境。

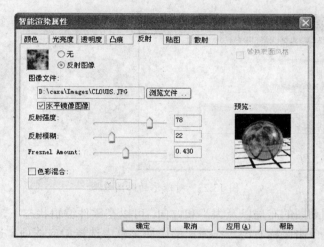

图 13.22　选择反射图象

13.2.8　贴图

贴图与本章先前介绍的表面纹理相似。与纹理一样，贴图是由图形文件中的图像生成的，但是它与纹理的不同之处在于贴图图像不能够在零件表面上覆盖。当应用贴图时，此图像的一个副本将显示在规定表面上。如可以使用贴图将公司的徽标放在产品上。

控件图标贴图位于【贴图】设计元素库中。可以使用拖放的方法或者【智能渲染向导】来应用这些贴图。除了一点不同之外，这两种方法都产生相同的结果——当使用【智能渲染】贴图时，零件表面保留原颜色；当将贴图从【贴图】设计元素库中拖出并将其放到零件表面上时，零件的表面颜色将变为贴图的背景色。

1．将"枫叶国旗"贴图添加到球体上及对贴图进行重新定位

（1）在零件编辑状态下选择此球。

（2）在功能区【显示】选项卡的【智能渲染】面板中单击 ✕【智能渲染向导】按钮，

打开【智能渲染向导-第1页/共6页】对话框。

（3）移动到此向导的第5页上，选择"枫叶国旗"flagcan.jpg贴图。

（4）在此向导的第6页上，选择【贴图】和【平面投影】选项，如图13.23所示，作为映射贴图的方法。

（5）单击【完成】，关闭此向导。此时"枫叶国旗"贴图出现在球体上。

（6）在功能区【显示】选项卡的【智能渲染】面板中单击 ✥【移动贴图】按钮，或在菜单浏览器中选择【工具】→【智能渲染】→【贴图】命令，此时会出现一个带有红色方形手柄的半透明框，表示幻灯机屏幕的位置。

（7）从快速启动工具栏中选择【三维球】，或者按F10键，此时【三维球】将出现在半透明框上。

（8）使用三维球将贴图移到零件的新位置上。

（9）取消从快速启动工具栏中选择的三维球工具，或者按F10键。

（10）取消选择【移动贴图】工具，最后结果如图13.23所示。

图13.23　对球体的贴图效果

要进一步控制贴图的布局以及大小和方向，可以在零件编辑状态下，单击【移动贴图】工具，再在设计区单击鼠标右键，在弹出的快捷菜单中选择相应选项，进行调整设置。

2．使用【贴图】选项卡来编辑修改贴图的透明度

使用【贴图】选项卡可以编辑零件或零件的单一表面上放置贴图的图像属性。

（1）【无贴图】。选择此选项，则在对象的表面上不出现任何贴图。

（2）【选择图像贴图】。选择此选项，则图像以贴图的形式出现在对象上。

①【图像文件】。输入图像文件的名称。

②【浏览文件】。要定位并选择用做贴图的图像文件，则单击此按钮，CAXA实体设计2009将显示选择图像文件对话框。

使用透明度选项，可以生成有关贴图或者应用了贴图的零件表面的透明效果。

（3）【透明度】。用以选取一个透明效果。选择【无】以便"按原样"应用贴图。如果要想贴图本身出现在表面上，则选择【穿透】。在【什么是透明的】选项中可定义零件上不可见部分。

13.2.9　散射

使用散射可以使零件或表面发光并投射光线。要访问此属性表，可在相应的编辑状

态下用鼠标右键单击零件或表面，从弹出的快捷菜单中选择【智能渲染】，然后选择【散射】选项卡，就可以显示其属性表。

使用该属性表可以生成由零件或零件的单个表面发光的图像。

拖动【散射度】右侧滑块可以调整散射光的强度，还可以输入 0～100 之间的数值。该值越大，散射的光越强。如为 0 时，表面不发光但反射光。为 100 时，表面的散射显得很亮。

注意：设置散射并不能将表面变成光源，只是影响表面上的阴影。

13.2.10　图像的投影方法

在选择了一种将图像投影到零件或零件的单一表面上的方法后，必须使用图像投影选项。利用鼠标右键快捷菜单，可以设置不同的图像投影类型，如图 13.24 所示。这些选项可用于纹理、凸痕和贴图。将二维图像投影到不同形状的实体表面上会引起各种不同的变形，如何变形由下列几种投影方式决定。

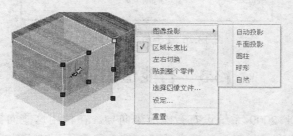

图 13.24　利用鼠标右键快捷菜单设置图像投影类型

（1）【自动投影】。如同先将图像展开到一个包围零件的透明长方体的每个面上，然后映射到零件表面上。

（2）【平面投影】。如同先将图像展开到一个透明平面上，然后映射到零件表面上。

（3）【圆柱】。如同先将图像展开到包围零件的透明圆柱面上，然后映射到零件上。

（4）【球形】。如同先将图像展开到包围零件的透明球面上，然后将其映射到零件上。

（5）【自然】。沿空间曲面的轮廓方向展开图像，根据零件形状自动映射成三维实体各个表面的实际图像。常用这种方法来应用纹理和贴图。如图 13.25 所示是对长方体表面进行花卉图像的投影。如果采用了不同的投影方式则将获得不同的图像显示效果。由于长方体表面为平面，所以采用【柱面】或【球形】投影都会产生图像显示的变形。

| (a) | (b) | (c) | (d) |

图 13.25　对长方体表面应用不同投影方法的结果对比

（a）【平面投影】；（b）【圆柱】；（c）【球形】；（d）【自然】。

当选择了图像投影类型后，单击鼠标右键快捷菜单的【设定】命令，系统弹出相应投影类型设置的对话框，可以利用该对话框对其中的选项、参数等进行重新设置，如图13.26 所示的【平面投影】对话框。

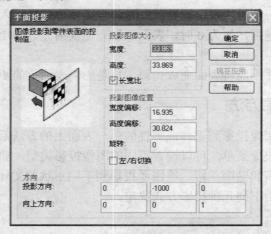

图 13.26 【平面投影】对话框

13.3　智能渲染向导

CAXA 实体设计 2009 系统设有智能渲染向导。在使用这些向导设计时，先选择渲染对象，然后在功能区【显示】选项卡的【智能渲染】面板中单击 ✕【智能渲染向导】按钮，来调用渲染向导。依次按向导提示，选择渲染元素或修改渲染属性。各向导页的设置功能如下：

第 1 页为颜色和纹理设置向导。单击【颜色】，在【颜色】对话框中选用基本颜色或自定义颜色，或者选择一个预定义的图像作为纹理，也可以利用【浏览】选用其他图像文件，如图 13.27 所示。

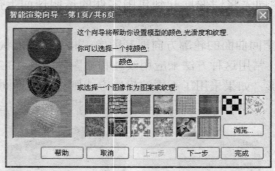

图 13.27　颜色和纹理设置向导

第 2 页为表面光泽及透明形式设置向导。按预定义的 12 种模式设置表面光泽，按预定义的四种模式选定透明度，如图 13.28 所示。

第 3 页为凸痕设置向导。选择预定义的图像或利用【浏览】选用其他图像文件，并可拖动滑块，调整凸痕高度，如图 13.29 所示。

322

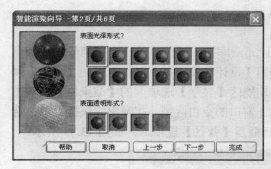

图 13.28　表面光泽及透明形式设置向导

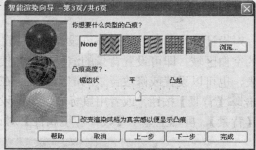

图 13.29　凸痕设置向导

第 4 页为表面反射的图像设置向导。选择预定义表面反射的图像或利用【浏览】选用其他图像文件，并可拖动滑块调整反射值，如图 13.30 所示。

第 5 页为贴图设置向导。选择预定义的图像作为贴图或利用【浏览】选用其他图像文件，如图 13.31 所示。

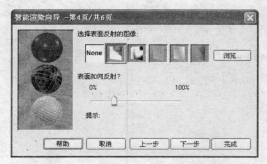

图 13.30　表面反射的图像设置向导

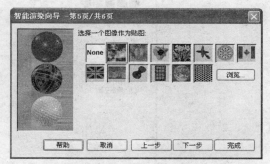

图 13.31　贴图设置向导

第 6 页为纹理、凸痕、贴图的图像投影方式、尺寸或拷贝数量的设置向导。按此向导可设置的投影方式包括自动、平面投影、包裹圆柱、包裹球和指定表面，如图 13.32 所示。

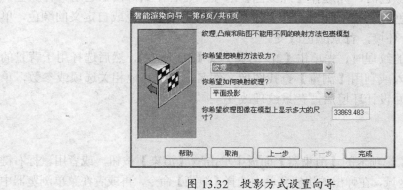

图 13.32　投影方式设置向导

13.4　设计环境渲染

设计环境渲染是指综合利用背景设置、雾化效果和曝光设置渲染零件或产品的周围环境，使图像在此环境的衬托下更加形象逼真。

13.4.1 背景

对设计环境的背景进行渲染设计时，将设计元素库中的颜色或纹理直接拖放到设计窗口的空白区域，即可设置背景的渲染属性。使用【设计环境属性】对话框中的【背景】属性表，也可以设置或修改背景的渲染属性。在功能区【显示】选项卡的【渲染器】面板中单击 【背景】按钮，或者用鼠标右键单击设计窗口的空白区域，在弹出的快捷菜单中选择【背景】，屏幕上显示【设计环境属性】对话框及【背景】选项卡，如图 13.33 所示。

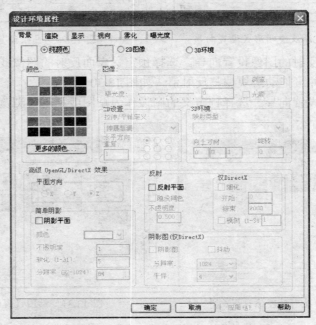

图 13.33 【背景】选项卡

设置或修改背景颜色时，先选择【纯颜色】选项，然后在颜料板上选用一种颜色，或者单击【更多的颜色】，在弹出的【颜色】对话框中选用基本颜色或自定义的颜色，单击【确定】。返回设计环境，背景颜色改变。

设置或修改背景的纹理时，先单击【2D 图像】或【3D 环境】，然后选择用于背景的图像，在文本框中键入或利用【浏览】查找图像文件名，设置其他相关选项或参数，单击【确定】按钮，返回设计环境后，背景纹理改变。

13.4.2 渲染

在功能区【显示】选项卡的【渲染器】面板中单击 【渲染】按钮，或者用鼠标右键单击设计窗口的空白区域，在弹出的快捷菜单中选择【渲染】命令，再或者在菜单浏览器中选择【设置】→【渲染】命令，系统弹出【设计环境属性】对话框及【渲染】选项卡，如图 13.34 所示。在【渲染】属性表中，设置所需选项，单击【确定】按钮，返回设计环境。

渲染风格的清单，按图像质量由低向高排列，显示在【设计环境属性】的【渲染】选项卡的左侧。清单越往下，其风格选项所提供的图像质量就越好，而所要求的渲染时间也就越长。

图 13.34 【渲染】选项卡

在零件的结构建模阶段，推荐选择较为简单的渲染方法来节省时间。在完成零件结构设计，进入表面装饰时，可以转入质量较高的渲染，以获得更为逼真的外观。将这些选项与现有的 OpenGL 渲染技术结合使用，可以在零件设计任务的每一个阶段，都取得最为适宜的渲染效果。

（1）【线框】。选择这个选项，将一个零件显示为一个由网状几何图形组成的线骨架图结构，具有一个中空的形态，以线条组成的格子代表其表面。线框骨架图渲染不显示表面元素，如颜色或纹理。

（2）【多面体渲染】。选择这个选项，显示由所谓小平面组成的零件的实心近似值。每个小平面都是一个四边的二维图素，由更小的三角形表面沿零件的表面创建，每个小平面都显示一种单一的颜色。多个小平面越来越浅或越来越深的阴影，可以给零件添加深度。

（3）【光滑渲染】。选择这个选项，可以将零件显示为具有平滑和连续阴影处理表面的实心体。光滑渲染处理比小多面体渲染处理更加逼真，而后者则比线骨架图逼真。

如果选择光滑渲染处理作为渲染的风格，则可以将【显示材质】选中，显示应用于零件的表面纹理。为了使这个选项对零件有效，必须至少有一种纹理应用于它的表面。

（4）【真实感渲染】。选择这个渲染风格，可以使用 CAXA 实体设计 2009 最先进的技术来显示零件，并产生最为逼真的效果。

使用这个选项，沿表面的阴影处理是连续的、细腻的。表面凸痕和真实的反射都会出现，而光照也更为准确，尤其是对光谱强光来说。当使用复杂的表面装饰和纹理来制作一个复杂的零件时，建议等到完工时再选择【真实感渲染】。

下面的三个选项只有在选择了【真实感渲染】处理时才可以使用。

①【阴影】。光线对准物体时，物体投下阴影。

②【光线跟踪】。CAXA 实体设计 2009 通过反复追踪来自设计环境光源的光束，来提高渲染的质量。光线跟踪可以增强零件上的反射和折射光。

③【反走样】。这种高质量的渲染方法，可以使显示的零件带有光滑和明确的边缘。CAXA 实体设计 2009 通过沿零件的边缘内插中间色像素，来提高分辨率。选择这个选项还可以启用真实的透明度和柔和的阴影。

（5）【显示零件边界】。选择这个选项可以显示零件表面边缘上的线条。这一选项帮助更好地观看边缘和表面，它在默认状态下是启用的。

（6）【环境光层次】。环境光是为整个三维设计环境提供照明的背景光。环境光可以改变阴影、强光和与设计环境有关的其他特征。环境光并不集中于某个具体的方向。

拖动滑动杆上的标记，可以对环境光水平进行调整。要提高水平，将标记向右侧拖动，可以使前景物体更加明亮。

（7）【智能渲染】。选中【允许简化】后，可以修改高级 OpenGL/Direct3D 简化极限的像素值。

13.4.3　雾化

利用 CAXA 实体设计 2009 提供的雾化渲染技术，可在设计环境中生成云雾朦胧的景象。添加雾化效果时，在功能区【显示】选项卡的【渲染器】面板中单击▧【雾化】按钮，或者用鼠标右键单击设计窗口的空白区域，在弹出的快捷菜单中选择【雾化效果】命令，再或者在菜单浏览器中选择【设置】→【雾化】命令，系统弹出【设计环境属性】对话框及【雾化】选项卡，如图 13.35 所示。在【雾化】选项卡中，选择所需的雾化效果，并设定有关参数。单击【确定】按钮，返回设计环境。

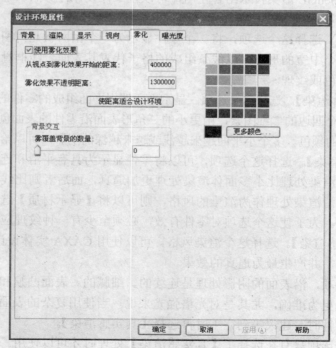

图 13.35　【雾化】选项卡

326

注意：在设计环境中添加雾化时，必须在【渲染】选项卡中选择【真实感渲染】及其相关选项。

设置雾化的选项如下：

（1）【使用雾化效果】。在设计环境中添加雾化效果。

（2）【从视点到雾化效果开始的距离】。在文本框中键入数字，此数表示从视点到雾化开始点的距离。如果视向的距离小于此值，不会产生雾化效果。

（3）【雾化效果不透明距离】。在文本框中键入数字，此数表示从视点到渲染对象完全被雾遮盖的距离。

（4）【使距离适合设计环境】。此选项可自动设置从视点到雾化效果开始的距离、雾化效果不透明距离，确定有效的雾化区域。

（5）【雾覆盖背景的数量】。拖动滑块或在文本框中键入 0～100 之间的数，设定雾覆盖背景的程度。输入值为 0 时，背景十分清楚；输入值为 100 时，雾完会遮盖背景。

（6）【颜色】。默认的雾化效果呈灰色。制作彩雾时，可在颜料板上选择一种色彩，或者单击【更多颜色】，在【颜色】属性表中选择一种基本颜色或自定义颜色。

13.4.4 视向

利用 CAXA 实体设计 2009 提供的视向向导和视向属性，可以设置和调整镜头的方位，从不同的角度观看渲染对象。

1．插入和显示视向

插入视向时，在功能区【显示】选项卡的【渲染器】面板中单击 【插入视向】按钮，光标变成照相机图标，在设计窗口单击放置照相机的地方，弹出【视向向导】对话框的首页(共 2 页)，如图 13.36 所示。选择视向方向，并在【视点距离】的文本框中键入指定距离，单击【下一步】，在第 2 页向导上确定【是否应用透视】和【是否应用此视向】，如图 13.37 所示。单击【确定】后，屏幕上出现表示视向的照相机及表示视点的红色方形手柄。

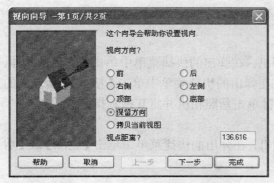

图 13.36 【视向向导-第 1 页/共 2 页】对话框

图 13.37 【视向向导-第 2 页/共 2 页】对话框

在默认状态下，虽然设置了视向，但系统将设计环境中表示视向的照相机隐藏，如果要显示视向，在功能区【显示】选项卡的【渲染器】面板中单击 【显示相机】按钮，屏幕上显示设计环境中的所有视向的摄像机。

注意：打开设计树，单击照相机图标旁边的展开符号"+"，可查看设计环境中的照相机数量。单击任一展开的照相机图标，可以观察照相机当前方位。

2．调整视向

为了显示特定的三维图像，有时需要调整当前的视向。实体设计提供了以下三种设置视向的方法。

（1）拖动照相机的图标，改变其位置，而拖动红色方形手柄可调整视点和视点距离。

（2）利用三维球精确地移动或旋转照相机。

（3）使用【视向属性】对话框调整照相机的视向。用鼠标右键单击设计环境中的照相机图标，或单击设计树中展开的照相机图标，在弹出的快捷菜单上单击【视向属性】，屏幕上显示【视向属性】对话框及【视向】选项卡，如图 13.38 所示，修改位置、视点方向等参数后，单击【确定】。

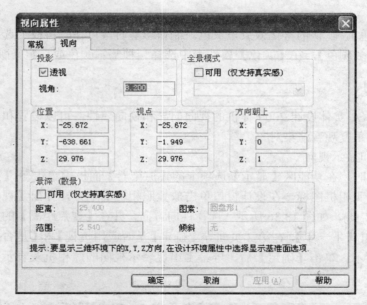

图 13.38 【视向】选项卡

3．拷贝视向

拷贝某一视向时，用鼠标右键单击照相机，在弹出的快捷菜单中单击【拷贝】。用鼠标右键再次单击屏幕上显示的任一照相机，在弹出的快捷菜单中单击【粘贴】，新复制的照相机(视向)与原照相机重合，可用鼠标左键单击新照相机并将其拖到指定的位置。

4．删除视向

删除某一视向时，用鼠标右键单击照相机，在弹出的快捷菜单中单击【删除】或【剪切】，该照相机(视向)消失。

5．启用视向

启用所选视向时，用鼠标右键单击照相机，在弹出的快捷菜单中单击【视向】，也可以在设计树中，用鼠标右键单击展开指定的照相机图标，在弹出的快捷菜单中单击【视向】，系统按所选视向显示零件。

328

13.4.5 曝光设置

调整设计环境的亮度和反差，可使设计环境层次分明，主题突出。修改曝光设置时，用鼠标右键单击设计窗口的空白区域，在弹出的快捷菜单中单击【曝光度】，屏幕上显示【设计环境属性】对话框及【曝光度】选项卡，如图 13.39 所示。

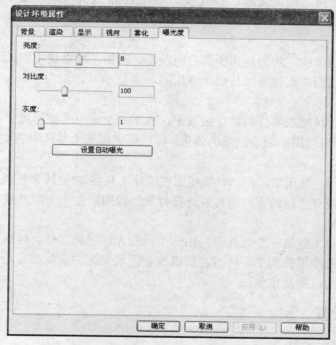

图 13.39 【曝光度】选项卡

设置曝光度的选项如下：

（1）【亮度】。均匀地提高或降低设计环境中所有零件的亮度。拖动滑块或在文本框中键入-100～100 之间的数。

（2）【对比度】。提高或降低设计环境中所有零件的反差。拖动滑块或在文本框中键入 0～300 之间的数。

（3）【灰度】。增强图像灰度，提高图像亮度，又不影响背景的亮度。拖动滑块或在文本框中键入 1～4 之间的数。

（4）【设置自动曝光】。系统自动确定设计环境的最佳曝光度。此选项仅适用于当前的设计环境。

13.5 光源与光照

用三维图像显示零件或产品时，光源设置与光照调整尤为重要。

13.5.1 光源

CAXA 实体设计 2009 系统提供了以下四种光源。

1．平行光

使用这类光在单一的方向上进行光线的投射和平行线照明。平行光可以照亮它在设计环境中所对准的所有组件。尽管平行光在设计环境中同对象的距离是固定的，但是可以拖动它在设计环境中的图标，来改变它的位置和角度。

平行光存在于所有预定义的 CAXA 实体设计 2009 设计环境模板中，尽管它们的数量和属性可能不同。

2．点光源

点光源是球状光线，均匀地向所有方向发光。例如，可以使用点光源表现办公室平面图中的光源。它们的定位方法与聚光源相同。

3．聚光源

聚光源在设计环境或零件的特定区域中，显示一个集中的锥形光束。CAXA 实体设计 2009 的聚光源可以用来制造剧场的效果。可以用它在一个零件中表现实际的光源，如汽车的大灯。

和平行光不同，使用鼠标拖动，或使用三维球工具移动/旋转聚光源，可以自由改变它们的位置，而没有任何约束。也可以选择将聚光源固定在一个图素或零件上。

4．区域光源

区域光源实质上就是一个面光源，由一个面发光，照亮零件。区域光源可以照亮它在设计环境中所对准零件的平面区域。可以改变区域光源的面积，拖动它在设计环境中的图标来改变它的位置及角度。

13.5.2 光源设置

1．插入和显示光源

插入光源时，在功能区【显示】选项卡的【渲染器】面板中单击 【插入光源】按钮，光标变成光源图标。在设计窗口单击放置光源的地方，弹出【插入光源】对话框，如图 13.40 所示。选用一种光源，单击【确定】，弹出如图 13.41 所示的【CAXA 实体设计 2009】对话框，单击【是】按钮，显示光源。系统弹出【光源向导-第 1 页，共 2 页】对话框，按各页向导提示依次确定选项后，单击【完成】按钮。

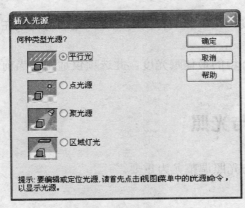

图 13.40 【插入光源】对话框

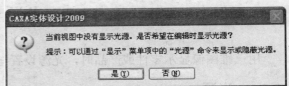

图 13.41 【CAXA 实体设计 2009】对话框

在默认状态下，虽然设置的光源产生了光照效果，但系统将设计环境中的光源隐藏。如果要显示光源，在功能区【显示】选项卡的【渲染器】面板中单击 ✏ 【显示光源】按钮，显示设计环境中的所有光源。

注意：打开设计树，单击光源图标旁边的展开符号"+"，可查看设计环境中的光源配置及数量。单击任一展开的光源图标，可以观察光源的当前方位。

2．调整光源

为了满足渲染设计的要求，有时需要进一步调整光源的方位。调整方法有以下三种：

（1）拖动平行光源的图标，可调整照射角度，但不能改变光源与渲染对象之间的距离；拖动聚光源和点光源的图标只改变位置。

（2）使用三维球可以移动或旋转聚光源和点光源，但是旋转点光源毫无意义。

（3）使用光源属性对话框可以精确地修改聚光源、点光源和区域光源的方位。用鼠标右键单击设计环境中的光源图标，或者单击设计树中展开的光源图标，在弹出的快捷菜单中单击【光源属性】。利用【光源特征】对话框中的【位置】选项卡，设定方位参数。

3．复制和链接光源

复制和链接聚光源和点光源的操作方法如下：

（1）用鼠标右键选中光源图标，按住鼠标右键将其拖到需要添加光源的位置。

（2）在弹出的选单上选择以下选项。

① 移动到此。将选中的光源移到新的位置。

② 拷贝到此。将选中的光源复制到新的位置。

③ 链接到此。创建一个被链接到原光源的复制光源，对原光源所做的修改可自动应用于链接光源。

④ 取消。撤销全部操作。

4．关闭或删除光源

关闭光源时，用鼠标右键单击光源图标，在弹出的快捷菜单中取消对【光源开】的选择，可以重复上述步骤，再次打开此光源。删除光源时，用鼠标右键单击要删除的光源，在弹出的快捷菜单中单击【删除】。

注意：即使关闭或删除所有光源，系统仍用环境光提供一定程度的照明。环境光是【渲染】选项卡上的一项设置。

13.5.3　光照调整

1．用光源向导调整光照

利用光源向导调整光照时，用鼠标右键单击设计环境中的光源图标，或者用鼠标右键单击设计树上展开的光源图标，在弹出的快捷菜单中单击【光源向导】命令，屏幕上显示光源向导的首页。

（1）第 1 页为光源亮度和颜色设置向导。拖动滑块或在文本框中输入 0～3 之间的数可以调整光源亮度。单击【选择颜色】按钮，在【颜色】对话框中选择基本颜色或自定义颜色，如图 13.42 所示。

（2）第 2 页为阴影设置向导。当设计环境的渲染风格为【真实感渲染】时，才能显示阴影，如图 13.43 所示。

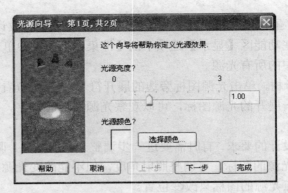

图 13.42　光源亮度和光源颜色设置向导

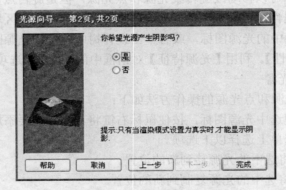

图 13.43　阴影设置向导

（3）对于聚光源设置，在【光源向导-第 3 页，共 3 页】对话框中，利用该对话框可以设置聚光源光束角度和光束散射角度，如图 13.44 所示。

图 13.44　聚光源光束角度和光束散射角度设置向导

2．更改光源属性调整光照

改变光源属性也可以调整光照，其方法如下：

（1）用鼠标右键单击设计环境中的光源图标，或者用鼠标右键单击设计树上展开的光源图标，从弹出的快捷菜单中单击【光源属性】。

① 单击【平行光源】，显示【方向性光源特征】对话框。

② 单击【聚光源】，显示【现场光特征】对话框。

③ 单击【点光源】，显示【点光源特征】对话框。

④ 单击【点光源】，显示【区域灯光】对话框。

（2）单击【光源】选项卡，如图 13.45 所示。

（a）

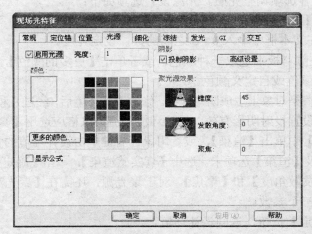

（b）

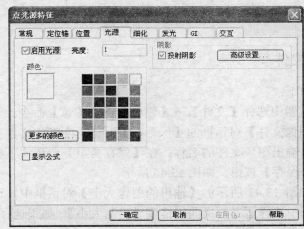

（c）

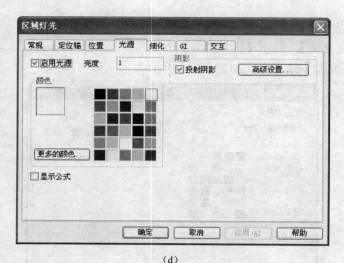

(d)

图 13.45 【光源】选项卡

（a）平行光源；（b）聚光源；（c）点光源；（d）区域光源。

（3）利用以下各选项调整光照。光源设置选项如下：

①【启用光源】。开启所需光源。

②【亮度】。在文本框中输入 0～3 之间的数，设定亮度。

③【颜色】。在颜料板上选取一种颜色，或者单击【更多的颜色】，在弹出的【颜色】对话框中选择基本颜色或自定义颜色。

④【阴影】。在渲染对象上生成阴影效果。修改设计环境后，经过几秒钟阴影才会出现。

注意：为保证设置投射阴影有效，设计环境的渲染风格应选用【真实感渲染】。在菜单浏览器的【设置】中单击【渲染】，或者用鼠标右键单击设计环境的背景，弹出【设计环境性质】对话框及【渲染】选项卡。选中【真实感渲染】，单击【确定】，返回设计环境。

⑤【锥度】、【发散角度】和【聚焦】。对于聚光源，还需在【聚光源效果】的文本框中键入数字，设置三个参数。

（4）单击【确定】按钮，返回设计环境。

13.6　图像处理与输出打印

13.6.1　输出图像文件

具体操作步骤如下：

（1）在菜单浏览器中选择【文件】→【输出】→【图像】命令。

（2）在【输出图像文件】对话框的【保存在】对话框中指定文件存储路径；在【文件名】文本框中输入输出图像文件的名称；在【保存类型】选项的下拉列表框中选择一种文件类型，单击【保存】按钮，如图 13.46 所示。

（3）在弹出的如图 13.47 所示的【输出的图像大小】对话框中，设定页面，由【尺寸规格】下拉列表框中选择适当的页面规格或【定制大小】。如果选择【定制大小】，应选定度量单位，指定宽度和高度。

图 13.46 输出文件名及选择文件类型

（4）在【每英寸点数】文本框中键入数值。

（5）确定是否锁定长宽比。

（6）单击【选项】按钮，在弹出的【输出 TIFF 文件格式】对话框中指定有关项目，如图 13.48 所示，单击【确定】按钮返回。

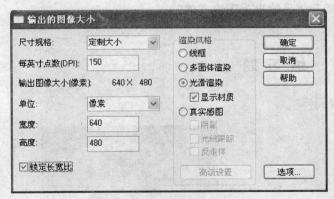

图 13.47 【输出的图像大小】对话框

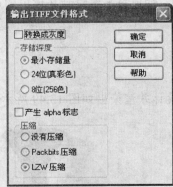

图 13.48 【输出 TIFF 文件格式】对话框

（7）选择渲染风格及相关选项，单击【确定】按钮，输出图像文件。

13.6.2 打印图像

具体操作步骤如下：

（1）在菜单浏览器中选择【文件】→【打印】，在弹出的对话框中选择【打印】。

（2）在弹出的【打印】对话框中进行打印设置。

①【名称】。选择打印机。

②【属性】。设置页面大小、方向，设置文档图像的参数。

③【打印到文件】。将打印内容输出到文件。选择此项后，单击【确定】，系统显示【印出到文件】对话框，提示输入文件名。

④【页码范围】。设置需要打印的页码。

⑤【打印质量】。选择打印机默认或草稿质量设置。

⑥【拷贝】。输入所需份数。

（3）单击【确定】，打印图像。

思 考 题

1. 利用智能渲染向导进行渲染设计时，其工作方式与使用智能渲染属性表相比有何区别？

2. 如何渲染设计环境？

3. 如何设置渲染属性、雾化效果选项、曝光属性和视向？

4. 如何正确设置光源、调整光源？

5. 总结修改光源的常用方法。

6. 如何关闭光源和删除光源？

7. 对零件的一个表面或几个表面进行渲染与对整个零件进行渲染，在操作中有什么不同？

8. 采用渲染时有几种方法可以实现，各有何特点？

9. 如何将三维设计环境中的产品效果输出为图像文件？

练 习 题

设计并渲染出如图 13.49 所示的效果。

（a）   （b）

图 13.49　练习题效果图

第 14 章　三维动画制作

在本章中将学习 CAXA 实体设计 2009 中智能动画的操作方法和技巧。使用智能动画可以对静态景物赋予动画属性，并可像放电影和电视一样对动画进行即时浏览或播放。和电影一样，三维动画实际上是由一系列静止的图像按一定的时序排列播放的，相邻两幅图像的间隔时间越短，看起来动画就越流畅。CAXA 实体设计 2009 已经预置了许多动画模型，用户只需对动画对象的空间运动路径和时序进行合成就可以完成较为复杂的实体动画。

14.1　智能动画的生成与播放

14.1.1　动画设计元素库与定位锚

CAXA 实体设计 2009 有一个预定义的【动画】设计元素库，如图 14.1 所示。该设计元素库中提供了很多预定义好的智能动画元素，用户可以将这些预定义的智能动画元素直接拖放到设计环境中的有效对象上，也可以对已有动画通过属性编辑进行改进，如重新定义动画的路径、关键帧等属性。需要注意的是，智能动画可以应用于的有效动画对象包括图素、零件、装配、设计环境中的视向和两种光源。

每个动画实体对象都有一个定位锚，该定位锚可以为动画制作提供一个参考点。定位锚只有在对象被选中的时候才会显现出来。如果对象的定位锚位置不符合添加动画的要求，则需要调整定位锚与实体的相对位置。移动定位锚的方法主要有以下三种。

（1）使用功能区【工具】选项卡的【操作】面板中的 ⚓【移动锚点】按钮，可以在选择的图素上拾取一点作为定位锚的新位置点。

（2）使用三维球工具精确地定位实体的定位锚，或将定位锚定义在实体表面的地方。其操作方法为，选择实体，然后单击锚点使其变成黄色，按 F10 键打开附着在锚点的三维球，利用三维球的手柄定位锚点的新位置即可。

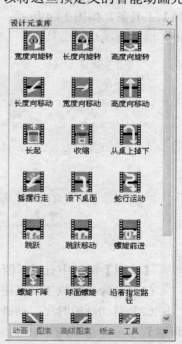

图 14.1　【动画】设计元素库

（3）用鼠标右键单击实体，从弹出的快捷菜单中选择【零件属性】命令，打开【创新模式零件】对话框，切换至【定位锚】选项卡，从中进行相应设置即可，如图 14.2 所示。

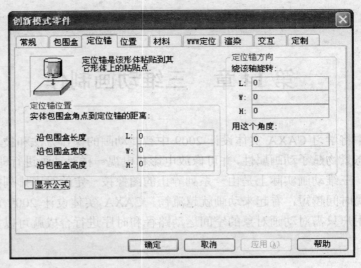

图 14.2 【定位锚】选项卡

14.1.2 智能动画的创建与播放

1. 智能动画工具

智能动画工具集中在功能区【显示】选项卡的【动画】面板中，如图 14.3 所示。也可以从菜单浏览器中选择【显示】→【工具条】→【智能动画】子菜单，调用【智能动画】工具条，如图 14.4 所示；或从菜单浏览器中选择【工具】→【智能动画】→级联菜单，选用智能动画工具。

图 14.3 【动画】面板

图 14.4 【智能动画】工具条

【动画】面板中有以下四组工具。

（1）录像机播放工具按钮：【打开】、【播放】、【停止】和【回退】。

（2）对动画的时序、动画路径的属性、动画关键帧的属性进行编辑的【智能动画编辑器】。

（3）时间标尺和用于显示动画序列中的当前播放点的滑块。播放动画时，可将滑块拖到动画序列中的任意一点，然后播放，查看从这点开始到结束的动画过程。

（4）用于创建自定义智能动画的工具组。有关这些工具的说明，请参见 14.2 节有关动画路径编辑的内容。

338

2．向设计环境拖放添加简单智能动画

（1）使用【Blank Scnen】模板在 CAXA 实体设计 2009 中创建一个新的设计环境。

（2）从【图素】设计元素库将一个【长方体】拖到设计环境的中央。

（3）浏览【动画】设计元素库的内容，将【高度向旋转】动画拖放到该长方体上。

同其他设计元素库一样，【动画】设计元素库用于存储可重复使用的智能动画元素。与所有设计过程中应用图素一样，从设计元素库中单击选定智能动画后将它拖放到设计环境中的图素或零件上。

（4）单击【智能动画】工具栏上的 ● 【打开】按钮。

（5）单击【智能动画】工具栏上的 ▶ 【播放】按钮，长方体将绕垂直轴旋转。

（6）单击 ■ 【停止】按钮停止动画预览或者等待它结束；单击 |◀ 【回退】按钮可以向前回放动画。

（7）重新确定时间栏滑块的位置并预览动画的一个片段。

向左拖动滑块，在时间标尺的起点和终点的中间释放，然后单击 ▶ 【播放】按钮，预览从该点到结束部分的动画。

注意：【智能动画】元素库中出现的"长度向"、"宽度向"和"高度向"分别表示沿定位锚在包围盒中的 L、W 和 H 方向。

3．使用智能动画向导创建动画

创建自定义动画路径最方便的方法是使用智能动画向导。智能动画向导是可选工具。在设计环境中为某个零件创建自定义新动画路径时，需要先激活智能动画向导。

例如，生成一个球沿其定位锚的 L 向移动的动画步骤如下：

（1）使用"白色"模板创建一个新的空白设计环境。

（2）从【图素】设计元素库中将一个【球】拖放到设计环境中央。

（3）在【动画】面板中单击择 ⊞ 【添加新路径】按钮，系统弹出【智能动画向导-第 1 页/共 2 页】对话框，如图 14.5 所示。

向导的第 1 页可以为该零件选择动画的运动类型属性(移动、旋转和定制三种)以及运动的基本方向。

（4）选择【移动】，从下拉列表中选择【沿长度方向】。

（5）在【移动】下拉列表右侧的框中将动画路径的长度更改为 75 个单位。

（6）单击【下一步】按钮，弹出【智能动画向导-第 2 页/共 2 页】对话框，如图 14.6 所示。

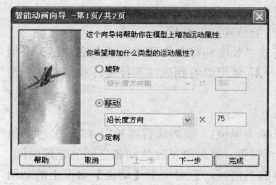

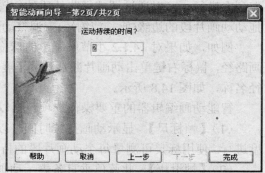

图 14.5 【智能动画向导-第 1 页/共 2 页】对话框　　图 14.6 【智能动画向导-第 2 页/共 2 页】对话框

在向导的第 2 页中，指定动画的持续时间。对于本示例，使用默认值 2 秒。要调整动画的持续时间，只需在此字段中输入想要的值。

（7）单击【完成】按钮，关闭向导。

此时向导消失，动画路径在设计环境中显示，并且动画已经可以播放。要修改移动的任何一个端点，单击想要的点，即可显示动画栅格并且可将点拖动到栅格上的新位置，如图 14.7 所示。

（8）在【动画】面板中单击 ● 【打开】按钮，然后单击 ▶ 【播放】按钮，即可播放该动画。

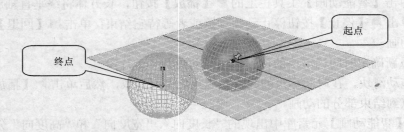

图 14.7　在动画栅格上显示球体移动的两端点

14.2　智能动画的编辑

拖放智能动画或应用智能动画向导只能生成初始的动画，对动画的合成和时序控制还需要另外的编辑修改工具。CAXA 实体设计 2009 提供了较为全面的动画编辑功能，可以对动画的时序、动画路径的属性、动画关键帧的属性进行编辑。

14.2.1　智能动画编辑器

智能动画编辑器允许调整动画的时间属性，使多个智能动画产生协调同步的合成效果。也可以使用智能动画编辑器来访问动画路径和关键帧属性表，进行详细的动画编辑。

要显示智能动画编辑器，从【动画】面板中单击 ▦ 【智能动画编辑器】按钮。

在【智能动画编辑器】对话框中，显示了带有设计环境中每个动画零件的时间轨迹。径路中的矩形表示零件的动画片段，并且标有该零件名称。动画沿着动画片段的长度从左到右进行。可以通过调整径路片段的位置来调整动画的开始和结束时间。也可以通过拖动动画片段的边缘(伸长或缩短)来调整动画的持续时间长度。

例如，如果对 14.1.2 小节例子中的球拖放"长度向移动"和"高度向旋转"两个动画路径，鼠标右键单击动画片断后选择【展开】，就可以看到球体零件旋转和移动两个路径名称，如图 14.8 所示。

智能动画编辑器的重要操作选项包括以下三项：

（1）【帧标尺】。显示动画持续时间（以帧为单位)。帧的缺省播放以 15 帧／秒的速度进行。使用标尺可测量每个动画片段的持续时间，并可测量连续动画之间的延迟时间。

（2）【帧滑块】。此蓝色垂直条表示动画的当前帧。它对应于【动画】面板上的动画播放条。播放动画时，帧滑块随着每个连续帧的显示从左到右移动。

和时间栏滑块一样，可以将帧滑块拖到动画序列中的任意一点，然后播放它，预览从该点到动画结束的动画序列。

（3）【动画片段】。它包括【动画路径】，主要记录动画的路径、时间、变化模式等重要动画属性，是对动画进行编辑更改的依据。

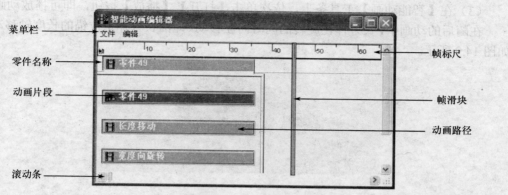

图 14.8 【智能动画编辑器】

1．调整动画片段

要调整动画片段的长度和时间，步骤如下：

（1）使用"白色"模板打开一个新的设计环境，并从【图素】设计元素库中将一个【长方体】图素拖到其中。

（2）从【动画】设计元素库中将【高度向旋转】动画元素拖放到该长方体上。

（3）在【动画】面板中单击 ▤【智能动画编辑器】按钮，显示【智能动画编辑器】。

（4）依次单击【智能动画】工具条上的 ●【打开】和 ▶【播放】按钮。观察智能动画编辑器中帧滑块的移动，以及设计环境中长方体的移动。

（5）关闭选中的 ●【打开】按钮。

（6）单击【智能动画编辑器】中的动画片段。该片段的颜色从灰色变为深蓝，表明此片段处于选中状态。

（7）延长动画的持续时间。

将光标移至动画片段的右侧边缘，直到它变为指向两个方向的水平箭头。单击边缘并将它向右拖，直到它和标尺上的帧 45 对齐，然后释放。

动画持续时间的长度现在成为 45 帧（根据默认的速度 15 帧／秒，即 3 秒)，而不是原来的 30 帧（即 2 秒)。并未更改动画动作，只是延长了它完成动画所花的时间。

（8）重新定位动画片段的起始位置。

将光标移至动画片段的中间，直到它变为指向四个方向的水平箭头。单击整个片段并将它向右拖，直到左侧边缘和标尺上的帧 10 对齐，然后释放。

长方体的动画片段现在将从第 10 帧开始。用这种方法改变动画片段的开始时间但不会更改动画的持续时间。

（9）依次单击【智能动画】工具条上的【打开】和【播放】按钮。

观察所编辑的动画在【智能动画编辑器】中帧滑块的移动，及设计环境中长方体的转动。

2．添加第二个智能动画

向旋转长方体添加第二个移动动画的步骤如下：

（1）一定要先关闭上面选中的【动画】面板上的【打开】按钮。

（2）从【动画】设计元素库中将【长度向移动】动画拖到设计环境中的长方体上。

（3）在【智能动画】工具条上，依次单击【打开】、【播放】按钮，即可播放动画。

在随后的动画中，长方体在旋转的同时向左移动（即沿长方体定位锚的长度轴移动），如图14.9所示。

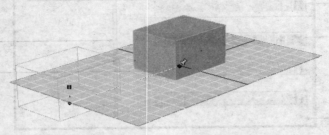

图14.9　长方体在轴向旋转的同时向左直线移动

3．智能动画的时间顺序

如果希望长方体先开始旋转，经过一段时间后再开始直线移动，这时需要使用【智能动画编辑器】对长方体的多个动画的时序进行调整。

使长方体的移动和旋转按时序进行的步骤如下：

（1）使用前述的设计环境，并显示【智能动画编辑器】。

（2）用鼠标右键单击动画片段以显示它的弹出菜单。该片段的颜色从灰色变为深蓝，表示处于被选中状态。单击弹出菜单上的【展开】，结果智能动画编辑器展开动画片段的显示，将它的所有动画属性都包括了进去，并在动画路径上的每个片段可以显示各自动作的属性。在本示例中，显示了长方体的零件片段，以及添加在该零件上两个智能动画的每一个动画片段【长度向旋转】和【长度向移动】。每个片段标有零件或动画的名称。

注意：如果双击动画片段也可以展开片段。要关闭展开的片段，再次双击。

（3）将帧滑块拖到编辑器窗口的最右侧，以便它不会干扰片段选择和调整。

将光标移至帧滑块的上面，直到它变为带有水平箭头的垂直平行线。单击滑块并将它拖到最右侧，然后释放。

（4）单击【长度移动】片段选中它。

（5）缩短【长度移动】片段长度，同时修改它的开始位置。

将光标移至长度移动片段的左侧边缘，直到它变为指向两个方向的水平箭头。单击边缘并将它向右拖，直到它和标尺上的帧20对齐，然后释放。此操作有两个效果：缩短直线移动动画持续时间并编辑它的开始位置。如图14.10所示。

（6）最小化编辑器并播放修改后的动画。

现在可以看到动画片段的编辑对动画序列产生的效果。长方体旋转到2/3圈时又增加了直线移动的动画。另外由于缩短了长度移动的持续时间但未更改移动距离，因此移动进行得更快了。

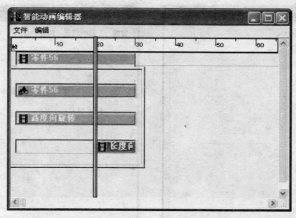

图 14.10　改变长度向移动的帧

14.2.2　修改智能动画属性

智能动画编辑器提供了编辑智能动画的属性以及它们的关键帧的方法，智能动画的强大功能隐含在它们的属性表中。

下面将利用动画片段的智能动画属性表使长方体旋转一周半，旋转时逐渐增加速度。在本练习中，继续使用前面部分中创建的设计环境和图素。

1．访问【高度旋转】属性表

（1）打开【智能动画编辑器】。

（2）用鼠标右键单击动画片段，并从弹出的快捷菜单中选择【展开】。

（3）用鼠标右键单击【高度旋转】动画片段，并从弹出的快捷菜单中选择【属性】命令。系统出现带有选项卡的【片段属性】对话框，如图 14.11 所示。在该对话框中设置动画片段名称，并设置追踪起点时间和长度，从而定义动画持续时间。

①【常规】。使用这些属性可以定义简单的属性，如动画的名称和长度(以秒为单位)。

②【时间效果】。这些属性可以指定时间效果的类型和动作重复次数。

③【路径】。使用这些属性可以在总体上定义动画路径，如它的关键帧设置、插入类型以及动画运动的方向。

2．使长方体旋转一周半，并且逐渐增加旋转速度

（1）选择【片段属性】对话框中的【时间效果】选项卡，从中指定运动类型，并根据情况设置重复次数、强度、重叠和反向参数。

（2）从【类型】下拉列表中，选择【加速】，如图 14.12 所示。

（3）选择【路径】选项卡，可以定义动画路径的相关参数，如关键点设置、关键点之间的插值类型、插入和删除关键点等。本例将【关键点】中的值更改为 2，表示存在起点和终点两个关键帧，如图 14.13 所示。

（4）选择【关键点设置】，此时显示【关键点】对话框，用于定义指定关键帧的关键点参数。

（5）从【关键点参数】下拉列表中选择【平移】。

（6）将【平移】字段中的值更改为 540，表示在平面上旋转一周半，如图 14.14 所示。然后单击【确定】按钮，关闭【关键点】对话框。

图 14.11 【片段属性】对话框   图 14.12 调整动作的速度属性

图 14.13 设置关键帧参数   图 14.14 设置旋转参数

（7）单击【确定】按钮，关闭【片段属性】对话框。

（8）最小化【智能动画编辑器】并播放动画。可以发现长方体现在进行的旋转不是一周，而是一周半，并且它在旋转时会逐渐增加速度。

3．添加第二个动画对象

智能动画编辑器除了可以对单个对象的多个动画进行合成以外，还可以使用智能动画编辑器来设置多个对象的动画。

向设计环境添加第二个动画对象的步骤如下：

（1）关闭【动画】面板中的【打开】开关。

（2）从【图素】设计元素中将一个【圆环】拖放到屏幕的右下角。

（3）从【动画】设计元素库中将【收缩】动画拖放到【圆环】上。

344

将智能动画拖到【圆环】上时，寻找该零件的蓝绿色或绿色高亮显示部分，并且确保在放下动画之前光标在【圆环】的实体部分之上。

（4）播放动画，结果旋转长方体运动保持不变。同时圆环在原位收缩为原来大小的四分之一。两个动画都有相同的持续时间，并且都从第一个帧开始。

现在，使用智能动画编辑器来更改应用于每个对象的动画的开始位置和长度。

要修改应用于多个对象的动画的开始位置和持续时间的步骤如下：

（1）显示【智能动画编辑器】。

（2）如果任意一个动画片段已展开，则双击该片段关闭它。

现在显示设计环境中两个动画零件的动画片段，并标有相应零件的名称。片段的长度表示动画持续时间，片段的左边和右边端点分别表示它们的开始帧和结束帧。

（3）将帧滑块向右移动，以免它干扰动画片段的编辑。

（4）单击长方体的动画片段选中它。它是第一个显示的片段，正好在标尺下面。

（5）延长长方体的动画片段。

将光标移至动画片段的右侧边缘上面，直到它变为指向两个方向的水平箭头。单击边缘并将它向右拖，直到它和帧 45 对齐，然后释放。

（6）单击圆环的动画片段选中它。

（7）缩短圆环面的动画片段的长度，同时修改它的开始帧。

将光标移至动画片段的左侧边缘上面，直到它变为指向两个方向的水平箭头。单击边缘并将它向右拖，直到它和帧 15 对齐，然后释放。步骤（5）～步骤（7）的结果如图 14.15 所示。

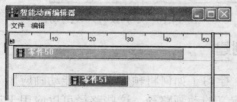

图 14.15　添加第二个动画对象

（8）最小化【智能动画编辑器】。

（9）播放该动画。

在修改后的动画中，在旋转长方体播放前 15 帧，圆环保持静止。然后圆环迅速收缩 15 帧后停止。在动画的最后 15 帧中，旋转长方体完成它的直线移动和旋转，而圆环保持静止。

4．添加整个设计环境的动画

假定想要设计环境中的所有对象都产生移动，可以进行一个新的设计，其方法是在设计环境中制作视向动画，创建一个包围该设计环境的摄像机的视向路径。还有另一种更简单的方法，是将设计环境中所有对象集合成一个对象来制作整个设计环境的动画。

在 CAXA 实体设计 2009 中，整个设计环境是设计环境中所有对象的集合，所以可以通过将智能动画拖放到设计环境的空白处来创建设计环境的动画。

在本练习中，继续使用上述设计环境，即该环境包含一个旋转长方体和一个收缩圆环，通过将动画应用于设计环境来旋转全部对象。

（1）关闭动画播放器的【打开】开关。

（2）从【动画】设计元素库中将【高度向旋转】拖放到设计环境的空白区域。

（3）打开【智能动画编辑器】，然后将帧滑块移至编辑器窗口的最右侧。

（4）延长标有【设计1】名称的动画片段。

将光标移至设计环境片段的右侧边缘，直到它变为指向两个方向的箭头。单击边缘并将它向右拖，直到它和帧标尺上的45对齐。该设计环境动画片段的持续时间共3秒。

（5）最小化智能动画编辑器并播放动画。

圆环和长方体的自身动画和前面的示例相比没有变化，但是它看起来像整个设计环境放在一个旋转的转盘上，这是将【高度向旋转】动画应用于设计环境的结果，如图14.16所示。

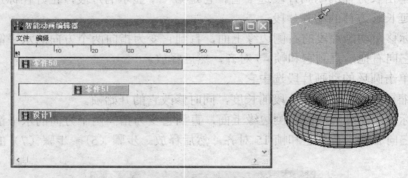

图 14.16　添加设计环境的动画

14.2.3　动画路径的创建

在本节的前面部分，学习了如何将预定义的智能动画应用于对象。在本小节中，将学习如何创建和修改自定义的动画路径。这些路径可以应用于设计元素库中的图素、自定义图素、零件和装配，也可以是多个对象的组合。

动画路径需要两个或两个以上的关键帧。关键帧除了可以构建动画路径外，主要用来控制设计对象的运动姿态，如运动中的弹头，必须不断控制弹头和水平面间的夹角。对定位锚的理解和应用水平将影响对关键帧的应用效果。

为了创建长方体的自定义动画路径，将使用一些位于智能动画工具栏上面的时间栏滑块右侧的工具。这些工具包括 【添加新路径】、 【延长路径】、 【插入关键点】、 【下一个关键点】和 【下一个路径】。

下面的示例是创建一个长方体在由三个关键帧构成的自定义动画路径上的运动，在运动过程中长方体本身的空间位向不变化，具体操作步骤如下：

（1）从【图素】设计元素库将一个【长方体】拖到设计环境的中央，并使其处于零件或图素编辑状态。

（2）从【动画】面板中单击 【添加新路径】按钮，出现【智能动画向导-第1页/共2页】对话框，单击【定制】再单击【完成】。CAXA实体设计2009将显示一个动画栅格，长方体位于该栅格的中央。由于目前只定义了一个关键帧，所以不能使用智能动

346

画工具来播放动画，长方体不能移动，因为移动需要至少两个关键帧。

　　注意：要关闭智能动画向导的显示，在菜单浏览器中选择【工具】→【选项】命令，在弹出的【选项—常规】对话框中取消对【显示智能动画向导】的选择。

　　（3）在【动画】面板中单击 🔨【延长路径】工具按钮。

　　（4）在栅格左后范围的任一点单击，以创建第二个关键点。

　　如果选择动画栅格外面的点，则 CAXA 实体设计 2009 将自动扩展栅格。在选中的点位置，会出现一个蓝色轮廓的长方体，在它的定位点有一个红色圆点小手柄，拖动圆点小手柄可以在栅格平面内任意移动关键帧。定位点的长轴顶点是红色的四方形手柄，拖动四方形手柄可以在高度方向上移动关键帧。

　　（5）单击栅格左前边缘附近的某个点，创建第三个关键点，结果如图 14.17 所示。

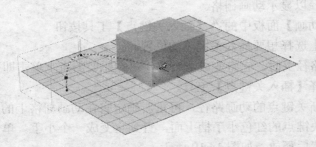

图 14.17　用【延长路径】工具创建三个关键帧（点）

　　（6）取消选择【延长路径】工具。

　　（7）播放该动画。可以看到长方体在自定义的三个关键帧构成的光滑曲线动画路径上运动。

14.2.4　动画路径的修改

　　修改动画运动路径的方法包括重新定位现有关键帧，添加 / 删除关键帧，更改动画片段类型或式样，以及修改零件关键帧位置的等。

　　1．重新定位关键帧

　　有时候，在预览动画片段之后，可能会重新定位动画栅格上的一个或多个关键帧，以便获得更为满意的动画效果。使用 CAXA 实体设计 2009 重新定位关键帧的步骤如下（开始练习之前应确保关闭动画播放器）：

　　（1）在设计环境中单击长方体图素以显示其动画路径。

　　（2）单击路径，动画径路呈黄色加亮显示。

　　（3）单击想要重新定位的关键点（图 14.18 光标位置)，将它拖到新位置，然后释放。对比图 14.17 可以发现，图 14.18 的三个关键帧的中间关键帧已被移向另外一点。

　　（4）播放动画，并观察修改后的路径。

　　注意：在设计环境空白区域的任意位置单击将隐藏动画栅格和路径。

　　2．添加和删除关键帧

　　可以通过添加新的关键点 / 关键帧来修改动画路径。假定要通过在第一个关键点和第二个关键点之间添加一个新的关键点来更改现有的三个关键点动画路径，具体操作步

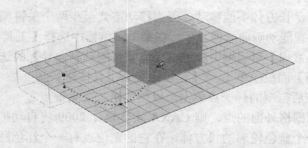

图 14.18　重新定位中间点的关键帧

骤如下：

（1）关闭动画播放器的【打开】开关，单击【长方体】以显示其动画路径。

（2）单击路径以显示动画栅格。

（3）单击【动画】面板中的 ⚲【插入关键点】工具按钮。

（4）在路径上选择想要插入关键点的位置。

将光标移至路径上时，它将变成一个小手。在想要的点上单击即可插入关键点。

（5）取消选择【插入关键点】工具。

（6）要修改新关键点的动画路径，可重新确定它在动画栅格上的位置。

将光标移至关键点的红色小手柄上面，直到它变成一个小手。单击关键点并将它拖到一个新位置，然后释放，如图 14.19 所示。

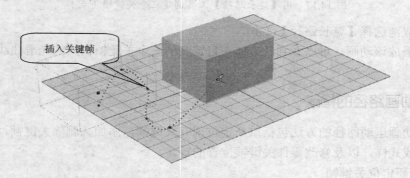

图 14.19　添加关键帧后路径改变

（7）播放动画，观察修改后的动画路径。

要删除关键点，单击路径以显示动画栅格，然后在想要删除的关键点的红色手柄上单击鼠标右键，从弹出的快捷菜单中选择【删除】命令。

3．更改动画路径的片段类型

默认情况下，CAXA 实体设计 2009 引入插入样条线作为路径。样条通常比直线构成的动画路径更光滑、更真实。但是，某些时候可能想要对象按照直线径路运动，这时可以将原来的样条轨迹变换成直线轨迹。

要从样条切换为直线路径，具体操作步骤如下：

（1）单击设计环境中【长方体】图素以显示其动画路径。

（2）用鼠标右键单击路径，并从显示的弹出菜单中选择【动画路径属性】。

（3）从【常规】选项卡上的【插值类型】中选择【直线】，然后单击【确定】按钮，结果如图 14.20 所示。

（4）播放动画，并观察修改后的路径，播放这种形式的动画时，结果将明显不同。

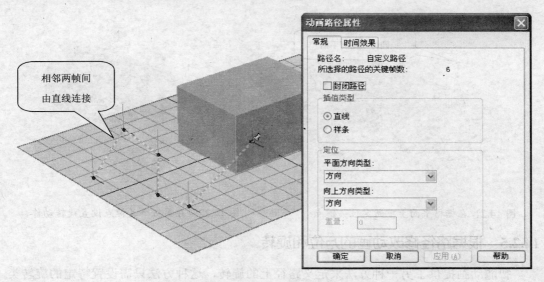

图 14.20　切换动画路径的插值类型

4．引入动画栅格平面上下的动画

1）在栅格平面上重定位关键帧

如果想要引入的动画路径不在栅格平面上，如要某个设计对象的动画产生"过山车"的效果，就需要对象从栅格平面下面向上面运动，再从上面向下面运动。类似此种运动的动画关键帧设置步骤如下：

（1）单击长方体以显示其动画路径。

（2）单击想要修改的关键帧。长方体的蓝色轮廓出现，长方体中央有一个红色的四方形手柄。

（3）单击红色的四方形手柄并向上拖动，将关键帧重新定位在动画栅格平面的上方，在想要的高度释放，如图 14.21 所示。

（4）播放动画，并观察修改后的径路，查看从动画栅格平面分离的效果。

2）在某个特定关键点旋转零件

如果要在长方体动画路径的某个关键点位置旋转长方体，最为快捷的办法是利用三维球的定位功能，即在关键点插入位置上旋转长方体。如要在长方体路径的第三个关键点位置绕一个或多个轴旋转长方体，可执行以下操作：

（1）单击长方体以显示其动画路径。

（2）单击第三个关键点。

（3）打开三维球工具。三维球现在在第三个关键点的蓝色长方体轮廓上面显示。

（4）使用三维球来旋转长方体轮廓，如图 14.22 所示。播放动画时，应用于轮廓位置的修改将在到达第三个关键点时一贯用于长方体。

（5）取消三维球工具。

（6）播放该动画。

长方体将在到达第二个关键点时，从它的初始方位开始旋转，到达第三个关键点时旋转完毕，然后在第四个关键点旋转回他的开始方位。

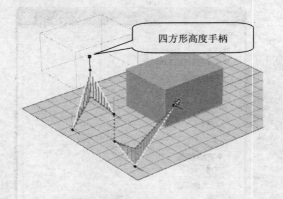

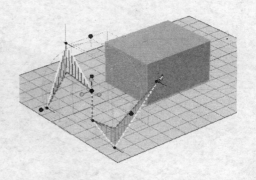

图 14.21 在栅格平面上重新定位关键点　　　图 14.22　在第三个关键点设置旋转动作

14.2.5　根据路径修改动画的方位和旋转

智能动画提供了另一种方法来定义路径上的旋转，这种方法只需设置特定的旋转类型。例如，要圆柱在动画路径移动时绕它的中心轴旋转，类似于导弹在空间的运动。可以使用三维球工具在每个关键帧位置上旋转圆柱来创造这种效果，但是可能需要大量的调整才能达到理想的结果。

1．修改方位

通过修改动画路径的方位选项，可以指导图素或零件按照某个路径运动、向某个路径倾斜、在它们沿路径移动时保持面向某个特定点，或者转向某个特定方向。

要使零件沿动画路径运动时自己重新定位，步骤如下：

（1）从【图素】设计元素库中将一个长方体图素拖放到设计环境的中央。

（2）在【动画】面板中单击【添加新路径】工具按钮，出现【智能动画向导】对话框，选择【定制】，单击【完成】按钮关闭对话框。

（3）选择【延长路径】工具并创建两个或三个新关键帧来定义一个弯曲动画路径。

（4）取消选择【延长路径】工具。

（5）用鼠标右键单击动画路径，并从弹出的快捷菜单中选择【动画路径属性】命令。

（6）在【常规】属性选项卡上，选择【样条】(如果尚未选中)。

（7）从【定位】→【平面方向类型】下拉列表框中选择【沿路径】，然后单击【确定】按钮。

（8）播放该动画。

在播放动画时可看到，长方体沿弯曲的动画路径移动时会不断地调整自身的方位，在每个关键帧的位置轻微旋转以保证长方体在每个关键帧位置的运动矢量方向和该点曲线路径的切向矢量一致。

2．修改动画路径和动画零件的关系

长方体在空间的方位在此过程中保持静态，但要更改它和重新定位的动画路径以及栅格之间的关系。

（1）关闭动画播放的【打开】按钮。

（2）单击长方体并单击动画路径。

（3）选择三维球工具并且根据需要旋转动画路径和动画栅格。

（4）取消选中三维球工具。

（5）单击设计环境的空白区域，取消选择所有组件然后选择长方体。

（6）打开三维球工具并旋转长方体。因为此时选择的是长方体，而不是动画路径／栅格，所以只有长方体本身被重新定位。

（7）关闭三维球工具。

（8）播放该动画。

动画现在反映的是先后两次应用三维球对长方体和动画路径关系的更改：一个是对动画路径／栅格，另一个是对长方体。

3．使长方体转向的动画路径

（1）单击长方体以显示其动画路径。

（2）用鼠标右键单击路径，并从弹出的快捷菜单中选择【动画路径属性】。

（3）从【定位】→【向上方向类】下拉列表中，选择【拐弯到轨迹】，此时【重量】选项被启用。此选项根据动画路径（曲线）的曲率半径来定义长方体转动的角度，转向的角度是与动画路径的弯曲程度相关的，在直线路径上，长方体没有转向角度，而在弯曲半径很小的路径中它的转向角度就很大。如果【重量】选项值越大，关键帧位置上长方体转动越大，系统的默认值是"0"，如图14.23所示。

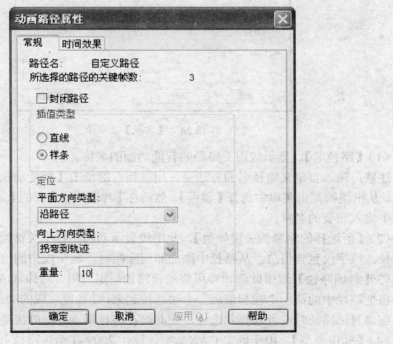

图14.23　长方体的转向设置

（4）单击【确定】按钮。

（5）播放该动画。

14.2.6　动画路径属性

每个动画路径和它绑定的关键帧都有相互关联的属性，用于精确定义设计环境中的动画。下面将介绍这些属性表中的重要选项。

动画路径属性的定义应用于整个动画路径。用鼠标右键单击动画路径，并从显示的弹出菜单中选择【动画路径属性】，即可访问这些属性。此对话框包括【常规】和【时间效果】两个选项卡。

1．常规属性

【常规】选项卡如图 14.24 所示，其前两项是只读的。

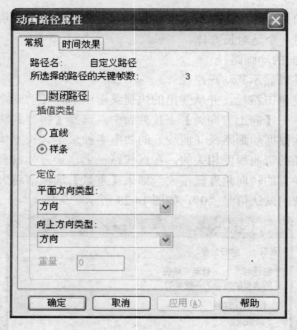

图 14.24　【常规】选项卡

（1）【路径名】。显示应用于路径的智能动画的名称。

注意：输入自定义路径名的方法是，用鼠标右键单击【智能动画编辑器】中的动画片段，从出现的弹出菜单中选择【属性】，然后在【片段属性】表的【常规】选项卡的【名称】中输入想要的名称。

（2）【所选择的路径的关键帧数】。此字段显示动画路径中关键帧的当前数量。对于新路径，该字段包含值 1。从路径中添加和删除帧时，此字段中的值将自动更新。

（3）【封闭路径】。选中此选项即可将动画路径指定为闭合环路。CAXA 实体设计 2009 随后将把路径中的第一个帧和最后一个帧连接起来，并且使生成的动画和零件方位平滑。如果创建封闭路径时没有选择此选项，则动画在路径端点之间的接缝处会显得不平滑。

（4）【插值类型】。用于确定 CAXA 实体设计 2009 在动画路径上的关键帧之间插入中间帧的方式。

（5）【定位】。用于定义零件在沿动画路径移动时的方位。使用这些选项，可以将零件本地坐标系统的轴与某个点、方向或动画路径本身对齐。

如前所述，这些方位属性是全局的，它们应用于路径中的每个关键帧。例如，如果从【按类型定位】下拉列表中选择【方向】选项，则零件将保持定位与特定的方向。

①【平面方向类型】。此选项允许按照零件的本地坐标系统的方向定位。也就是说，可以控制零件沿动画路径移动时面对的方向。

②【向上方向类型】。此选项允许按照零件的本地坐标系统的方向向上定位。使用此选项可指定对于零件哪一个方向是"向上"。

③【重量】。仅当选择了【拐弯到轨迹】时此选项可用。在此字段中输入的值越大，转向效果越大。

默认情况下，在 CAXA 实体设计 2009 生成的动画路径是样条曲线。如果需要使对象沿直线路径运动，可以更改动画路径的片断类型。

2. 时间效果

【时间效果】选项卡上的选项确定零件轨迹的运动速度，如图 14.25 所示。可以用来调整运动的速度并且创建重复动画。

图 14.25 【时间效果】选项卡

（1）【类】。要指定时间效果的类型，从此下拉列表中选择其中之一。

①【无】。动画速度不改变。

②【直线】。对动画速度将不修改。选择此选项将启用【重复】、【反转】和【重叠】选项。

③【加速】。定义动画对象在动画进行时加速。

④【减速】。定义动画对象在动画进行时减速。

⑤【向里减弱】。动画对象在动画进行时缓慢开始，然后逐渐增加到正常速度。

⑥【向外减弱】。定义对象在动画进行时先以正常速度开始，然后减速。

⑦【双向减弱】。定义对象在动画进行时先缓慢开始动画，然后加速到正常速度，最后减速。

⑧【重力效果】。这是一个特技效果，用于将类似重力的加速度附加到动画对象的动画上。

（2）【参数】。

①【重复】。输入动画序列过程中动画应重复的次数，相当于自动重复播放动画。

②【重叠】。可以定义动画连续来回往复，例如，如果定义了一个零件的直线移动（单向)动画后选择此选项，则会产生双向往复的直线移动动画。

③【反转】。可以定义整个动画（包括所有重复)的反向动作。

14.2.7 动画的关键帧属性

和上一小节的动画路径属性不同，关键帧属性应用于动画路径中的每个关键帧的选项，不会全局性地影响动画路径。用鼠标右键单击想要编辑的关键帧，并从显示的弹出菜单中选择【关键帧属性】，即可编辑关键帧属性。

1. 常规属性

使用【常规】选项卡上的选项可以定义关键帧的时间和空间特征，如图 14.26 所示。

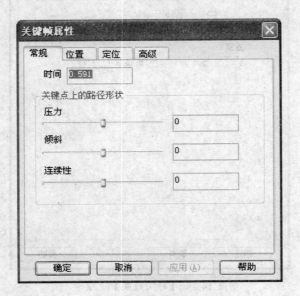

图 14.26 【常规】选项卡

（1）【时间】。在此选项中输入 0～1 之间的时间值。此值确定动画零件将在哪个时间点到达关键帧。每个动画从相对时间 0 开始并在相对时间 1 结束，这两个位置之间的关键帧不能编辑。移动、插入和删除关键帧将自动重置此选项，以试图维护沿路径的匀速动画。此选项只用于微调完整的动画路径的速度。

（2）【关键点上的路径形状】。这些选项仅在【动画路径属性】上的【样条】选项被选中时可用，因为它们仅应用于弯曲的路径。对于下列每个选项，输入-1～1 之间的值。

①【压力】。编辑此字段中的值可以放松或缩紧关键帧处的弯曲。

输入一个较小的值可以放松或松开弯曲（曲率半径变大），输入较大的值将缩紧弯曲（曲率半径变小）。输入中间值将产生更加自然的弯曲。

②【倾斜】。编辑此字段中的值将使弯曲路径的顶点向关键帧的某一侧偏移。

③【连续性】。编辑此字段中的值将更改关键帧两侧上路径的弯曲。

2．位置属性

使用这些选项可以指定零件在关键帧处旋转的位置和轴，如图 14.27 所示。

图 14.27 【位置】选项卡

（1）【位置】。使用这些选项可以指定零件在关键帧处的轴坐标。

①【长度】。为零件输入在关键帧的长度坐标。

②【宽度】。为零件输入在关键帧的宽度坐标。

③【高度】。为零件输入在关键帧的高度坐标。

（2）【旋转】。为 CAXA 实体设计 2009 选择此选项将根据前一个和后一个关键帧的旋转设置自动旋转零件。可以为两个帧指定旋转并且使 CAXA 实体设计 2009 在关键帧之间插入旋转值。结果将产生沿路径的平滑旋转。

以下选项仅当未选中【浮动旋转】时可用。

①【平移】。输入绕关键帧高度轴(定位锚的 H 轴)旋转的平面角度。

②【倾斜】。输入绕关键帧定位锚的 W 轴旋转的角度。

③【滚动】。输入绕关键帧定位锚的 L 轴旋转的角度。

3．定位属性

这些属性定义零件在关键帧的方位。由于使用【动画路径】属性为整个路径分配了方位类型，因此，特定关键帧的方位方向是在【定位】选项卡中指定的，如图 14.28 所示。

【定位】选项卡中的前两个字段是只读的。

（1）【轨迹的当前"平面方向"设置】。此字段显示【动画路径属性】中指定的当前设置，用于将零件的当前坐标系统的"向前方向"与某个点、某个方向或者路径本身对齐。

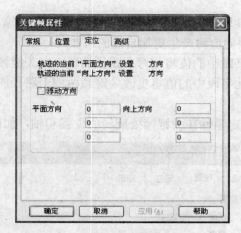

图 14.28 【定位】选项卡

（2）【轨迹的当前"向上方位"设置】。此字段显示【动画路径属性】中指定的当前设置，用于将零件的当前坐标系统的"向上方向"与某个点、某个方向或者路径本身对齐。

（3）【浮动方向】。选择此选项 CAXA 实体设计 2009 将根据前一个和后一个关键帧的方位设置定位旋转零件。可以为两个帧指定方位并且使 CAXA 实体设计 2009 在关键帧之间插入方位值。结果将产生沿路径的平滑旋转。

以下选项仅当未选中【浮动旋转】时可用。

（4）【平面方向】。在这三个字段中，输入值来定位零件的向前坐标。为方向的点或三个矢量组件输入三个坐标。如果方位类型为【沿路径】，则这些字段不可用。

（5）【向上方向】。在这三个字段中，输入值来定位零件的向上坐标。为方向的点或三个矢量组件输入三个坐标。如果方位类型为【转向路径】，则这些字段不可用。

4．级属性

使用这些属性来编辑零件的缩放。也可以为缩放和旋转选择参照点或支点，如图 14.29 所示。

图 14.29 【高级】选项卡

（1）【比例】。在此字段中，为零件输入在当前关键帧的缩放值。例如，输入 2 即可显示零件放大为正常大小的两倍。零件的物理尺寸保持不变，只是外形大小更改。

【浮动缩放】。选择此选项 CAXA 实体设计 2009 将根据前一个和后一个关键帧的缩放设置自动缩放零件。可以为两个帧指定缩放比例并且使 CAXA 实体设计 2009 在关键帧之间插入缩放值。结果将产生由一个帧到另一个帧的平滑缩放。

（2）【旋转点】。这些选项可以在零件内指定一个点在缩放和旋转中作为零件锚状图标的备用点，它对于这些转换可能不合适。

例如，可能将火箭零件的锚状图标点放置在它的一个翼上。如果想要零件在将它放在设计环境中时右侧向上着地，则此位置是适当的。但是，如果想要零件绕它的中心点旋转，则它对于旋转是不适当的。使用此字段来指定相对于锚状图标点的支点。支点选项包括以下几项：

①【浮动旋转】。选择此选项 CAXA 实体设计 2009 将根据前一个和后一个关键帧的设置来设置支点的位置。

②【长度】、【宽度】、【高度】。在这三个字段中手工输入想要的支点坐标。实际上，支点位置是由这三个相对于当前锚状图标位置的值确定的。

14.3　动画的保存和输出

如果需要将创建的动画全部内容输出，CAXA 实体设计 2009 提供的最基本方法是将设计环境中的动画以 AVI 文件格式保存起来，然后使用标准的 Windows 视频播放器来观看文件。

输出 AVI 格式动画文件的步骤如下：

（1）在菜单浏览器中选择选择【文件】→【输出】→【动画】菜单项，系统弹出【输出动画】对话框，如图 14.30 所示。

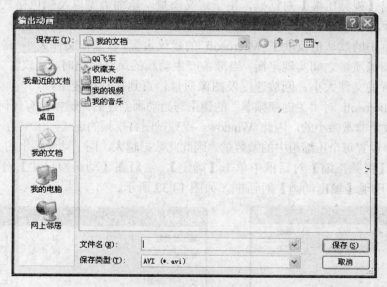

图 14.30　【输出动画】对话框

（2）在【保存在】选项框中指定文件存储路径，在【文件名】文本框中输入"动画 1"文件名。无须输入文件扩展名。在【保存类型】下拉列表框中，默认的".AVI"类型即是所需的正确类型，".AVI"文件扩展名将自动附加到文件名后面。因此只需单击【确定】。

（3）窗口显示【动画帧尺寸】对话框，如图14.31所示。此对话框允许指定如图像尺寸大小、分辨率和动画文件的渲染等选项。虽然Windows视频支持许多种分辨率，但CAXA实体设计2009的默认值为每帧大小320像素×200像素，分辨率150dpi。

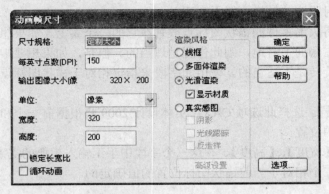

图14.31 【动画帧尺寸】对话框

（4）根据需要，从【渲染风格】选项中选择【真实感图】及其从属选项。

这种类型的渲染是根据用户的需要进行选择的。例如，如果是执行快速动画测试并且想要以最快的速度查看动画，则尽量使用动画的最简单渲染样式。在许多情况下，使用线框选项即可。如果导出最终动画时选择了【真实感图】、【阴影】、【光线跟踪】和【反走样】选项，动画画面的真实感将明显增强，非直线动画径路在选择了【反走样】后运动效果会显著增强。

（5）单击【动画帧尺寸】对话框上的【选项】。

系统弹出【视频压缩】对话框，用于定义质量、压缩类型以及颜色格式等选项，如图14.32所示。

此对话框中的默认值反映了Microsoft的建议设置，以便在文件大小（最大存储量）、回放速度和图像质量之间实现平衡。当准备产生动画的最终输出时，建议尝试几种设置，注意每种设置的文件大小、回放速度及图像质量，直到找到最佳组合。

注意：Microsoft对"关键帧频率"的使用与为动画创建的关键帧没有任何关系。因为帧之间的更改是非常微小的，因此Windows视频试图将视频的连续帧压缩为一个组。AVI的关键帧频率设置每个压缩组中的帧数量。因此此数据越大，同一动画输出的文件就越小。

（6）在【视频压缩】对话框中单击【确定】，然后在【动画帧尺寸】对话框中单击【确定】。则出现【输出动画】对话框，如图14.33所示。

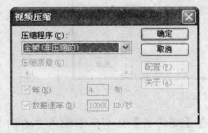

图14.32 【视频压缩】对话框

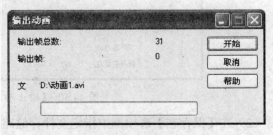

图14.33 【输出动画】对话框

（7）单击【开始】按钮，动画被提交并且输出 AVI 文件。

（8）使用 Windows 资源管理器播放新创建的输出文件时，可在资源管理器中找到该文件然后双击文件名。在大多数系统中，这样将调用 AVI 播放器并且播放动画。

思 考 题

1. 如何利用动画设计元素创建自定义路径？
2. 定位锚在动画设计中主要有哪些？如何调整零件模型的定位锚？
3. 改变零件或实体的定位锚位置对动画效果有何影响？
4. 如何对关键帧及动画路径进行编辑？
5. 如何实现动画路径的三维路径精确编辑？
6. 使用智能动画编辑器可以进行哪些工作？
7. 如何对一个零件取消或添加新动画路径？
8. 以输出 AVI 格式的动画文件为例，说明在 CAXA 实体设计 2009 中如何进行输出动画文件的操作。

练 习 题

设计如图 14.34 所示的装配体，完成动画精确装配，要求根据装配的先后次序进行。

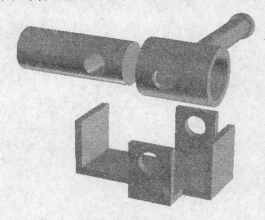

图 14.34　练习题图

参 考 文 献

[1] 童秉枢. 三维实体设计培训教程. 北京：清华大学出版社，2005.

[2] 杨伟群. CAXA 实体设计基础篇. 北京：北京大学出版社，2002.

[3] 杨伟群. CAXA 实体设计 V2 实例教程. 北京：北京航空航天大学出版社，2002.

[4] 尚凤武. CAXA 三维电子图板 V2. 北京：电子工业出版社，2001.

[5] 陆晓春. CAXA 实体设计 V2 创新 CAD 标准案例教程. 北京：北京航空航天大学出版社，2003.

[6] 钟日铭. CAXA 实体设计 2009 基础教程. 北京：清华大学出版社，2010.

[7] 尚凤武. CAXA 创新三维 CAD 教程. 北京：北京航空航天大学出版社，2004.

[8] 林少芬. CAXA 三维实体设计教程. 北京：机械工业出版社，2005.

[9] 童秉枢，李学志等. 机械 CAD 技术基础. 北京：清华大学出版社，2003.

[10] 胡仁喜. CAXA 2009 从入门到精通. 北京：机械工业出版社，2010.